高强电脉冲煤体
致裂效应与增渗机理

李长兴　著

本书数字资源

北　京

冶金工业出版社

2025

内 容 提 要

本书系统地研究了高强电脉冲煤体致裂效应与增渗机理。针对低透煤层高强电脉冲致裂强化瓦斯抽采关键问题，研究了高强电脉冲致裂煤体的孔隙结构演化特征，阐述了高强电脉冲致裂煤体的瓦斯运移规律，提出了高强电脉冲致裂煤体作用效应及破坏机制，揭示了高强电脉冲致裂煤体增渗的机理。

本书可供从事煤矿瓦斯防治、煤层气开采领域的工程技术人员阅读，也可供高等院校安全工程及相关专业师生参考。

图书在版编目（CIP）数据

高强电脉冲煤体致裂效应与增渗机理 / 李长兴著.
北京：冶金工业出版社，2025. 4. -- ISBN 978-7-5240-0227-7

Ⅰ. TD712

中国国家版本馆 CIP 数据核字第 2025VS8799 号

高强电脉冲煤体致裂效应与增渗机理

出版发行 冶金工业出版社		**电　话** （010）64027926	
地　址 北京市东城区嵩祝院北巷 39 号		**邮　编** 100009	
网　址 www.mip1953.com		**电子信箱** service@ mip1953.com	

责任编辑 李攀云 于昕蕾 美术编辑 吕欣童 版式设计 郑小利
责任校对 梁江凤 责任印制 范天娇
三河市双峰印刷装订有限公司印刷
2025 年 4 月第 1 版，2025 年 4 月第 1 次印刷
710mm×1000mm 1/16；11.5 印张；221 千字；173 页
定价 82. 00 元

投稿电话 （010）64027932 投稿信箱 tougao@cnmip.com.cn
营销中心电话 （010）64044283
冶金工业出版社天猫旗舰店 yjgycbs.tmall.com
（本书如有印装质量问题，本社营销中心负责退换）

前　言

　　我国煤层赋存条件复杂，普遍表现出高应力、高瓦斯、强吸附和低渗透性的特点，给我国煤层瓦斯的高效开发带来了巨大挑战。为了提高瓦斯抽采效率，目前采用的手段主要有两个方面：一是将煤层中吸附态瓦斯转变成游离态瓦斯，促进煤层中的瓦斯尽可能地解吸释放；二是增加煤层中的孔隙-裂隙网络结构，增加、扩大瓦斯在煤层中的运移通道。其中，通过外界手段对煤层进行人工造缝增加煤层中裂隙的贯通，提高煤层的渗透性并强化瓦斯抽采作为治理煤矿瓦斯灾害最高效也是最根本性的措施，是实现煤与瓦斯共采的主要技术手段。

　　随着煤层增透技术的不断发展，高强电脉冲作为一种新兴的煤层增透技术引起了广泛关注。高强电脉冲具有作用范围大、可重复放电、功耗小、对环境无污染、实施操作简单方便等优点，产生的冲击波具有强烈的破坏效应。瓦斯在煤层中的运移是一个较为复杂的过程，其中涉及瓦斯吸附、解吸、扩散与渗流等过程。煤的孔隙形状、大小及孔隙之间的连通性控制着瓦斯在煤层中流动的自由度。煤体对瓦斯的吸附、解吸扩散、渗流等特性受到煤体孔隙结构改变的影响，而影响煤层中瓦斯运移的关键在于裂隙。因此，研究高强电脉冲致裂煤体的损伤破坏特征、孔隙结构演化特征、瓦斯运移规律及增渗机理，可以为高强电脉冲致裂煤体增渗技术提供理论支撑，为低透性煤层解堵增透、提高瓦斯抽采效率提供新的技术思路。

　　本书共6章。第1章介绍了高强电脉冲致裂煤体损伤破坏特征、孔隙结构演化特征及瓦斯运移规律的研究意义。第2章系统介绍了高强电脉冲放电破碎方式及在水中的放电形式、高强电脉冲致裂试样的裂纹扩展分布特征、高强电脉冲致裂试样的变形及声发射特征。第3章系统介绍了高强电脉冲致裂煤体孔隙结构变化特征、高强电脉冲致裂煤体的分形维数变化特征。第 4 章系统介绍了高强电脉冲致裂煤体的瓦斯吸附变化特性、高强电脉冲致裂煤体的瓦斯解吸变化特性、高强电脉冲致裂煤体的瓦斯扩散变化特性及高强电脉冲致裂煤体的渗透率变化特征。第 5 章系统介绍了高强电脉冲液体中的放电作用机制、高强电脉冲冲击波传播衰减机制、高强电脉冲冲击波频域和能量分布特征、高强电脉冲冲击波致裂煤体破坏机制及高强电脉冲致裂煤体增渗机理。第 6 章主要利用非线性有限元软件 LS-DYNA 模拟放电参数、地层条件和煤体物理力学参数对高强电脉冲冲击波致裂煤体效果影响规律；提出高强电脉冲技术在煤矿地面和井下煤层增透的工程应用技术方法。

　　本书在编写过程中，得到了重庆大学资源与安全工程学院院长聂百胜教授的支持与帮助。本书内容涉及的有关研究得到了以下基金的重点支持，主要包括：贵州省高等学校西南喀斯特地区矿井水害防治团队（黔教技〔2023〕092 号）、毕节市科技联合基金项目-博士启动基金项目（毕科联合〔2025〕16 号）、毕节市煤矿灾害防治技术研究团队、毕节市矿井水害防治人才团队建设、贵州省教育厅科学基金（黔教合 KY〔2022〕122 号），在此一并表示感谢。

　　由于作者水平所限，书中不妥之处，敬请广大读者批评指正。

李长兴

2025 年 3 月

目 录

1　绪　　论

国家能源安全稳定是关系国民经济社会发展的战略性、全局性问题，对国家繁荣发展、社会长治久安、人民生活改善至关重要[1-3]。油气资源不仅是关系国民经济发展的重要矿产资源，也是保障国家安全稳定的重要战略资源[4]。国家统计局数据显示，2010 年以来，随着我国 GDP 的快速增长，我国煤炭产量整体上呈现出上升的态势，2024 年达到近 15 年的顶峰，如图 1-1 所示。近几年，随着"碳达峰、碳中和"战略目标的推进，以及水电和核电等清洁能源的快速增长与推广等，在我国一次能源消费结构中煤炭所占比例有明显下滑趋势，如图 1-2 所示。据权威部门预测，到 21 世纪中叶，我国煤炭的年产量仍可达到 30 亿吨标准煤，在能源结构中的占比在四成以上。目前我国能源结构依然面临着"富煤、贫油、少气"的现实问题，这也决定了短期内仍没有其他可替代能源能够撼动煤炭的主体能源地位[5-8]。

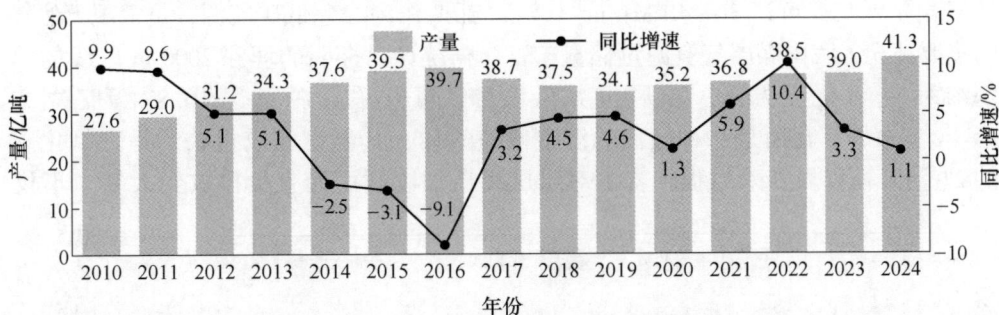

图 1-1　2010—2024 年全国煤炭产量及增速

煤炭资源需求量的快速增长及煤层赋存的特点导致我国煤炭的开采加速向深部推进[9-10]。在对深部煤层进行开采时会面临着煤层瓦斯涌出量、瓦斯含量、瓦斯压力、地应力、开采环境温度等增高，以及煤层的渗透性急剧降低等问题，由此引发的煤与瓦斯突出、瓦斯爆炸等瓦斯动力灾害事故频发，严重制约着煤炭资源的高效开采及煤矿企业的安全生产。近些年，随着国家各级政府部门对煤炭安全开采的重视，以及煤矿企业自身在瓦斯防治技术装备和安全措施方面的大力投入，我国煤矿的安全生产形势得到一定的改善，如图 1-3 所示，表明有效可行的瓦斯防治措施对煤矿安全生产有利[11-12]。但我国的煤矿安全生产仍面临诸多挑战，

图 1-2 2009—2023 年中国能源消费结构

图 1-2 彩图

实现煤矿全年零死亡目标道阻且长。瓦斯事故在煤矿安全生产事故中占比较大且造成的危害最大,给煤矿生产带来严重的威胁。作为煤的伴生产物,瓦斯是煤矿重大灾害源,同时也是一种清洁高效的非常规资源,其热值与常规天然气相差无几,可达 $36 \sim 40$ MJ/m^3[13-14]。瓦斯作为绿色低碳能源,是常规天然气的重要补充,我国煤层气资源量储量丰富,据统计已探明的埋深 2000 m 以浅的储量约为 37 万亿立方米,位居世界第三位,可开采资源量达 10.87 万亿立方米[15]。另外,瓦斯是一种极强的温室效应气体,其温室效应指数约是二氧化碳的 21 倍,在煤炭开采过程中若不对煤层瓦斯加以利用而直接排放到大气中不仅

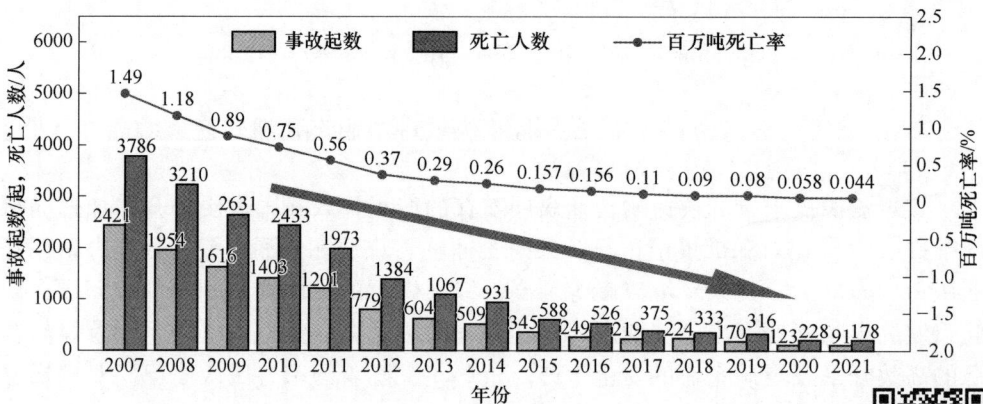

图 1-3 中国 2007—2021 年煤矿事故起数、死亡人数及百万吨死亡率

图 1-3 彩图

会导致清洁资源的极大浪费，而且会给大气环境造成污染[16]。因此，如果能够将煤层中的瓦斯进行清洁、安全和高效的开发和利用，不仅可以优化我国能源消费结构从而保障国家能源安全，而且可以减轻环境污染、弥补天然气供需缺口、降低煤矿安全生产事故风险，具有非常重要的现实和战略意义。

对比世界上主要的煤炭生产大国（美国、俄罗斯、澳大利亚等），我国煤层赋存条件复杂，普遍表现出高应力、高瓦斯、强吸附和低渗透性的特点，给我国煤层气的高效开发带来了巨大挑战[17-18]。近些年，随着煤层气抽采技术在煤矿的大力推广和应用，我国煤层瓦斯抽采量、利用量及利用率整体上都在逐年上升，如图1-4所示。

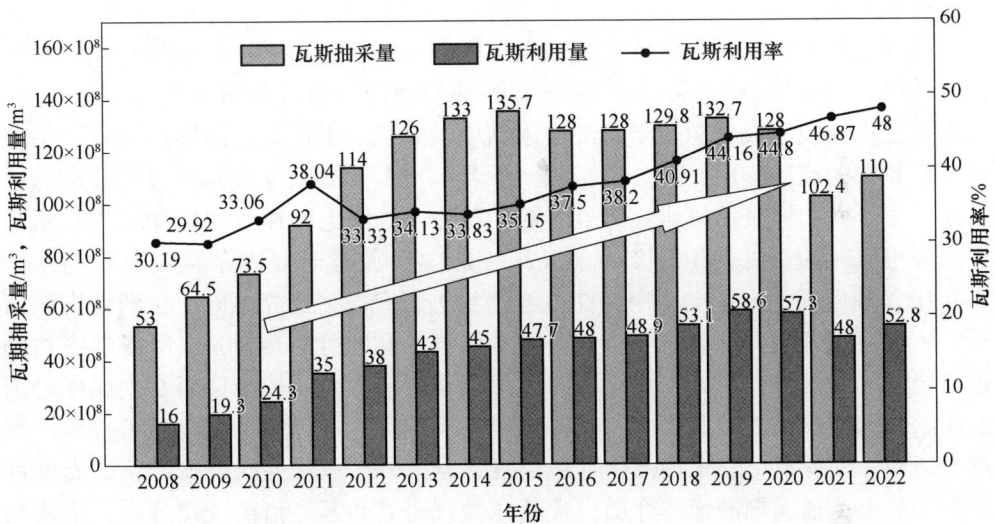

图1-4　中国2008—2022年煤矿瓦斯抽采量、利用量及利用率

但我国瓦斯资源的抽采率和利用率仍然是较低的，为了提高瓦斯抽采效率，目前采用的手段主要有两个方面：一是将煤层中吸附态瓦斯转变成游离态瓦斯，促进煤层中的瓦斯尽可能地解吸释放；二是增加煤层中的孔隙-裂隙网络结构，增加、扩大瓦斯在煤层中的运移通道[19-21]。其中，通过外界手段对煤层进行人工造缝增加煤层中裂隙的贯通，提高煤层的渗透性并强化瓦斯抽采作为治理煤矿瓦斯灾害最高效也是最根本性的措施，是实现煤与瓦斯共采的主要技术手段[22-23]。传统的煤层增透强化瓦斯抽采技术主要包括：保护层开采、水力化措施（水力压裂、水力造穴、水射流割缝）、密集钻孔抽采、深孔预裂爆破、高能气体爆破等[24-26]。这些煤层增透技术措施虽然各有特点，也取得了一定的抽采效果，但各自都有一定的缺陷和局限性，普遍存在瓦斯流量衰减快、瓦斯抽采浓度低、有效作用范围小等问题[27-28]。

近些年，对低透煤层进行增透强化瓦斯抽采技术的研究已经成为煤层气资源开发和利用领域中的一个热点问题，许多新兴的增透技术被提出，如注气驱替法（N_2、CO_2 等）、液氮冻融法、流态法开采、热驱替法、溶剂萃取法、酸洗法、电化学法及声波激励法等[29-31]。这些技术方法都有自身的优点，但也都具有各自的局限性。比如，注气驱替法、声波激励法和热驱替法具有耗能高、技术工艺复杂等缺点；液氮冻融法受限于低温环境往往对煤层中的瓦斯解吸不利且影响范围有限；溶剂萃取法、电化学法和酸洗法在实施过程中会改变煤体的煤质结构成分而对煤储层造成严重的污染，不利于煤炭资源的开采。因此，亟须探索新的更加高效的煤层增透强化瓦斯抽采技术来实现对我国普遍存在的低透性煤层瓦斯的安全高效抽采。

高强电脉冲技术是把脉冲高强强电流瞬间释放能量所产生的物理、化学、生物等效应直接应用于军事、生产、科研等各领域的一项高新前沿技术[32]。国内外学者已将该技术成功应用于石油增渗领域，并且取得了较好的增产效果。借鉴在石油领域的成功应用，部分煤炭领域学者也对利用高强电脉冲致裂煤层进行增透开展了研究，但目前该研究仍处于起步阶段。高强电脉冲致裂煤体增透技术是将高强电脉冲的正极端和负极端（又称接地端）放置于液体介质（通常为水介质）中，利用高强充电电源向储能电容器组进行充电，当充电电压达到设定阈值时，闭合空气开关，使高强电极正负两端的电场强度急剧升高，当电场强度达到正负极两端间液体介质的击穿场强时，两极间的液体介质被击穿而发生碰撞电离或离解，从而形成放电通道[33]。储存在电容器组里的高密度电能瞬间被释放到放电通道，使得放电通道内液体介质温度急剧上升而汽化并向外膨胀，猛烈地冲击压缩放电通道周围的液体介质，使其压力、密度和温度呈现跃式升高，形成初始放电高强冲击波，并伴随有射流、辐射（声、光、热等）等，对煤体产生强烈的致裂破坏作用，使煤体中产生大量裂隙并与原始裂隙沟通形成利于瓦斯运移的通道，最终提高煤层的渗透率而促进瓦斯的高效抽采。高强电脉冲致裂煤层增透强化瓦斯抽采技术在煤层气开发领域具有重要潜在应用价值。因此，亟须深入研究高强电脉冲致裂煤体的损伤破坏特征、孔隙结构演化特征、瓦斯运移规律及增渗机理，为高强电脉冲致裂煤体增渗技术提供理论支撑，为低透性煤层解堵增透、提高瓦斯抽采效率提供新的技术思路。

参 考 文 献

[1] 国家能源局. 习近平主持召开中央财经领导小组会议 [EB/OL]. http：//www.nea.gov.cn/2014-06/17/c_133413362.htm.

[2] 曹晓飞. 石油高校国家安全教育的新路径——以石油安全教育为切入点 [J]. 西南石油大学学报（社会科学版），2015，17（6）：99-104.

[3] 周宏春，李长征，周春. 我国能源领域科学低碳转型研究与思考 [J]. 中国煤炭，2022，

　　48（1）：2-9.

[4] 李霞，崔彬．试论我国石油安全与可持续发展 [J]．石油天然气学报（江汉石油学院学报），2006，28（5）：150-152.

[5] 谢和平，吴立新，郑德志．2025年中国能源消费及煤炭需求预测 [J]．煤炭学报，2019，44（7）：1949-1960.

[6] 谢和平，刘吉峰，高明忠，等．深地医学研究新进展 [J]．煤炭学报，2022，47（6）：1-11.

[7] 袁亮．我国深部煤与瓦斯共采战略思考 [J]．煤炭学报，2016，41（1）：1-6.

[8] 袁亮，董书宁．"煤炭安全高效绿色智能开采地质保障"专辑特邀主编致读者 [J]．煤炭学报，2020，45（7）：2329-2330.

[9] 李广明．煤矿深部掘进锚杆支护新技术探究 [J]．中小企业管理与科技（中旬刊），2015（3）：108-109.

[10] 冯冶．深部矿井回采巷道围岩变形失稳分析 [D]．西安：西安科技大学，2010.

[11] 吴金刚，王公忠．我国煤炭企业研发经费投入对安全产出影响 [J]．煤矿安全，2018，49（11）：237-240.

[12] 赵代英，何学秋，江田汉．我国煤矿行业安全生产预警指数模型研究 [J]．中国安全生产科学技术，2014，10（1）：81-86.

[13] 石海涛．瓦斯抽采钻孔稠化膨胀浆体封堵技术研究及应用 [D]．徐州：中国矿业大学，2017.

[14] 冯丹．煤层瓦斯水力冲/压一体化强化抽采物理模拟试验方法研究 [D]．重庆：重庆大学，2017.

[15] 成玉琪．中国煤炭中长期发展战略研究与应对低碳经济：中国煤炭学会成立五十周年高层学术论坛 [C]．中国北京，2012.

[16] 孙恒，孙守军，耿金亮，等．新型含氧煤层气直接液化分离工艺模拟和优化 [J]．低温与超导，2021，49（10）：40-45.

[17] 姜勇．低渗透煤层高强水射流割缝增透机理实验研究 [D]．阜新：辽宁工程技术大学，2011.

[18] 何金祥．金砖国家自然资源管理模式的比较 [J]．国土资源情报，2018（11）：16-20.

[19] 屈利伟．高瓦斯煤层群开采卸压瓦斯抽采技术研究 [D]．西安：西安科技大学，2013.

[20] 王伟，程远平，袁亮，等．深部近距离上保护层底板裂隙演化及卸压瓦斯抽采时效性 [J]．煤炭学报，2016，41（1）：138-148.

[21] 许江，曹偈，李波波，等．煤岩渗透率对孔隙压力变化响应规律的试验研究 [J]．岩石力学与工程学报，2013，32（2）：225-230.

[22] 陈忠顺．低渗煤层二氧化碳相变爆破裂隙—渗流演化规律 [D]．徐州：中国矿业大学，2019.

[23] 司瑞江，赵璐璐，李定启．赵庄矿大流量水力扩孔增透瓦斯抽采技术 [J]．能源与环保，2018，40（9）：50-53.

[24] 任云峰．深部采区低渗透性煤层CO_2致裂增透试验研究 [J]．煤矿开采，2018，23（5）：111-113.

[25] 邹永洺. 基于水力割缝与二氧化碳致裂的煤层增透技术研究 [J]. 煤炭科学技术, 2019, 47 (1): 226-230.

[26] 毋首杰. 古汉山矿二$_1$煤瓦斯吸附解吸特征及对瓦斯抽采的影响 [D]. 徐州: 中国矿业大学, 2018.

[27] 孙启文. 抽采钻孔水力修复及二次增透技术在郑煤集团的试验应用 [J]. 能源与环保, 2019, 41 (6): 28-32.

[28] 李全贵. 脉动载荷下煤体裂隙演化规律及其在瓦斯抽采中的应用研究 [D]. 徐州: 中国矿业大学, 2015.

[29] Li C, Yao H, Xin C, et al. Changes in pore structure and permeability of middle-high rank coal subjected to liquid nitrogen freeze-thaw [J]. Energy & Fuels, 2021, 35 (1): 226-236.

[30] 李贺. 微波辐射下煤体热力响应及其流—固耦合机制研究 [D]. 徐州: 中国矿业大学, 2018.

[31] 徐吉钊. 液态 CO_2 循环冲击致裂煤体孔隙结构及损伤力学特征研究 [D]. 徐州: 中国矿业大学, 2020.

[32] 甘莉斯, 曹勇, 李炎锋. 冷水机组污垢热阻在线检测方法不确定度分析 [J]. 建筑科学, 2009, 25 (10): 74-75.

[33] 付荣耀, 孙鹞鸿, 高迎慧, 等. 一种高强脉冲电源设计与实验 [J]. 火力与指挥控制, 2014, 39 (6): 170-173.

2 高强电脉冲致裂煤体效应实验研究

高强电脉冲具有作用范围大、可重复放电、功耗小、对环境没有污染、实施操作简单方便等优点,产生的冲击波具有强烈的破坏效应。本章利用自主研制的高强可调电脉冲实验系统对不同类型试样进行高强电脉冲致裂实验,研究不同放电参数下试样的破坏效果,分析高强电脉冲致裂后不同类型试样的裂纹扩展及分布规律,同时辅以动态应变系统和声发射系统研究分析高强电脉冲致裂过程中试样的变形和声发射变化特征。

2.1 高强电脉冲放电破碎方式

随着人类对自然改造和利用范围的扩大,机械冲击破碎岩石效率低且实施场地受限,而炸药爆破岩石会污染环境且可控性差,亟须寻求一种绿色、安全、效率高的新型岩石破碎技术[1]。高强电脉冲水中放电技术在破岩方面引起了国内外众多学者的高度重视,与其他岩石破碎技术不同之处在于,该技术是利用脉冲放电过程中产生的等离子通道、高强高能冲击波或反射流等力学效应对岩体进行破坏[2]。根据放电过程中直接击穿介质的不同,以及形成的放电通道是在岩石中还是在水中,高强电脉冲放电破碎方式可以分为液电破碎和电破碎两种[3]。

2.1.1 液电破碎方式

当形成的放电通道在水中时,水间隙被击穿后,巨大的电能被瞬间释放在放电通道内,这一过程导致放电通道内的水迅速汽化膨胀产生高温高强作用,从而对周围的水介质进行强烈挤压,使其密度、温度和压力出现阶跃式上升,最终形成向四周扩散传播的冲击波效应。当冲击波传播到周围岩体的表面时,会给岩体一个巨大的冲击载荷,一旦岩体的抗压或抗拉强度无法抵挡冲击载荷时,便会发生致裂破碎。

液电破碎方式更多依赖于放电过程中瞬间产生的冲击波对岩体的破坏作用。放电过程中产生的冲击波压力峰值往往可达几百到上千兆帕,并以大于水中声速的速度向周围介质中进行传播。冲击波强度大小由放电能量所决定,而高强电脉冲单次放电能量可由储能电容器存储的电能值来表示,即[4]:

$$E_0 = \frac{1}{2}CU^2 \tag{2-1}$$

式中，E_0 为电容器组储存的能量，J；U 为充电电压，V；C 为电容器组电容，F。

实际上，在击穿通道还未形成前，一部分电能会因为回路电阻而消耗在回路中，导致实际放电电压比充电电压要小，但由于回路中的电阻非常小，因此不做特别区分情况下一般认为充电电压和放电电压是相等的。高强电脉冲水中放电属于一种特殊的液电破碎技术，产生的冲击波在传播过程中受到液体介质的影响会发生折射、反射等作用并产生叠加效应，从而导致作用范围内某些区域冲击波的冲量和峰值压力集中。同时，在传播的过程中，冲击波压力由瞬时压力瞬间转变达到峰值后又很快以指数形式发生衰减。但高强电脉冲水中单次放电往往会产生多次冲击作用，这是在高强电脉冲产生的冲击波传播过程中产生的空化效应，以及水汽化反复膨胀收缩的过程中，气泡发生的脉动现象引起的。

2.1.2　电破碎方式

与液电破碎方式不同，电破碎方式相当于固体介质击穿过程，是把高强电极直接接触在固体材料的表面，放电通道直接在固体介质的内部形成，当放电通道向外膨胀的张力大于固体材料本身的抗拉和抗剪强度时，便可使固体材料发生破碎分离。相关研究表明，在利用高强电脉冲致裂煤岩体等固体材料时，放电通道优先在放电电极间击穿场强较低的介质中形成。不同的电介质其击穿场强有所不同，图 2-1 是水、油、岩石和空气四种常见的电介质击穿场强[5]。从图中可以看出，不管是在直流电压还是在交流电压条件下，空气介质的击穿场强是最低的，而油介质的击穿场强是最高的，即相同的电压强度和电压上升时间下，四种电介质中空气是最先被击穿的，而油是最后一个被击穿的。而水和岩石的击穿场强大小还与电压上升时间有关，以 500 ns 上升时间为临界点，当小于 500 ns 时，相同电压上升时间条件下，水会先于岩石被击穿；相反，电压上升时间大于 500 ns 时，岩石会先于水被击穿。

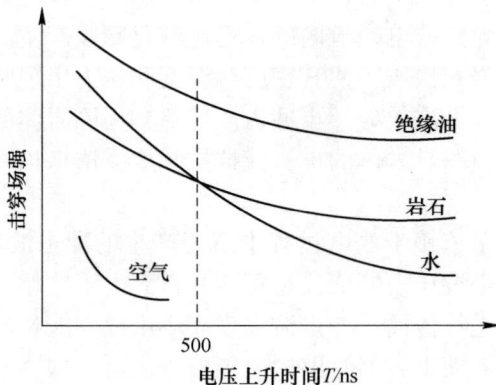

图 2-1　电压上升时间和击穿场强在不同介质中的关系图

利用电破碎方式实现对煤岩体破碎的过程可分为如下三个阶段：

（1）第一阶段，当对与煤岩体相接触的电极两端施加高电压时，会造成电极两端间的水介质和煤岩体处于强电场的环境下。煤岩体的介电常数通常为4.5~7，而水的介电常数通常大约为80，二者如此大的介电常数差异使得形成的电场主要集中在水介质中。

（2）第二阶段，煤岩体和水介质的介电常数的极度不匹配，导致煤岩体表面在高强电场作用下被击穿，放电通道在煤岩体内部形成，大量电能被注入放电通道内产生丝状流注，使得高强电极两端的电压逐渐下降。

（3）第三阶段，丝状流注从放电通道的高强端发展到接地端后，使得整个放电通道导通形成放电回路，此时电容器组存储的电能被瞬间完全释放在放电通道内，使得放电通道发生膨胀而向外产生冲击作用，一旦冲击作用力高于煤岩体的抗拉抗压强度时，煤岩体便会发生致裂破坏。

结合以上分析，可知电破碎方式可以实现放电能量和产生的冲击波压力直接作用于煤岩体，且能量转化效率也比较高。但冲击波压力和能量在岩土中的衰减速度要比在水中衰减的速度快很多[6]。利用电破碎方式致裂煤体增透需要有两个钻孔分别来放置正负两电极（图2-2），并要求两电极之间的间隙不能太大，太大正负极无法实现导通击穿，太小作用范围有限。另外，电破碎方式只能对两个电极之间的煤体进行击穿破碎，对两个电极间隙之外的煤体区域作用微弱。而液电破碎方式利用的是击穿水间隙形成放电通道，储存的高强电能瞬间被释放到放电通道并产生高温高强强冲击波向外传递，挤压水介质对周围的煤体进行破裂作用。由于冲击波压力和能量在水中衰减相对较慢，且当放电电路结构设计合理和放电间隙控制合适时，电能转化为机械能的效率可达60%以上（除了少部分光

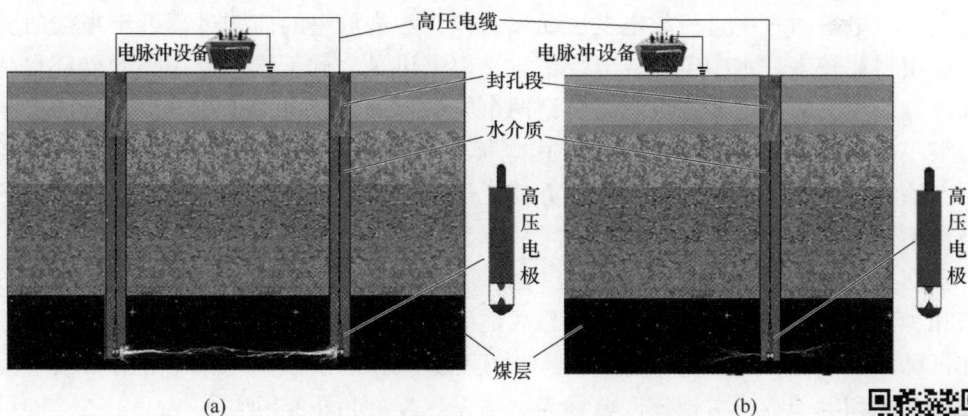

图2-2　电破碎和液电破碎方式抽采煤层气原理示意图
（a）电破碎；（b）液电破碎

图2-2彩图

辐射能和声辐射能）。此外，利用液电破碎方式进行煤体增透只需打一个钻孔即可，当放电能量和放电次数控制合理时其致裂范围较大，如图 2-2 所示。因此本书采用液电破碎方式对煤体进行致裂增透。

2.2　高强电脉冲水中放电形式

高强电脉冲水中放电是把正负两个电极直接放入水中进行液相放电，其实就是把存储的电能瞬间释放到放电通道里。其整个放电过程可描述为通过高强电源向高功率储能电容器充电，当充电到设定电压阈值时，放电开关闭合后迅速在两个高强电极间的水间隙形成一个极强的击穿电场（MV/cm 量级），使得水间隙瞬间（时间为 $1 \sim 10$ μs）被电离、汽化，产生声、光、热、力等其他形式的能量[7]。根据电源的特性、放电能量的大小、电极的结构类型、电极间隙大小及放电过程中是否有电弧通道形成，通常把高强电脉冲水中放电的形式分为电晕放电（也叫流光放电）、火花放电和电弧放电三种，其中火花放电是存在于电弧放电和电晕放电之外的一种特殊放电形式[8]。下面对这三种放电形式作简要的分析。

2.2.1　水中电晕放电

电晕放电是人类最早发现的放电现象，根据不同的分类方法可将其分为以下几种类型：（1）按电源放电形式的不同可分为高频电晕放电、脉冲电晕放电、直流电晕放电和交流电晕放电；（2）按电极结构类型不同可分为丝-板式电晕放电、丝-筒式电晕放电、棒-棒式电晕放电和针-板式电晕放电等。而高强脉冲水中电晕放电是由水中直流放电发展而来，作为水中放电的前期过程近年来被研究和应用得比较多。水中电晕放电严格意义上来讲是一种不均匀电场中的局部自持放电，产生的放电通道并没有完全把两个电极贯通，放电发生在电极附近曲率半径很小的区域[9]。非对称的针-板式电极结构是水中电晕放电最常用的电极类型，该种电极类型结构简单、操作方便、便于制作。根据在针电极施加的高强的极性不同，可将电晕放电分为正电晕放电和负电晕放电。

（1）正电晕放电。由于针电极的极性不同，电晕放电时电荷在空间上的分布和积累有所差别，这也造成了电晕放电的形成机制有区别。当在针形阳极上施加正脉冲电压时，电晕极端（阳极）附近的水分子由于强电场的作用而被电离成正离子和电子，通常把该区域称为"电晕区"，如图 2-3 所示。

同时，水分子被电离所形成的正离子由于受到电场力的作用会移向集电极端（阴极），而电子会向电晕极端移动被吸收。电子在向电晕端移动的过程中会相互碰撞，电子的碰撞会不断产生新的正离子和电子，产生的数量以指数级增长，

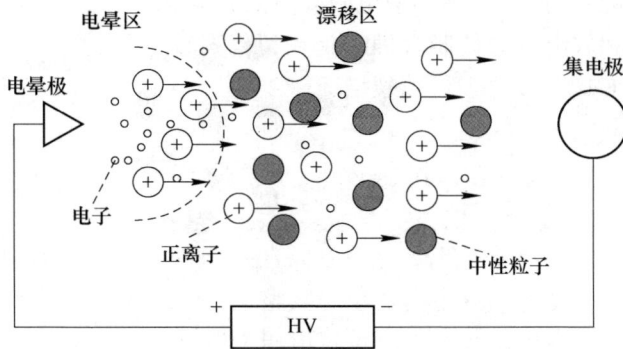

图 2-3 正电晕放电技术原理示意图

通常把这种现象称为"电子雪崩"[10]。在电离的过程中也会产生出一部分中性粒子，正离子在向集电极端移动的过程中会碰撞中性粒子，二者结合在一起向集电极端移动，从而形成正电晕离子流。电子雪崩在外加场的作用下由集电极一侧向电晕极侧发展，由于水分子的分解、激发、复合等过程而产生光电离现象。光电子在电子雪崩附近会引发新的一系列子电子雪崩，电子雪崩到达电晕极时，电离和光辐射均为最强。正电晕放电的过程中流注也同时在发展，当多个光电子产生的子电子雪崩集聚到电晕极附近生成的放电通道时，会使其发展并逐渐扩大，形成由电晕极端向集电极端快速移动的流注通道（正流注）。由于两极间是非均匀场，电晕区的流注通道会出现丝状分支的现象，表现为电晕沿径向发展成为多分支树状通道。通常所加持的电压越高，流注通道呈现出的树状分支越多且流注一般也比较明亮。

（2）负电晕放电。与正电晕放电不同，负电晕放电是将曲率半径大的电极端接地，而将负高强施加在曲率半径小的电极端，其放电技术原理如图 2-4 所示。类似于正电晕的放电过程，电晕极在强电场作用下把电晕区附近的水分子电离成正离子和电子。正离子在电场力的作用下向电晕极移动，而携带有高密度能量的电子朝向集电极端移动。由于水中含有微量的氧分子且对电子具有一定的亲和力，电子在运动的过程中会吸引氧分子并结合形成负氧离子。在电场力的作用下负氧离子同样朝向集电极端运动，运动的过程中会碰撞中性粒子并与之结合形成负电晕离子流。

负电晕放电的过程从电晕极端开始，是逆着电场方向进行的。在负电晕放电过程中，首次电子雪崩的瞬间就有大量的空间电荷产生，这些空间电荷以指数量级在传播路径上增长。积累的空间电荷自感所形成的电场与外加电场在电子雪崩的端头位置进行叠加，进一步增强了电极和电子雪崩端头间的电场强度。在电子雪崩扩展的过程中，部分分子和原子被激发释放紫外光子，这些光子有两个方面的作用：一是促使电极和电子雪崩端头间的分子和原子进一步地电离；二是与电

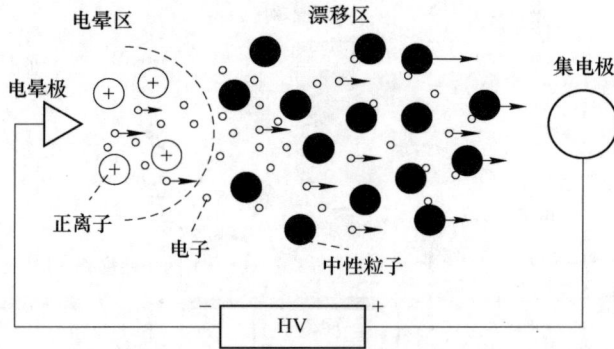

图 2-4　负电晕放电技术原理示意图

晕极表面碰撞产生二次释放电子辐射，增加电子雪崩的强度，促使放电通道快速形成[11]。电晕区的电子是朝着电场变弱的方向移动，比正电晕放电中正离子的移动速度更快，因此放电的起晕电压相对较低。电子在运动的过程中会产生新的次电子雪崩，主次电子雪崩叠加在一起后加速了放电向集电极端的扩展。如此反复进行，间接导致了空间电荷向电晕极传播，形成了负流注通道。负电晕放电过程中，电子会和中性粒子结合形成带负电的运动离子而产生离子流效应。由于离子的质量要比电子大很多，因此产生的离子流速度比正电晕的低很多，但同样也会产生很多流光通道，只是通道分支数量有限且长度比正电晕放电的通道短很多。

2.2.2　水中火花放电

水中火花放电由水中电晕放电发展而来，当所施加的电压一定的情况下，电极间隙的大小决定了水中放电是属于电晕放电还是火花放电。如果电极间隙比较大时，水中的放电只是单纯的电晕放电，而随着电极间隙变小电晕放电逐步向火花放电过渡发展，当刚刚出现火花放电时，这时水中处于火花放电和电晕放电共存的状态。当电极间隙距离进一步缩短后，电晕放电消失，则水中只有火花放电存在[12]。同样也可以通过改变所施加的电压大小来调节水中的放电类型，当控制电极间隙距离一定时，施加较低的电压时，水中发生的放电只是单纯的电晕放电；当逐渐提升电压幅值后，水中电晕放电向火花放电逐步开始过渡发展，在某一电压幅值附近也同样会出现水中火花放电和电晕放电共存的情况；而所施加的电压越过某一幅值后，水中电晕放电消失，水中只有火花放电产生。图 2-5 是典型的针-板电极结构系统电极间隙与水中放电类型的关系图。

在经典的针-板电极结构系统中，水中火花放电在刚形成时其放电过程及特征与水中电晕放电类似，本质上没有大的区别。在高电压针尖电极附近有红色流

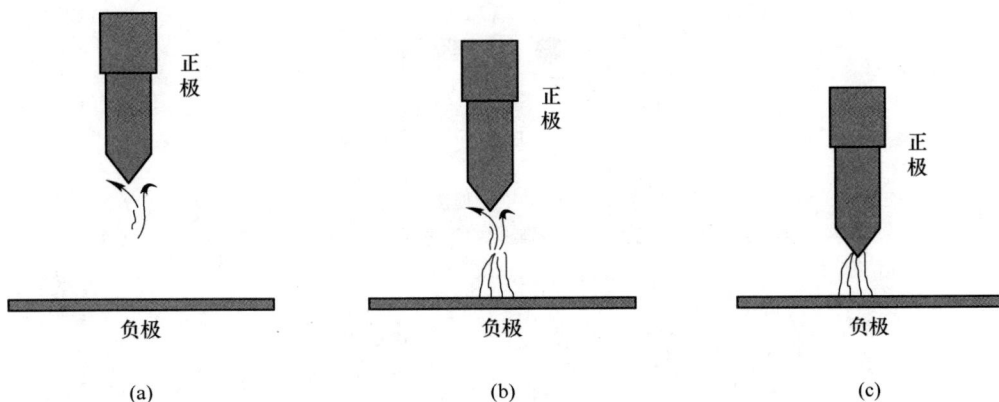

图 2-5 针-板电极结构系统电极间隙与水中放电类型的关系

(a) 电晕放电 (间隙 30 mm)；(b) 电晕与火花共存 (间隙 15 mm)；(c) 火花放电 (间隙 7 mm)

光产生，受到电场的作用流光会快速向接地电极端延伸移动[13]。通常，如果流光在高强度电场作用下能够顺利到达接地电极端上的，一般就能够产生火花放电；而没有顺利达到接地电极端上的只能产生电晕放电。其实，火花放电是从电晕放电慢慢发展转变而来，起初先是发生电晕放电，放电产生的流光在向接地电极端发展的过程中，当接近接地电极端时，流光的颜色会发生变化，从红色流光变成白色流光。当白色的流光与接地电极端完全接触后，放电的状态便由电晕放电完全转变为火花放电。此时，由于放电能量的消耗，放电电压会迅速下降，但放电过程中产生的电流会迅速上升，由电晕放电的几十安培提高到几百安培。电极间隙的距离决定了产生火花的时间，一般随着电压的升高和电极间距的减小，产生火花放电的时间缩短。通常电晕放电产生的流光在向接地电极端运动时不止一条通道，而是多条流光通道齐头并进发展，最先到达接地电极端的流光通道会最先转变为火花放电，且该通道也会优先转变更宽、更明亮的放电通道。

2.2.3 水中电弧放电

当电源有足够大的能量，施加在电极端的电压足够高时，火花放电就可以发展成为电弧放电[14]。水中电弧放电是利用脉冲电容器储存高密度的电能，经过触发放电回路上的放电开关，通过电缆导通使浸没于水中的两电极间形成高电场环境，当电场强度达到水介质的击穿场强时，电极间的水间隙被击穿并瞬间将电能集中释放到水中。图 2-6 为水中电弧放电的电路原理图，图 2-7 为水中电弧放电过程示意图。

在水介质被击穿的过程中，如果电能供给能力足够大且施加的电压足够高时，电流通过通道时促使水温急剧上升并蒸发汽化[15]。汽化的水分子在高电场

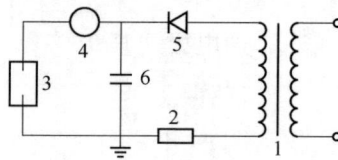

图 2-6 水中高强脉冲电弧放电电路原理图

1—高强变压器；2—保护电阻；3—反应器；4—放电开关；5—高强硅堆；6—放电电容

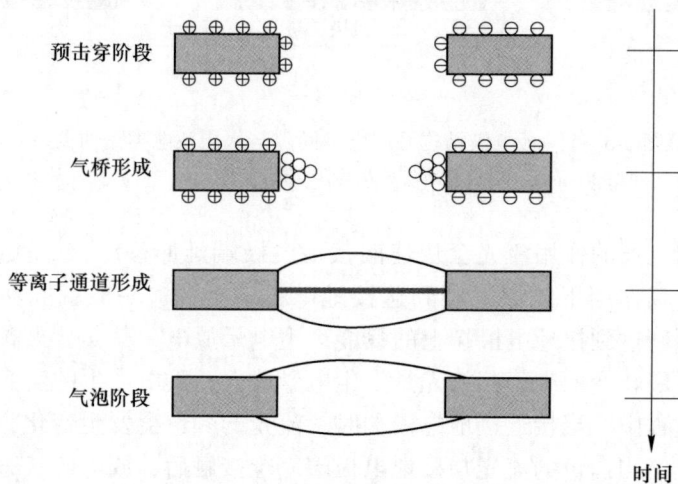

图 2-7 水中电弧放电过程示意图

作用下被电离，加上部分金属电极也因高温而汽化，两者合并在一起后形成了等离子体。整个过程水介质是在极短的时间（ms～μs 量级）内依次经历了液相、气相和等离子体三个阶段的转变，形成的等离子体通道呈现出高强（GPa 量级）、高温（最高可达 20000 ℃）、高度电离的特征，通道内等离子体的密度最高可达 10^{17} cm^{-3}。等离子体边界处的高温度差和通道内部的高强作用导致通道中产生巨大的压力，等离子体通道快速对外进行膨胀，从而实现了电能向机械能的极速转换。由于等离子体通道周围的水具有弱压缩性，抗拒其向外膨胀，故机械能主要依靠水介质以机械应力波的形式向外卸载释放，产生的高密度能量激波被称为液电脉冲激波。

从上述分析可知，电弧和火花两种放电形式的电极间产生的电流通常较大，两极间的电场强度较高，放电脉冲持续时间通常也相对比较长。电弧放电和火花放电两者之间的不同之处也仅在于脉冲持续时间上的差别，而脉冲持续时间与供电电源的能力有关。当供电电源有足够强的供电能力时，放电脉冲持续的时间足够，此时放电为电弧放电；而当供电电源能力不足时，放电脉冲持续时间不够，由电弧放电过渡到火花放电。电晕放电与电弧放电和火花放电不同，其放电主要集中在较小曲率半径的电极区域，两电极间其实并没有形成真正的放电通道[16]。三种不同放电类型的特性如表 2-1 所示。

表 2-1 高强电脉冲水中不同放电类型的特性

放电类型	峰值电压/V	电压上升时间/s	峰值电流/A	频率/Hz	压力波	紫外光
电弧放电	$10^3 \sim 10^5$	$10^{-6} \sim 10^{-5}$	$10^3 \sim 10^6$	$10^{-3} \sim 10^{-2}$	强	强
火花放电	$10^5 \sim 10^6$	$10^{-7} \sim 10^{-6}$	$10^2 \sim 10^3$	$10^{-2} \sim 10^2$	中	中
电晕放电	$10^6 \sim 10^7$	$10^{-9} \sim 10^{-7}$	$10 \sim 10^2$	$10^2 \sim 10^3$	中，弱	中，弱

从表 2-1 可以看出，电弧放电产生的峰值电压在 $10^3 \sim 10^5$ V，电压上升的时间相对较慢（μs 数量级），频率在 $10^{-3} \sim 10^{-2}$ Hz，但峰值电流在 1 kA 以上，属于高功率、低上升沿、低频放电。由于放电电流在 $10^3 \sim 10^6$ A 量级，放电通道会在短时间内聚集极高的能量，通道内部温度瞬间可升高到 20000 ~ 50000 ℃，这样通道内的水被汽化向外膨胀形成强烈的冲击波，压力可达 1 GPa 量级。放电瞬间水间隙被击穿形成放电通道的同时，气泡内也形成了瞬态超临界水条件，内部的气体被电离形成等离子气泡，产生短暂存在的高浓度自由基和强烈的紫外光辐射。相比之下，电晕放电产生的峰值电压在 10^4 以上，电压上升时间也较快（ns 数量级），但峰值电流在 10^2 A 内，属于低功率、低上升沿、高频放电。放电过程中也能形成放电通道，水间隙被击穿产生的冲击波强度较弱，只有部分气泡产生，但只在靠近电极附近的区域产生活性粒子和自由基，且产生的紫外光辐射强度不高。因此，要利用高强电脉冲水中放电产生高强冲击波对煤岩体进行致裂，采用水中电弧放电的形式比较有优势。

2.3 试样制备及参数测试

由于煤是一种脆性强、塑性差的材料，很难实现在大块原煤样中钻取一直径 10 cm 的孔（高强电极直径为 9 cm）并保证煤样完整不破碎，目前的实验条件下可操作性不强。因此，本书制作不同类型（混凝土、相似材料、大尺度型煤、小尺度原煤块及 φ50 mm×100 mm 标准圆柱体煤样）的试样来进行高强电脉冲致裂实验。混凝土、相似材料和大尺度型煤试样主要用于实验研究高强电脉冲致裂过程中试样的宏观破坏效应及应变和声发射变化特征，小尺度原煤块和标准圆柱体煤样用于实验研究高强电脉冲致裂煤体孔隙结构演化及瓦斯运移规律。

2.3.1 试样制备

（1）混凝土试样制备。混凝土试样的制作主要采用河砂和水泥为原料，本书的混凝土试样按水泥∶河砂分别为 1∶2、1∶3、1∶4 三种不同的比例进行制作，每种比例的试样制作两个，试样的尺寸为 ϕ50 cm×55 cm。制备过程中需在试样的中心位置预留直径为 10 cm、深度为 30 cm 的孔，为后续实验放置高强电极提供条件。图 2-8 为制备好的混凝土试样。

图 2-8　制备好的混凝土试样

图 2-8 彩图

（2）相似材料试样制备。为了尽可能地满足相似条件，参考众多相似材料的制作方法，本书中的相似材料主要选取河砂作为骨料，选取水泥和石膏粉作为胶结剂，并在配料中添加云母粉、珍珠岩粉和发泡剂作为充填剂以模拟煤体内部孔裂隙结构特征，材料如图 2-9 所示。为了研究高强电脉冲对不同强度煤体的致裂效果，本书实验制作软、中硬和硬三种不同强度类型的相似材料试样。相似材料的合理配比需要经过大量的尝试，为了提高模型的制作效率，经查阅相关文献并参考原煤强度，选取如表 2-2 所示的材料配比方案。每一种材料配比的大尺度试样均制作 2 个试件，用于高强电脉冲致裂实验，其中一个作为备用，试样的尺寸为 ϕ50 cm×55 cm。试样具体的制作过程如图 2-10 所示。

（a）　　　　　　　　　（b）　　　　　　　　　（c）

(d)　　　　　　　　　(e)　　　　　　　　　(f)

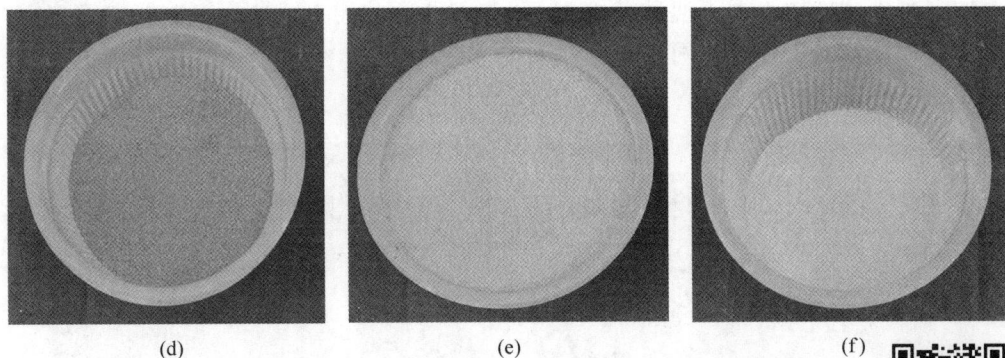

图 2-9　试样配置材料

（a）水泥；（b）河砂；（c）石膏粉；（d）云母粉；（e）珍珠岩粉；（f）发泡剂

图 2-9 彩图

表 2-2　相似试样材料配比

编号	水泥	河砂	石膏粉	云母粉	珍珠岩粉	发泡剂	硬度
1	1	4.26	0.12	0.025	0.017	0.009	松软
2	1	3.35	0.14	0.023	0.016	0.007	中硬
3	1	2.38	0.16	0.022	0.015	0.004	坚硬

图 2-10 彩图

图 2-10　试样的制作过程及制备好的相似试样

（3）大尺度型煤试样制备。利用破碎机将从煤矿采集的大块煤样进行粉碎，将粉碎后形成的煤粉用煤样筛收集，粒径为 0.5 mm 以下的放入干燥箱进行烘干备用。黏结剂选用含聚乙烯醇浓度为 5% 的水溶液，大尺度型煤的制作可参考混凝土和相似材料试样的制作过程，制作好的型煤如图 2-11 所示，试样的尺寸为 $\phi 50$ cm×55 cm。

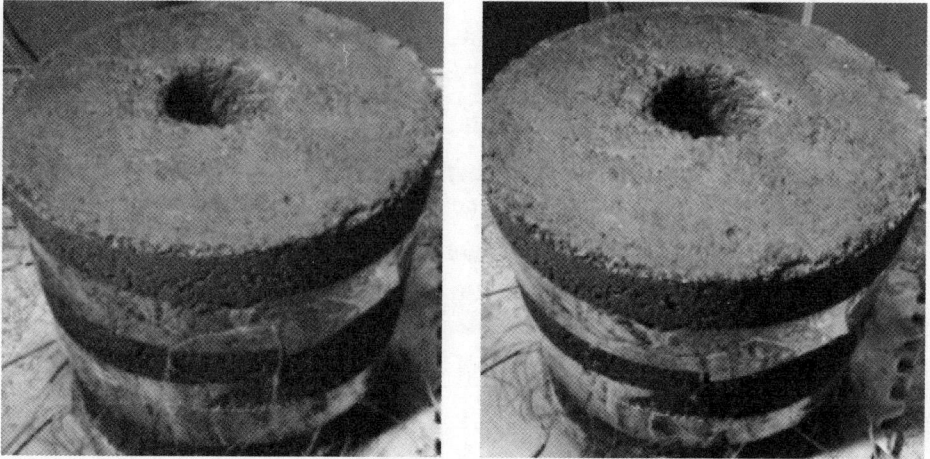

图 2-11　制作好的型煤试样

图 2-11 彩图

（4）小尺度原煤块制备。本章实验所用煤块分别取自贵州盘县谢家沟煤矿的肥煤和山西寿阳县七元煤矿的烟煤。大块煤样从工作面采集后用保鲜膜进行包裹密封，然后迅速运至地面井口用木箱装运至煤样加工厂。在加工厂车间利用切割机沿平行层理方向切割加工成尺寸为 20 cm×20 cm×20 cm 左右的立方体煤块，切割过程中用水洗磨将煤样表面打磨平整，同时利用岩石取芯机钻取标准圆柱体煤样。制作的煤样如图 2-12 所示。

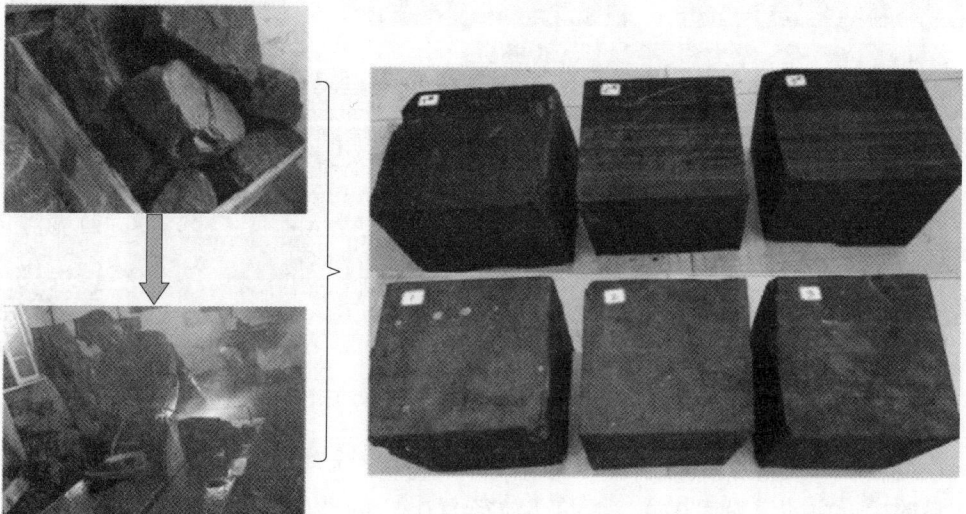

图 2-12 彩图

图 2-12 制作的部分原煤块及标准圆柱体煤样

2.3.2 试样参数测试

各种类型试样制作完成后需对其力学性质参数进行测试，因此应同时制作 $\phi50$ mm×100 mm 的标准试样以备测试。抗拉抗压实验均采用天辰 WAW-1000 型电液伺服刚性精密试验机进行，该系统由液压油源、手动控制器、数字控制器、计算机控制系统、控制器及其他附属装置等组成，载荷精度为±0.005 kN，位移精度为±0.001 mm，其加载范围为 50~2000 kN。测试结果如表 2-3 所示。

表 2-3 不同类型试样物性参数

编号	试样类型	密度/(g·cm⁻³)	抗压强度/MPa	抗拉强度/MPa	弹性模量/GPa	备注
1		2.13	26.94	6.33	11.25	1:2
2	混凝土	1.97	19.71	4.65	9.68	1:3
3		1.89	14.55	3.27	6.87	1:4
4		1.39	4.34	0.68	3.46	软
5	相似材料	1.48	7.52	1.23	5.14	中硬
6		1.54	11.63	1.87	6.58	硬
7	型煤	1.32	2.76	0.43	2.53	—
8	原煤	1.39	7.56	2.13	1.35	肥煤
9		1.43	4.67	1.21	0.76	烟煤

根据研究所需对煤样的基础参数也进行了测定，本书煤样的基础参数测定包括工业分析、元素分析、坚固性系数和镜质组反射率，测试结果如表 2-4 所示。

表 2-4　煤样的基础参数测试结果

煤样	镜质组反射率/%	元素分析/%				坚固性系数 f	工业分析/%			
		C_{ad}	H_{ad}	O_{ad}	N_{ad}		M_{ad}	A_{ad}	V_{daf}	F_{cad}
肥煤	1.12	79.72	5.37	11.24	3.67	0.46	4.54	14.68	16.74	64.04
烟煤	2.83	88.68	3.61	4.78	2.93	0.73	6.59	21.19	11.84	60.38

2.4　高强可调电脉冲实验方案

2.4.1　高强可调电脉冲实验系统

根据研究目的和实验要求，课题组研制了一套具有自主知识产权的高强可调电脉冲实验系统，该系统的作用过程如图 2-13 所示，其实物图如图 2-14 所示。由图可知该系统主要由高强充电电源、储能电容器、输出控制柜、触发控制装置、放电开关、高强电极、安全保护装置及高强电缆等部分构成。其中放电开关（手动）、安全保护装置和触发控制装置与输出控制柜集成在一起。图 2-15 为该系统的电路拓扑结构示意图，由图可知该系统的整个作用过程可表述如下：

（1）常规 220 V 或 380 V 的工频交流电通过交流接收器后，经整流桥整流后变成 520 V 的直流电；

（2）整流后的直流电经逆变桥逆变成 520 V、50 kHz 的高频交流电，然后通过 LC 谐振和变压器进行升压，再经高强整流桥整流后转变成高强的直流电；

（3）充电控制器接收主控单元设定的充电电压后，启动逆变桥并闭合 K_2 开关对储能电容器组进行直流高强充电，并通过反馈电阻监测其电压值；

（4）当储能电容器组充电电压达到工作阈值后，打开 K_2 开关，闭合 K_1 开关，导通放电控制开关，将储能电容器组存储的电能传输到高强电极两端；

（5）当高强电极两极间的场强达到水介质击穿场强后，便导通了高强电极的正负极并在两极间形成放电通道，此时储能电容器组存储的电能便释放在放电通道内转换为机械能产生冲击波效应，最终对周围煤岩体进行破坏作用。

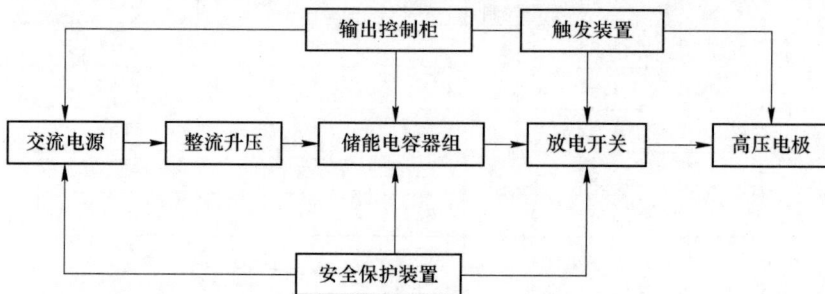

图 2-13　高强可调电脉冲实验系统作用流程图

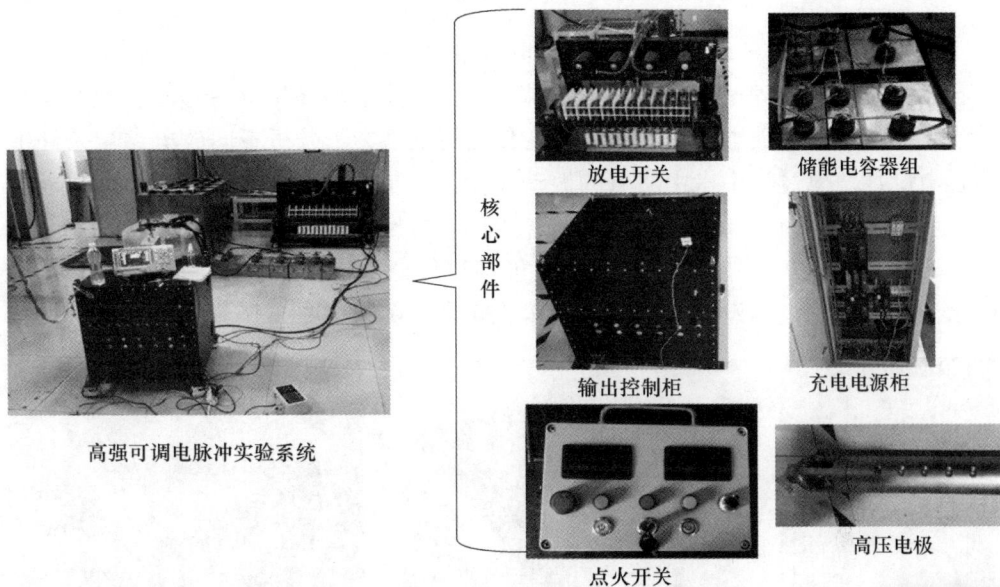

图 2-14 高强可调电脉冲实验系统实物图

图 2-14 彩图

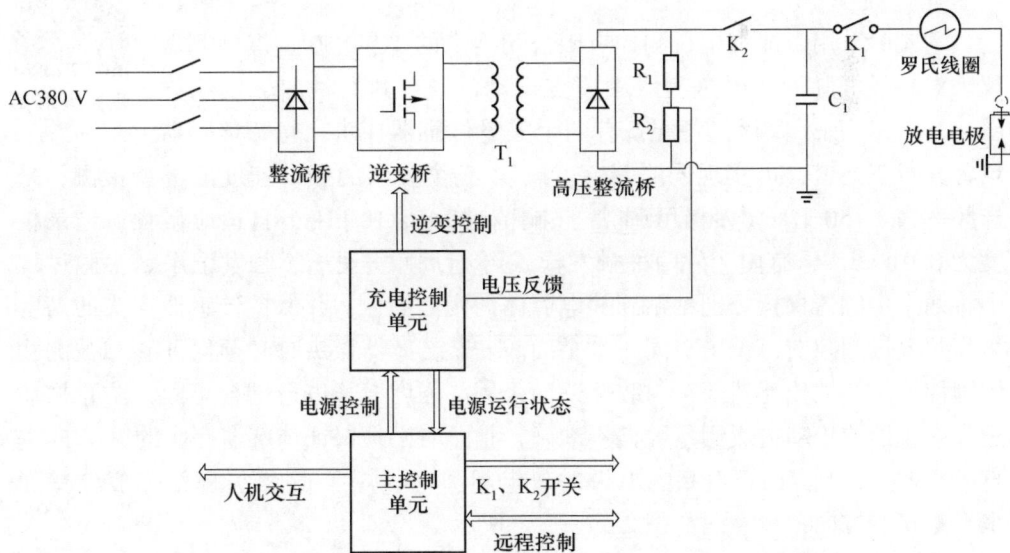

图 2-15 高强可调电脉冲实验系统电路拓扑结构示意图

2.4.2　实验方案

2.4.2.1　冲击波振动速度测定实验方案

水中质点的振动速度作为高强电脉冲冲击波能量向外释放的宏观表现，能直观反映高强电脉冲放电过程中冲击波的传播特征。为了分析不同放电参量条件下高强电脉冲放电过程中水中质点的振动速度，特制作一个不锈钢水槽作为放电腔体，腔体尺寸为 50 cm×30 cm×55 cm，实物电极尺寸为直径 9 cm、高 70 cm。利用中心开有直径 9 cm 圆孔的木板将电极穿过后把水槽顶部盖上，防止放电过程中水向四周溅到电器设备上，以保证实验安全，实物如图 2-16 所示。

图 2-16　高强电极及不锈钢放电水槽

本实验采用由成都中科测控有限公司生产的 TC-4850 型爆破测振仪来对高强电脉冲放电过程水中质点振动的速度进行测量，实物如图 2-17（a）所示。该设备配备有两个矢量传感器探头，每个传感器

图 2-16 彩图

均为并行三通道，可实现同时对 X、Y、Z 三个方向的振动速度值进行检测，采样频率为 1~50 kHz（多档可调），频响范围为 0~10 kHz，自适应量程，记录精度为 0.01 cm/s，有内、外两种触发模式可选，可实现连续触发记录。实验过程中将两个传感器探头分别粘贴到放电腔体的两侧面上，并保持传感器探头的高度与高强电极间隙窗口位置在同一水平面。安装传感器探头时必须保证它与被测物体刚性连接，故传感器探头与腔体壁面采用高强度石膏进行耦合牢固，防止振动过程中脱落或松动造成测量数据不准确，粘贴时必须保证传感器探头的 Z 方向垂直天空向上，X 方向正对高强电极的放电间隙（即爆源），Y 方向沿与腔体壁面水平相切的方向，示意图如图 2-17（b）所示。

2.4.2.2　大尺度试样致裂实验方案

在前述研制的高强可调电脉冲实验系统的基础上，添加动态应变采集仪、声

(a)

(b)

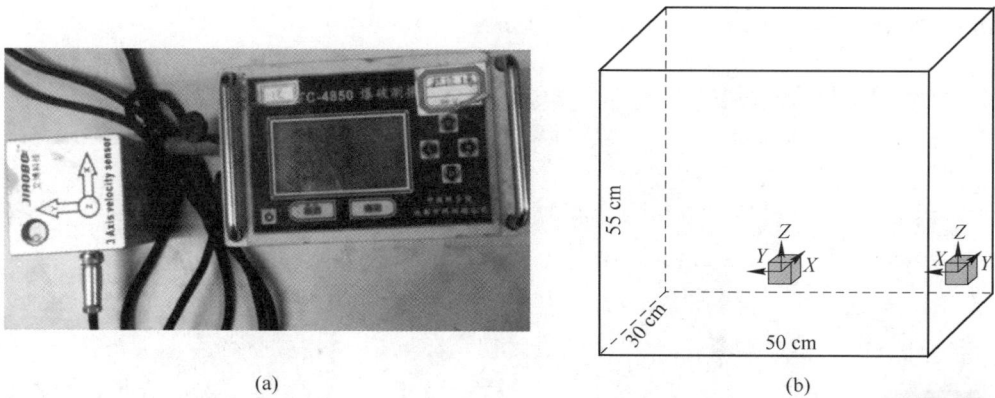

图 2-17 TC-4850 型爆破测振仪及传感器探头粘贴位置

发射采集仪、高强探头、电流探头及数字示波器等重新组装建立了大尺度试样致裂实验系统，其示意图和实物图分别如图 2-18 和图 2-19 所示。

图 2-17 彩图

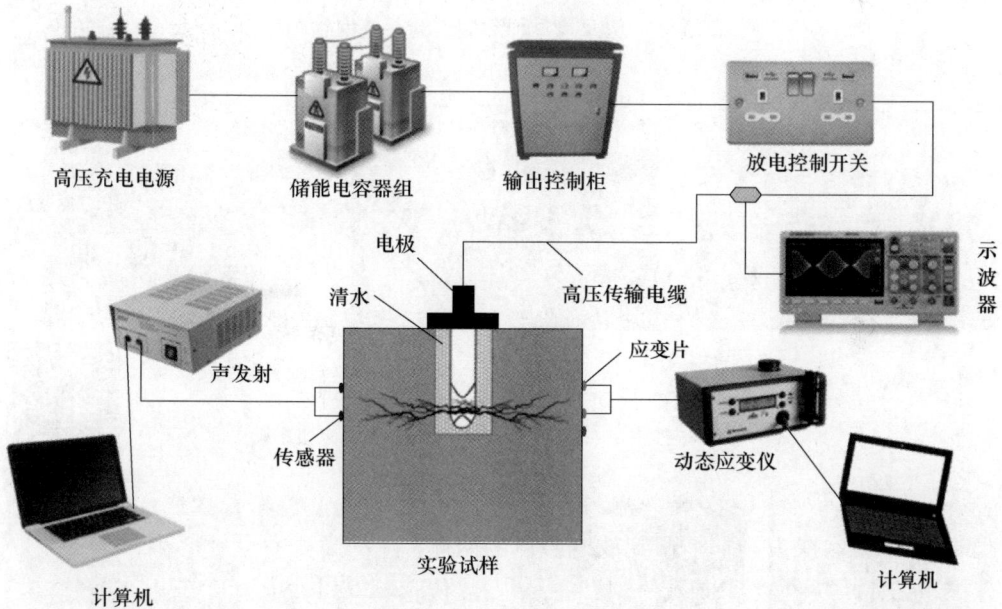

图 2-18 大尺度试样致裂实验系统示意图

本实验主要是针对高强电脉冲对不同类型试样的致裂效果、致裂过程中的应变情况和声发射参数，以及放电过程中的电流信号进行测量，因此测试仪器主要包括应力-应变测试系统、声发射系统及电流信号采集系统，其实物如图 2-20～图 2-22 所示。

高压电极及试样　声发射、应变 等传感器探头　储能电容　遥控放电开关

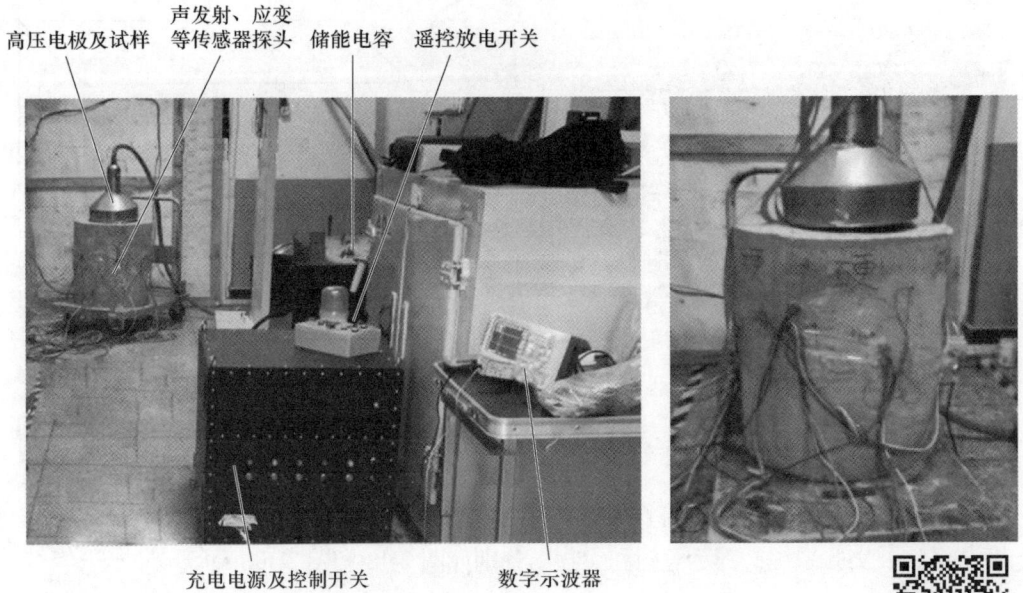

充电电源及控制开关　　　　数字示波器

图 2-19　大尺度试样致裂实验系统实物图

图 2-19 彩图

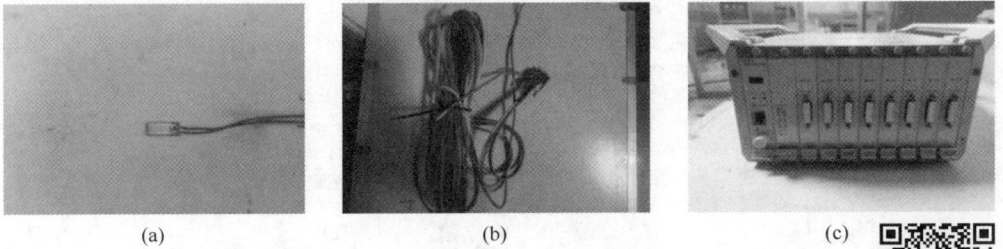

(a)　　　　　　　　　　(b)　　　　　　　　　　(c)

图 2-20　DH5922D 动态信号测试分析仪

（a）电阻式应变片；（b）数据采集传输线；（c）采集系统主机

图 2-20 彩图

(a)　　　　　　　(b)　　　　　　　(c)　　　　　　　(d)

图 2-21　AMSY-6 声发射系统

（a）计算机；（b）数据采集系统；（c）前置放大器；（d）声发射传感器

图 2-21 彩图

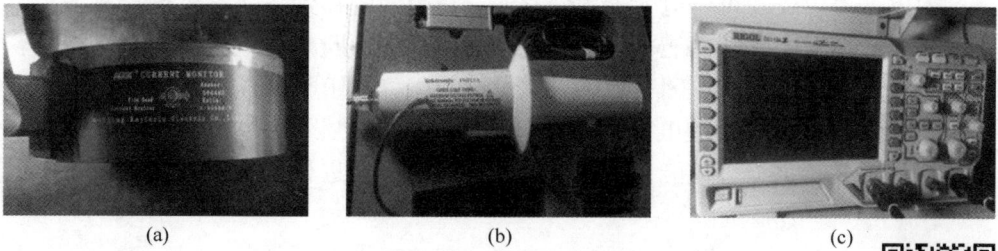

图 2-22　电流信号采集系统
（a）罗果夫斯基线圈；（b）电流探头；（c）数字示波器

图 2-22 彩图

对制作的大尺度试样进行高强电脉冲致裂实验的具体步骤如下：

（1）将高强可调电脉冲实验设备的输出控制系统、整流升压系统等连接组装好，连接示波器测试电流、电压值是否正常，检查各部件是否存在漏电现象，检查完毕后关闭电源。

（2）将待测试样放置于平地上，将声发射传感器及应变片等固定在岩石外侧表面。分别利用凡士林和 AB 胶将声发射传感器探头和应变片丝栅与试样表面耦合，然后用胶带进行固定，防止实验过程中传感器探头和应变片丝栅松动或脱落影响测试结果。

（3）调节高强电极正负两极间的间距，将电极固定至所测试样中心预留孔指定位置，然后向孔中注水，用盖板将钻孔盖严实，防止放电过程中水向四周飞溅。

（4）调节声发射、应力应变采集系统，设置时间参数、信号捕捉等参数。设定放电电压值，组装电容器组，并联至所需电容值，每次拆卸电容器前用接地杆做接地措施进行余电卸载。

（5）启动充电电源，调节电压控制器至指定电压后，对电容器组进行充电，充电完成打开触发开关放电，同时启动声发射设备、应变采集系统，记录放电瞬间试样的声发射、应力应变等信号。

（6）放电结束后对电极和电容等设备进行接地处理，观测煤岩体的致裂情况，记录相应数据和图像。

（7）升高放电电压，或同种放电参量条件下增加放电次数，重复上述步骤。

（8）更换试样，重复上述步骤，直至完成所有试样测试。

2.4.2.3　小尺度原煤块致裂实验方案

为了研究高强电脉冲对煤体的致裂效果及致裂前后煤体孔隙结构的变化特征，重新组装建立高强电脉冲致裂煤体实验系统，其示意图如图 2-23 所示。从图中可知，该系统由高强可调电脉冲系统关键部件外加放电腔体（不锈钢水箱）及固定支架等附属装置构成。本次实验可输出的最大电容容值为 840 μF，根据式（2-1）可以计算出本实验系统的最大单次放电能量可达 168 kJ。输出控制柜由一系列放电开关组成，可将电容器中储存的能量瞬间转移到高强电极进行放电。特别注意，从高强电源到储能电容器充电过程中，必须断开放电开关，当储能电容器的电压达到预定值时，闭合放电开关，储能电容器组与高强电极之间形成放电回路。储能电容器组中的电能在极短的时间内（毫秒以内）通过高强电极以液电效应的形式转化为机械能，形成高强冲击波对煤体进行致裂破坏。

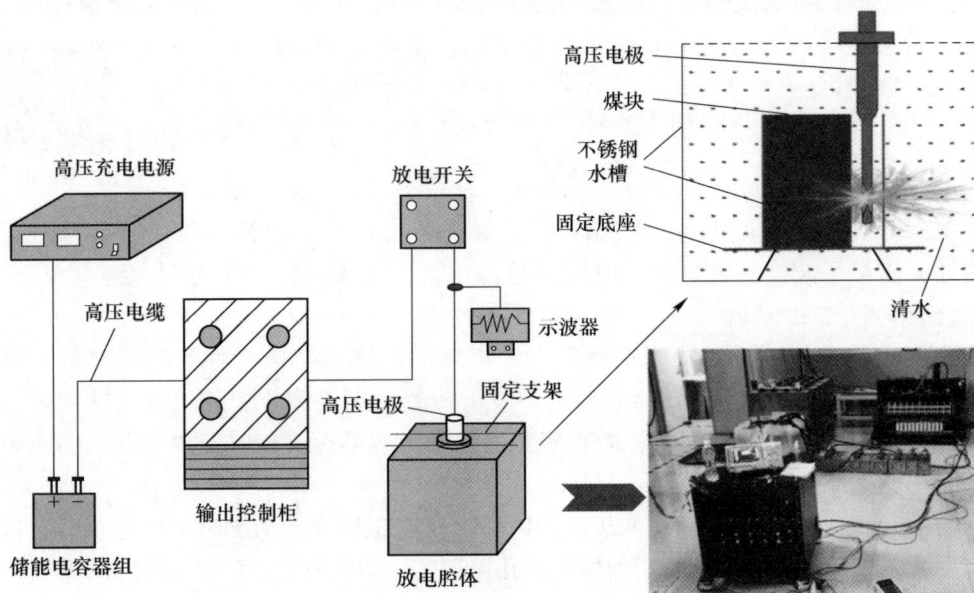

图 2-23　小尺度原煤块致裂实验系统示意图

图 2-23 彩图

具体实验过程如下：

（1）将制备好的大块原煤块在自来水中浸泡 24 h，使煤块尽可能吸水达到饱和状态，目的是减小高强电脉冲作用过程中煤块因吸水发生强度变化对致裂效果的影响。

（2）将大煤块沿平行层理方向慢慢水平放置于内置不锈钢水槽的底部，内置不锈钢水槽底部通过焊接的固定底座与外层不锈钢水槽固定牢固，防止高强电脉冲作用过程中煤块晃动而影响实验结果，沿平行层理方向水平放置煤样的目的是保证高强电脉冲冲击波作用方向与煤层层理面一致，以模拟现场实际煤储层的赋存环境。

（3）将已与高强电缆连接好的高强电极缓慢下放入内置不锈钢水槽中，使电极的正负极两端的间隙口正对煤块中心位置，然后在外侧不锈钢水槽的上端用固定支架将电极固定牢固，以保证高强电脉冲放电作用过程中高强电极一直处于垂直状态并使放电冲击波释放窗口一直处于煤块中心位置处。

（4）所有设备连接组装好后，往不锈钢水箱注入自来水，直至水面没过煤块 20 cm 左右，然后打开高强充电电源开关给储能电容器组充电。

（5）当充电电压达到预设值时，关闭充电电源开关，打开放电开关进行高强电脉冲放电作业，记录示波器数据。完成一次高强电脉冲作业后，检查高强电极及固定支架是否有移动和松动的情况，如有需要进行重新固定，然后进行第二次放电作业，直至完成设定次数的（本书实验设定为 5 次）放电致裂实验，最后取出煤块查看并记录其致裂情况。

（6）更换煤样，调整放电电压及放电间隙等参数进行下一组实验，本书进行了不同放电电压（8 kV、10 kV、12 kV）和不同放电间隙（3 mm、4 mm、5 mm）下的高强电脉冲致裂实验，不同放电参数下高强电脉冲致裂的煤样编号如表 2-5 所示。

（7）重复上述实验步骤，直至将全部实验煤样进行高强电脉冲致裂后，对实验前后煤样的结构特征参数进行测试分析，实验设计及测试方案如表 2-5 所示。

表 2-5 实验设计汇总表

煤样类型	煤样编号	放电条件	放电参数	测试内容			
				SEM	低温液氮吸附	压汞	核磁共振
烟煤	A-0	放电电压 /kV	致裂前	√	√	√	√
	A-1		8	√	√	√	√
	A-2		10	√	√	√	√
	A-3		12	√	√	√	√
肥煤	B-0	放电间隙 /mm	致裂前	√	√	√	√
	B-1		3	√	√	√	√
	B-2		4	√	√	√	√
	B-3		5	√	√	√	√

注："√"表示已进行测试。

2.5 实验结果与分析

2.5.1 冲击波振动速度测试结果与分析

实验过程中将放电电压从 1 kV 逐渐往上提高，发现当放电电压低于 8 kV 时，无论如何调整放电电容值和放电间隙等参数，高强电极的正负极均无法实现击穿水介质导通放电，可能与系统的电路结构有关。为分析高强电脉冲放电过程中水中质点的振动速度，本实验分别测试了不同放电电压（8 kV、10 kV 和 12 kV）和放电间隙（3 mm、4 mm 和 5 mm）条件下的质点振动速度。下面对两种放电参量条件下水中质点的振动速度测量结果进行分析。

2.5.1.1　不同放电电压条件下冲击波速度

图 2-24~图 2-26 为绘制的不同放电电压条件下 1 号、2 号传感器测得的 X、Y 和 Z 三个方向上质点振动速度曲线。由图可知，高强电脉冲放电过程产生的冲击波会瞬间诱发水中质点振动，并整体上呈现出振荡式衰减的趋势，整个振荡过程时间基本在 0.3 s 内（主要是水自身的振荡作用引起的），说明高强电脉冲水中放电是一个极速反应的过程。表 2-6 为统计的不同放电电压条件下 1 号、2 号传感器测得的 X、Y 和 Z 三个方向上质点的振动速度参数。结合表 2-6 中的统计数据可知，随着放电电压的升高，1 号、2 号传感器测得的 X、Y 和 Z 三个方向上质点的振动速度均是逐渐上升的，且引起的水中质点振动速度都很大，说明高强电脉冲放电过程中能产生显著的冲击波振动效应，该效应对煤体等材料的致裂作用有重要影响。对于同一放电电压下，1 号、2 号传感器测得的质点振动速度均呈现出 X 方向振动速度最大，Y 方向振动速度次之，Z 方向振动速度最小。同时对比 1 号、2 号传感器测得的质点振动速度，发现同一放电电压下，1 号传感器所测结果各方向相比于 2 号传感器所测质点振动速度均大一些，这是因为 1 号传感器离放电通道近一些，高强电脉冲水中放电产生的冲击波向周围传播的过程中是逐渐衰减的。

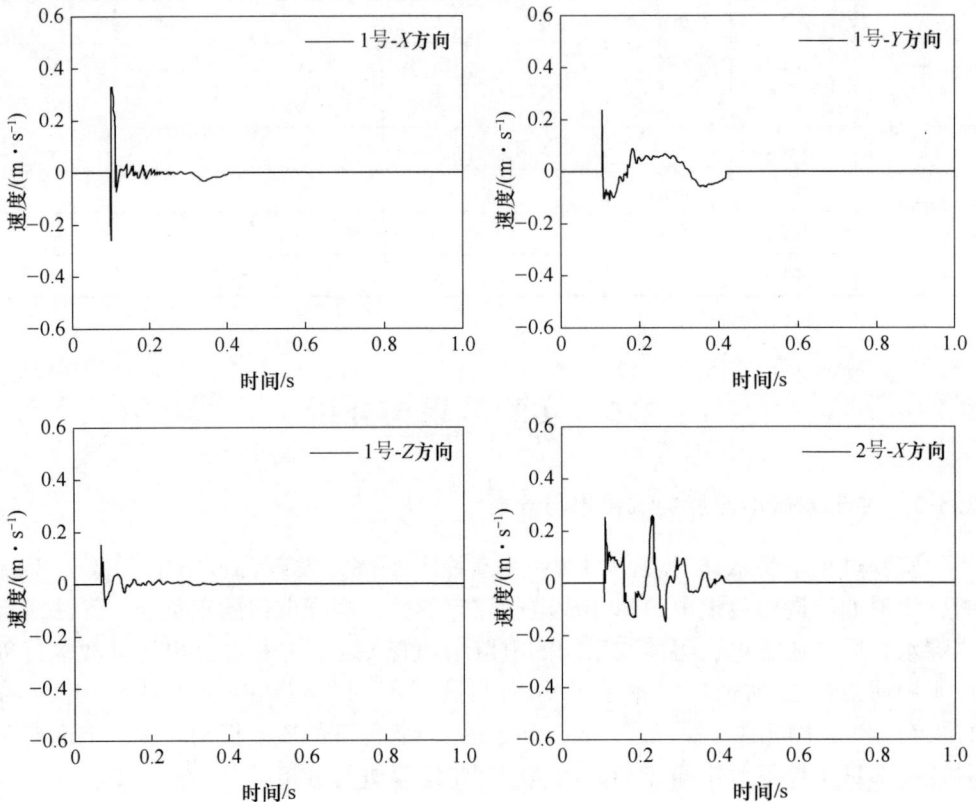

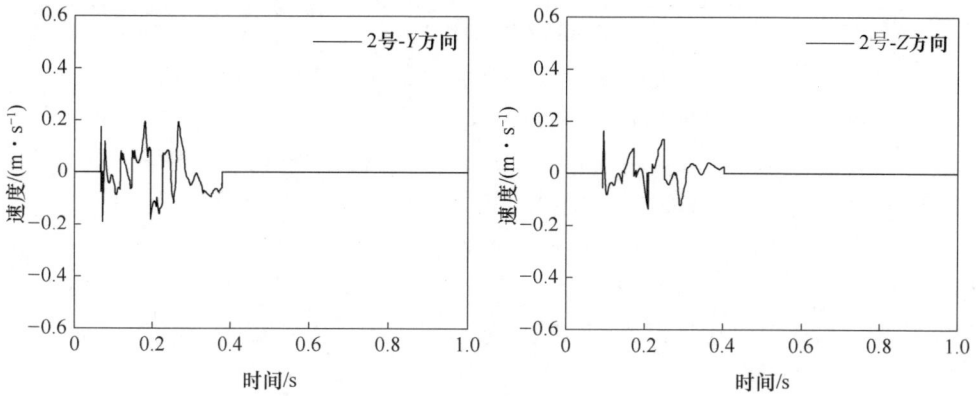

图 2-24 8 kV 放电电压下 1 号、2 号传感器测试的质点振动速度曲线

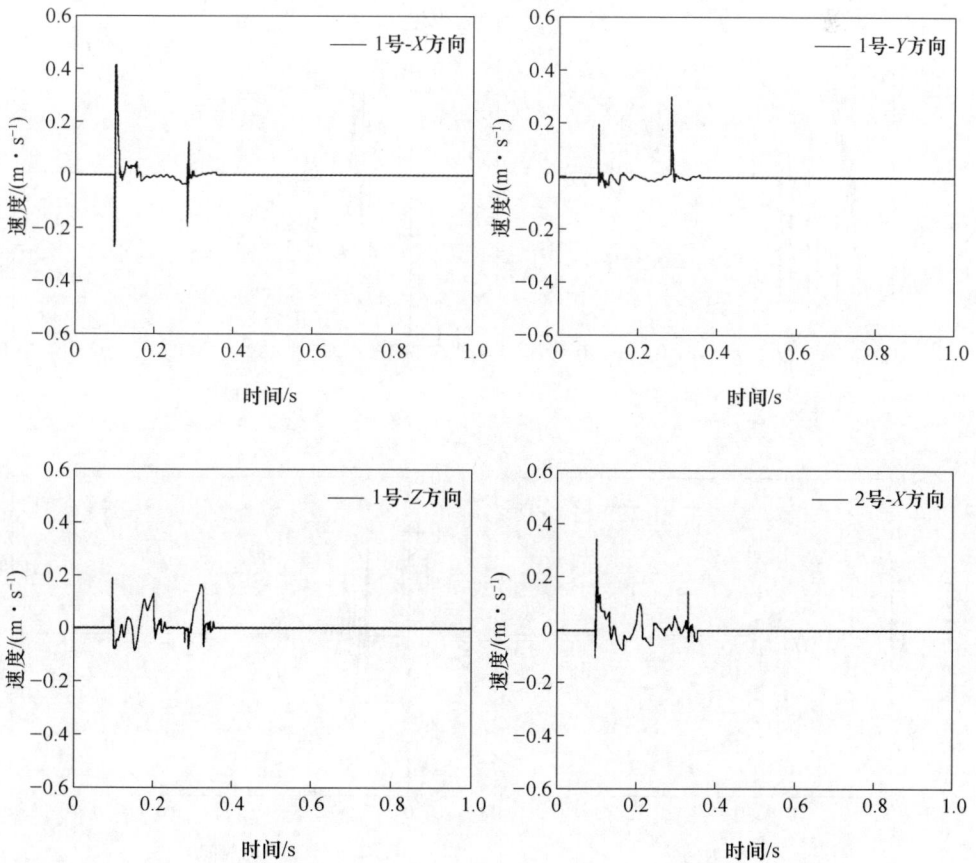

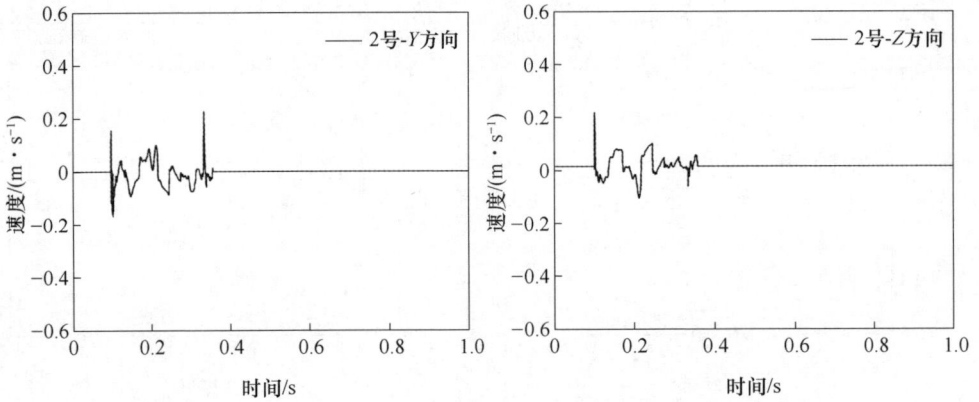

图 2-25　10 kV 放电电压下 1 号、2 号传感器测试的质点振动速度曲线

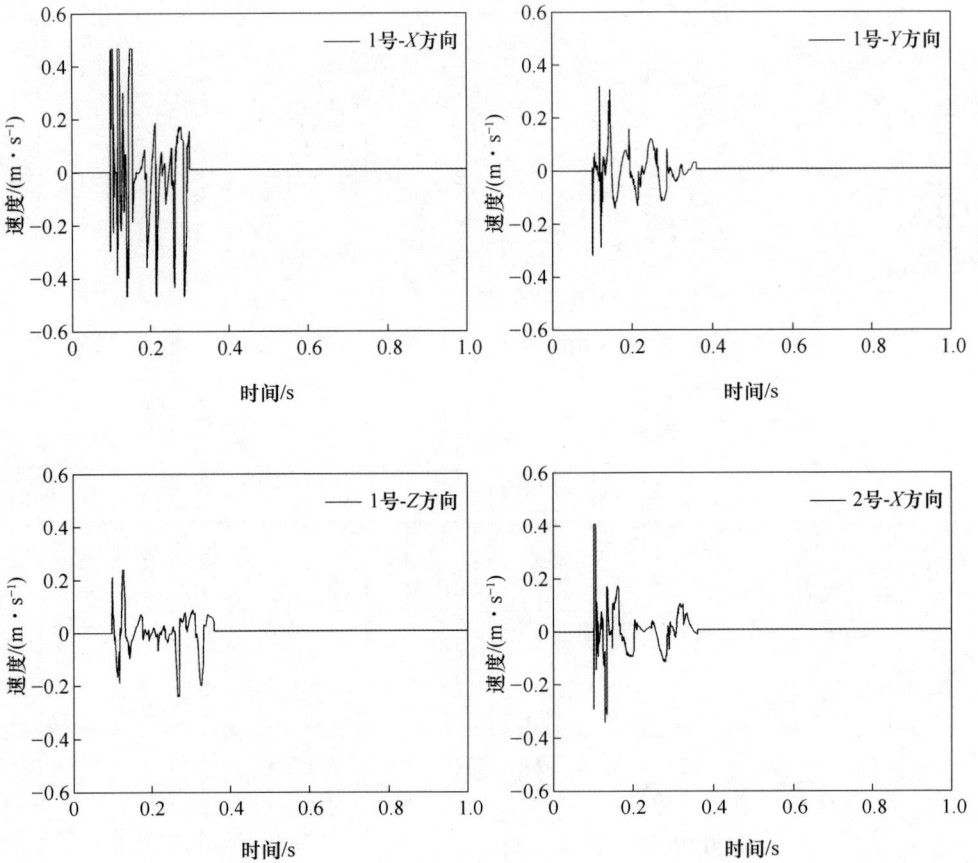

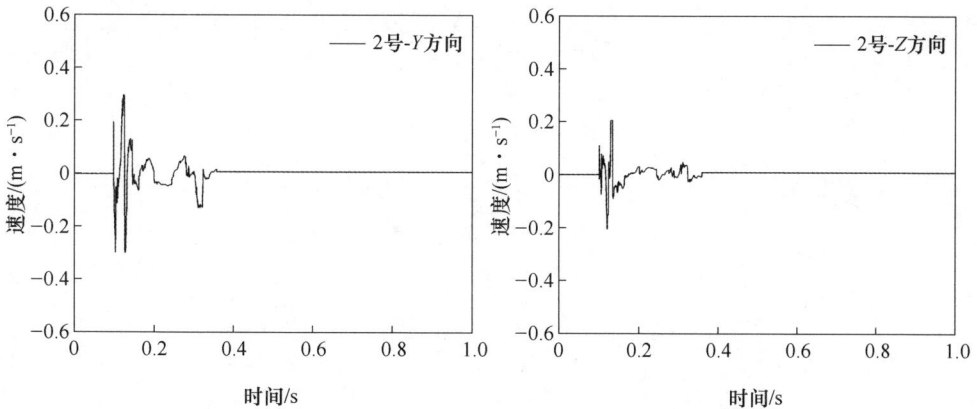

图 2-26　12 kV 放电电压下 1 号、2 号传感器测试的质点振动速度曲线

表 2-6　不同放电电压下各方向质点振动速度

放电参量	放电数值	设备编号	距电极距离/cm	X 方向峰值速度 /(cm·s⁻¹)	Y 方向峰值速度 /(cm·s⁻¹)	Z 方向峰值速度 /(cm·s⁻¹)
电压/kV	8	1 号	15	33.05	23.47	14.78
		2 号	25	27.13	19.29	16.32
	10	1 号	15	41.23	31.34	18.98
		2 号	25	35.25	23.07	20.63
	12	1 号	15	46.61	32.47	24.42
		2 号	25	41.25	30.19	20.87

2.5.1.2　不同放电间隙条件下冲击波速度

与放电电压条件下一样，不同放电间隙条件下高强电脉冲放电过程产生的冲击波引起水中质点的振动仍呈现出振荡式衰减的趋势，整个振荡过程时间也基本在 0.3 s 内，如图 2-27～图 2-29 所示。表 2-7 为统计的不同放电间隙条件下 1 号、2 号传感器测得的 X、Y 和 Z 三个方向上质点的振动参数。根据表 2-7 中的统计数据可知，随着放电间隙的增大，1 号、2 号传感器测得的 X、Y 和 Z 三个方向上质点的振动速度均呈现出先增大后减小的规律，说明高强电脉冲水中放电存在一个最佳的放电间隙，在最佳放电间隙条件下高强电脉冲产生的冲击波作用能够对负载产生更好的致裂破坏效应。对于放电间隙相同的情况，1 号、2 号传感器测得的质点振动速度同样均呈现出 X 方向振动速度最大，Y 方向振动速度次之，Z 方向振动速度最小。而且 1 号传感器所测结果不论是 X 方向、Y 方向还是 Z 方向，相比于 2 号传感器所测质点振动速度均大一些。

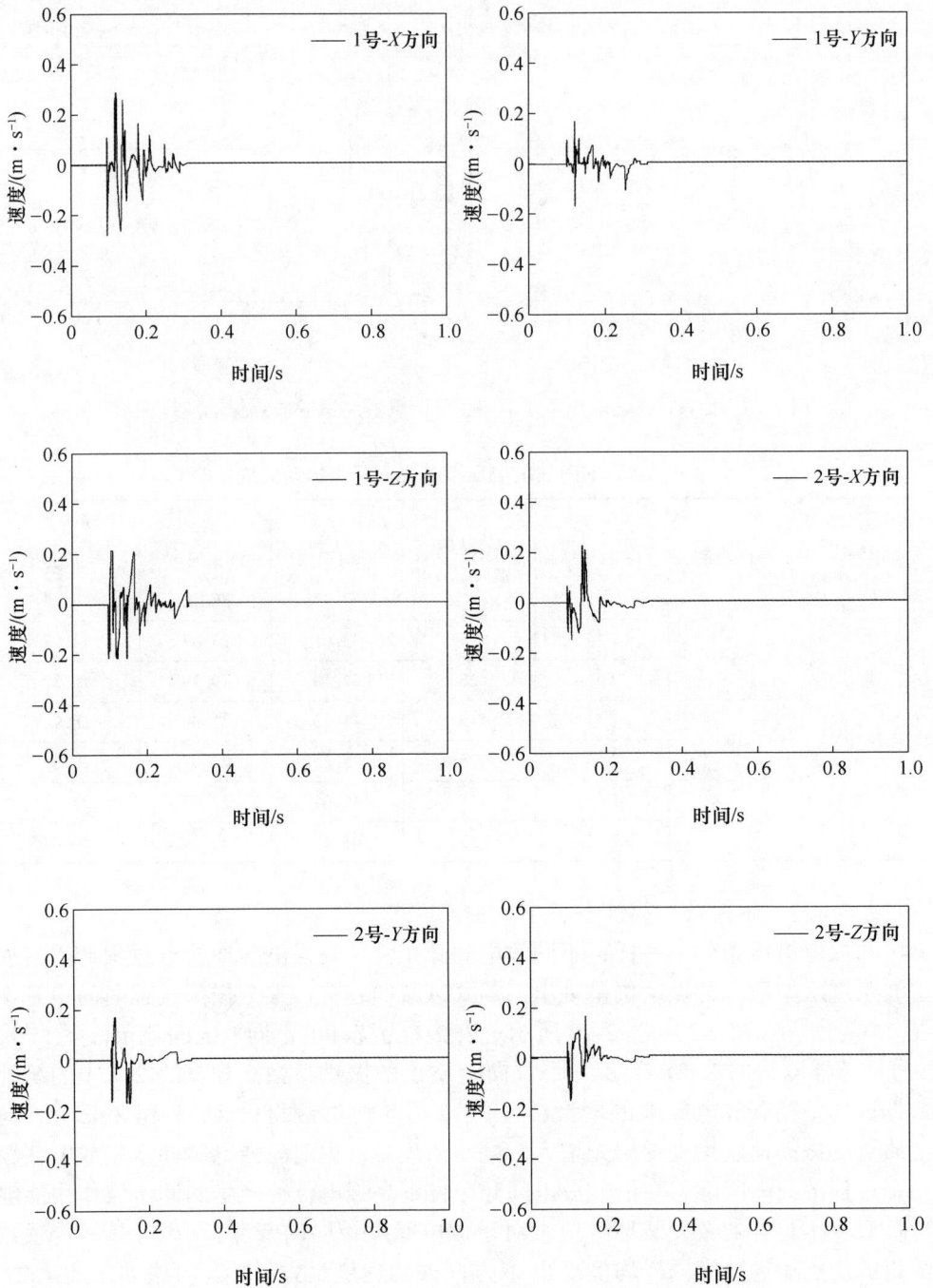

图 2-27   3 mm 放电间隙下 1 号、2 号爆破测振仪测试的质点振动速度曲线

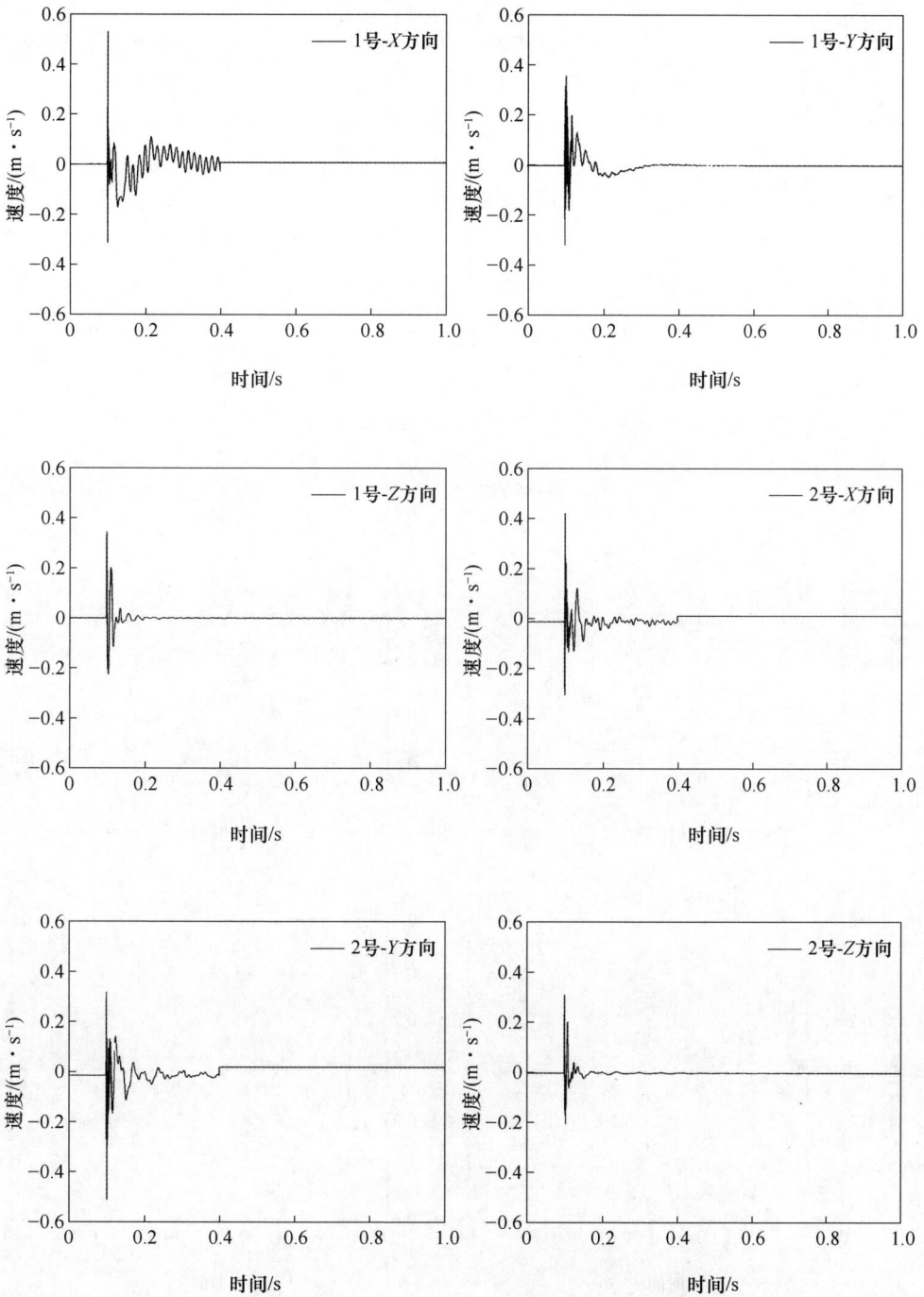

图 2-28　4 mm 放电间隙下 1 号、2 号爆破测振仪测试的质点振动速度曲线

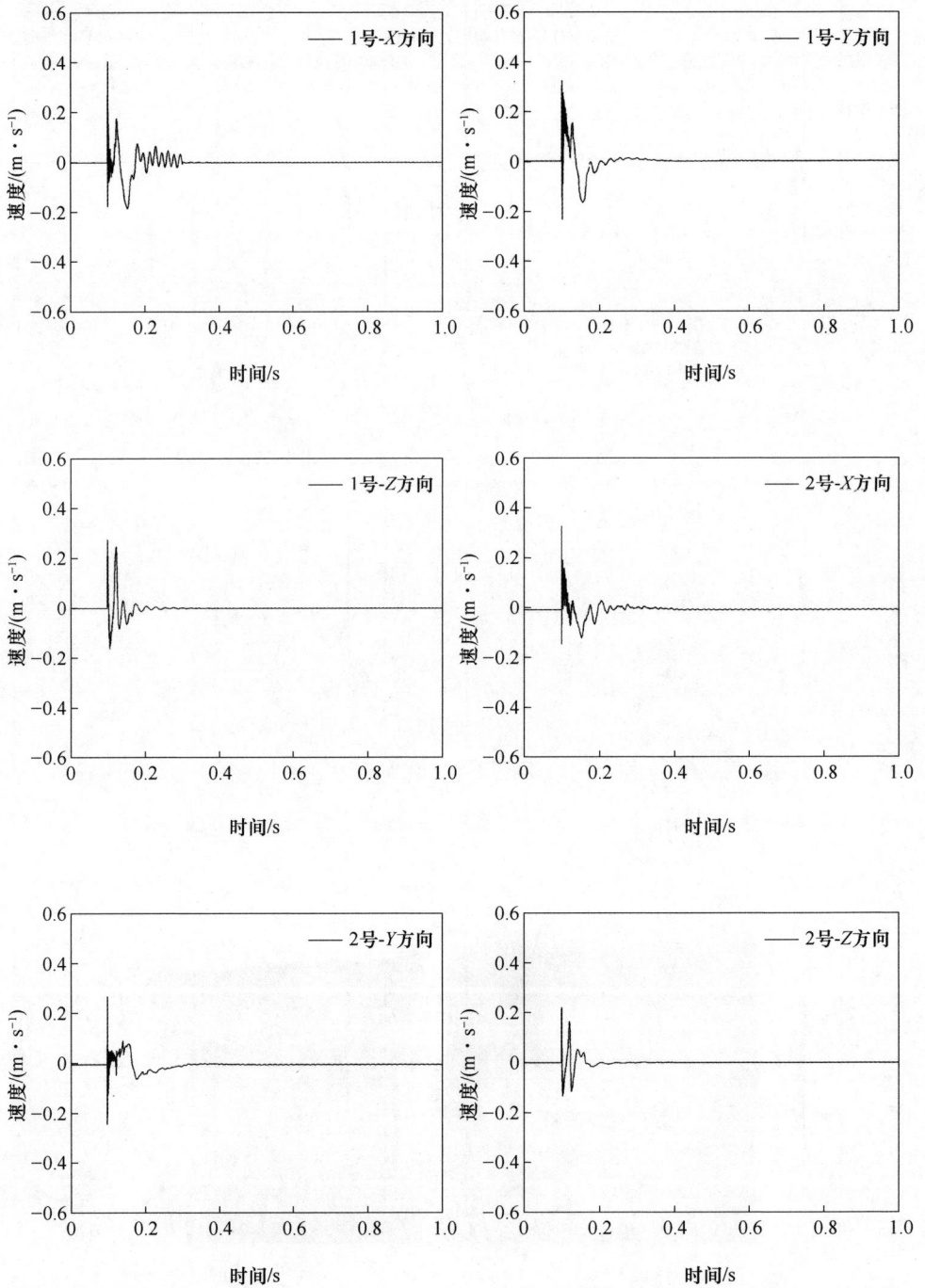

图 2-29　5 mm 放电间隙下 1 号、2 号爆破测振仪测试的质点振动速度曲线

表 2-7 不同放电间隙下各方向质点振动速度

放电参量	放电数值	设备编号	距电极距离/cm	X方向峰值速度/(cm·s⁻¹)	Y方向峰值速度/(cm·s⁻¹)	Z方向峰值速度/(cm·s⁻¹)
电极间隙/mm	3	1 号	15	28.65	18.48	21.55
		2 号	25	23.12	17.26	16.39
	4	1 号	15	52.77	36.21	34.76
		2 号	25	42.28	31.39	30.99
	5	1 号	15	40.54	32.61	27.98
		2 号	25	33.44	27.54	22.36

2.5.2 试样致裂效应结果与分析

2.5.2.1 混凝土试样致裂效应结果与分析

实验前将电极放进试样钻孔中后将电极四个棱（图 2-16）所对着的位置依次标记为 1、2、3 和 4，然后对放电参数进行调试。选取 1∶2 混凝土试样作为调试对象，其放电参数首先设定为 8 kV 电压、100 μF 电容值，结果进行了 31 次放电后试样表面并未出现任何明显裂纹，如图 2-30（a）所示；然后将放电电压升高为 12 kV，电容值调整为 500 μF 再次进行实验，由于试样本身此前已受到一定的损伤，进行了 8 次放电后试样表面出现明显的由顶部贯穿到侧面的大裂纹，如图 2-30（b）所示。综合考虑，12 kV、500 μF 的放电参数对 1∶2 混凝土试样进行致裂试验是合适的，同时参考该参数预设 1∶3 和 1∶4 混凝土试样的放电参数分别为 12 kV、340 μF 和 10 kV、340 μF，根据式（2-1）可知，三种比例混凝土试样的单次放电能量分别为 36 kJ、24.5 kJ 和 17 kJ。

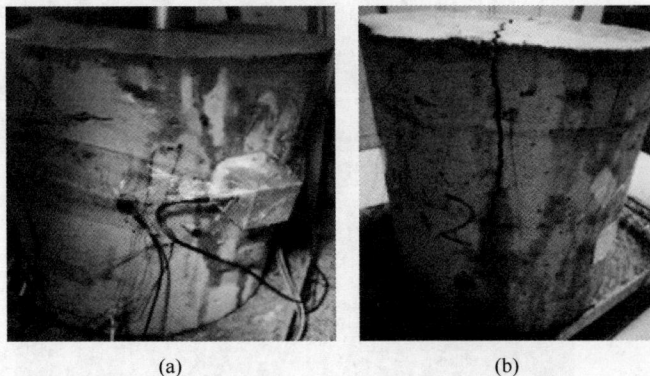

图 2-30 彩图

图 2-30 1∶2 混凝土试样调试时破裂结果
（a）8 kV 电压、100 μF 电容值、31 次放电；（b）12 kV 电压、500 μF 电容值、8 次放电

　　图 2-31 为采用上述放电参数实验后不同比例混凝土试样的破裂结果。为了能够清晰地看出裂纹变化，部分图片中不清晰的裂纹采用曲线进行勾勒其具体形状。另外，由于放电过程中，试样的裂纹产生位置不是固定的，故文中展示的图片不是从同一个角度拍摄的。由图可知未受到任何损伤的 1：2 混凝土试样在 12 kV、500 μF 的放电参数作用下，第 14 次作用时试样表面出现了由顶部向侧面

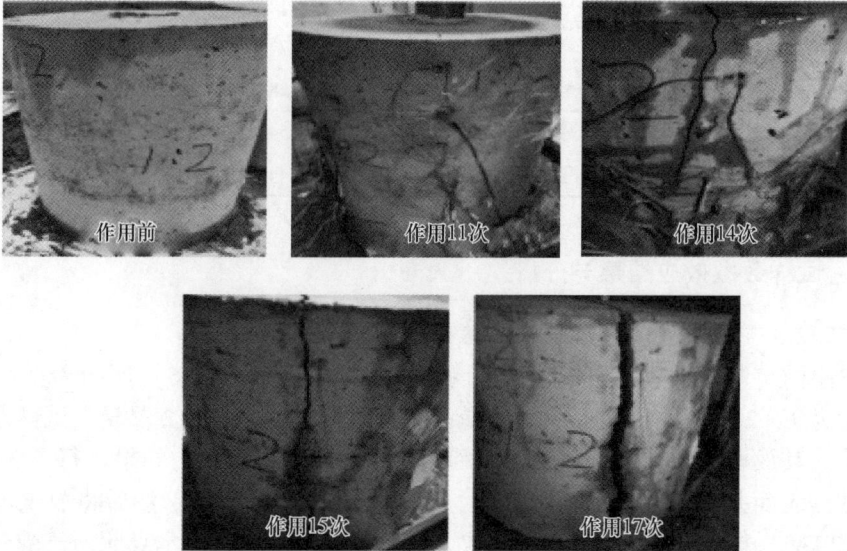

(a)

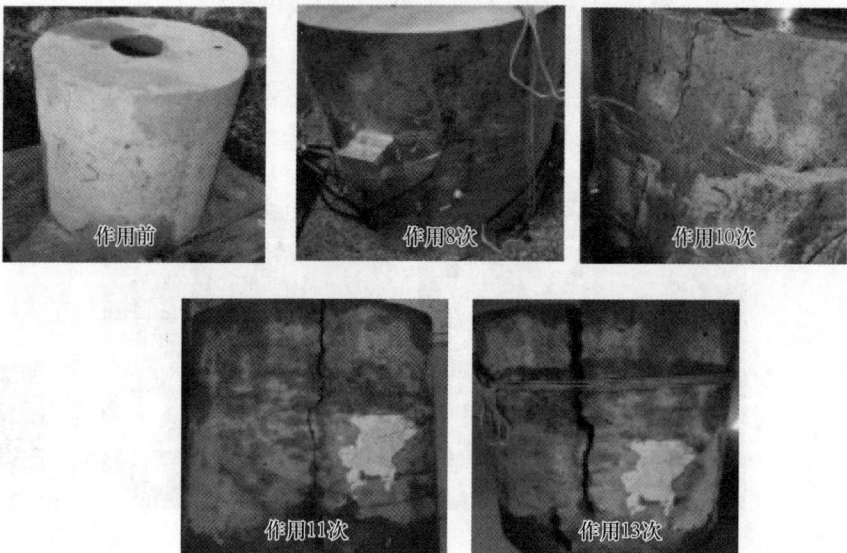

(b)

(c)

图 2-31 不同比例混凝土试样的破裂结果

(a) 1∶2 (12 kV、500 μF)；(b) 1∶3 (12 kV、340 μF)；(c) 1∶4 (10 kV、340 μF)

扩展的小裂纹，随着放电次数的增加，第 17 次作用时，试样表面出现了从顶部贯穿到底部的大裂纹，裂纹的宽度在 2 cm 左右。1∶3 混凝土试样在预设的 12 kV、340 μF 的放电参数作用下，第 10 次作用时试样表面出现了由顶部向侧面扩展的小裂纹，作用 13 次后试样中出现了从顶部贯穿到底部的大裂纹，钻孔中无法蓄存水以继续进行放电作业。1∶4 混凝土试样在预设的 10 kV、340 μF 的放电参数作用下，作用 8 次试样表面开始出现小裂纹，作用 11 次后有大裂纹出现。对比分析发现，不同比例的混凝土试样在设定的放电参数作用下，经过一定次数的放电后，试样表面均可产生从试样顶部贯穿到底部的大裂纹，表明高强电脉冲对固体材料确有明显的致裂造缝作用。整体上来看，要在合适的放电次数作用下产生明显的大裂纹，试样的硬度越大，所需的放电能量就越高。

图 2-32 为不同比例混凝土试样致裂后其顶部裂纹分布特征，由图可看出，1∶2 和 1∶3 混凝土试样致裂后其顶部产生了两条由顶面扩展到试样侧面的较大裂纹，裂纹的宽度为 1~2 cm；而 1∶4 混凝土试样致裂后除其顶部产生了两条由顶面扩展到试样侧面的较大裂纹外，还出现了一条细小裂纹，其中大裂纹宽度为 2~3 cm，细小裂纹的宽度约为 0.4 cm。此外，仔细观察可发现，1∶2 和 1∶3 混凝土试样顶部产生的裂纹正好位于标记的 2 和 4 位置处，1∶4 混凝土试样产生的细小裂纹正好位于标记的 4 位置处，说明在高强电脉冲致裂过程试样中容易产生裂纹的位置正好与高强电极头周围的四个棱柱对应，出现这种现象的原因可解释

为：高强电脉冲放电产生的冲击波从电极头的四个窗口处传出后，由于冲击波为球面波，其巨大的作用力以球面的形式将试样分为四个块体并推着其向外扩展，故容易在块体结合部即电极头棱柱所对应的位置处产生裂纹。而 1∶4 混凝土试样中另外两条大裂纹产生的位置与标记的位置有所偏离，可能是试样制作过程材料混合不均匀导致内部产生的脆弱面所致。

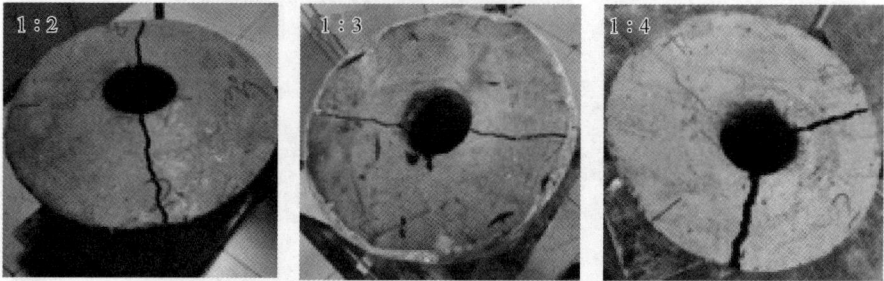

图 2-32　不同比例混凝土试样顶部裂纹分布

图 2-32 彩图

2.5.2.2　相似材料试样致裂效应结果与分析

参考混凝土试样的调试参数，选取硬煤相似试样进行放电参数调试，经试验，采用 10 kV 电压、340 μF 电容较为合适，放电 11 次后试样中出现了明显的大裂纹。参照硬煤相似试样的放电参数，预设软煤和中硬煤相似试样的放电参数分别为 10 kV、140 μF 和 10 kV、240 μF。三种类型相似试样单次放电能量分别为 7 kJ、12 kJ 和 17 kJ。图 2-33 为采用上述放电参数实验后不同类型相似试样的破裂结果。由图可知，软煤相似试样在第 4 次放电时从顶部出现了裂纹并延展至试样侧面的上部，随着放电次数的增加，裂纹不断扩展，作用 6 次后，裂纹贯穿整个试样，宽度约为 1.5 cm；中硬煤相似试样在第 6 次放电时试样表面开始出现裂纹，该裂纹也是从顶部延展至试样侧面上部位置，第 7 次放电时裂纹继续向试样下部延展，当进行第 9 次放电作业后，试样中出现了两条裂纹在侧面相互贯通的现象，且主裂纹周边有分支小裂纹出现；硬煤相似试样在放电 5 次后试样表面仍无裂纹产生，而在进行第 6 次放电时，试样表面开始出现了裂纹，但在进行第 8 次放电后，便出现了贯穿整个试样的大裂纹，宽度约为 2.3 cm。

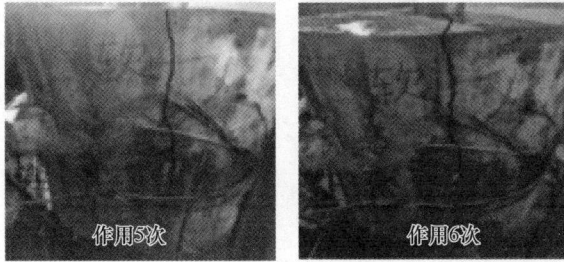

(a)

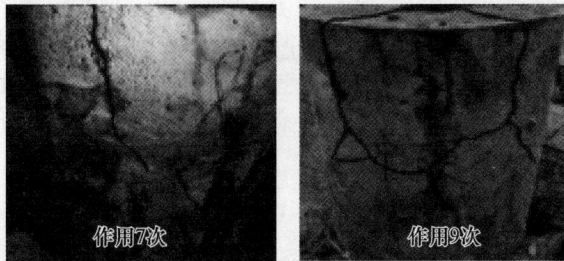

(b)

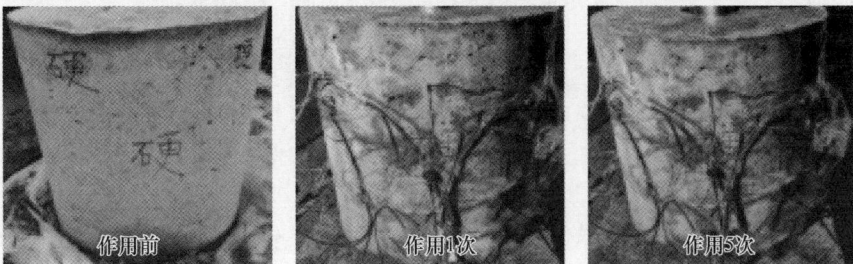

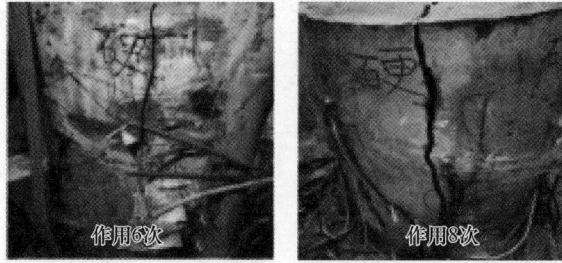

图 2-33 彩图

图 2-33　不同类型相似试样的破裂结果

（a）软煤相似试样（10 kV、140 μF）；（b）中硬煤相似试样（10 kV、240 μF）；
（c）硬煤相似试样（10 kV、340 μF）

　　图 2-34 为不同类型相似试样致裂后其顶部裂纹分布特征，由图可看出，中硬煤相似试样致裂后其顶部产生了两两对称的四条大裂纹，裂纹的宽度为 0.8 ~ 2.0 cm，且裂纹出现的位置与事先标记的位置点正好相对应；软煤和硬煤相似试样致裂后其顶部均只出现了两条大裂纹，宽度为 2.5 ~ 3.2 cm，除了硬煤相似试样出现的裂纹正好在标记的 3 号位置外，其他裂纹均位于标记位置的附近。这是因为相似试样和混凝土试样相比，添加了石膏、发泡剂等，使其不均匀性增加，脆性增强，内部的脆弱面处更易破裂。结合混凝土试样的破裂结果，分析可知高强电脉冲对试样的破坏过程可以划分为准备、快速发展和剧烈破坏三个阶段，一般准备阶段需要的作用次数较多，而快速发展到剧烈破坏阶段所需作用次数较少，尤其是剧烈破坏阶段往往只需作用 1 ~ 2 次试样中的小裂纹便会扩展为贯穿整个试样的大裂纹。

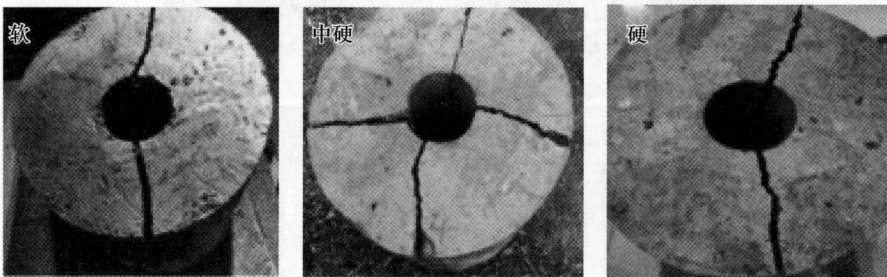

图 2-34　不同类型相似试样顶部裂纹分布特征

图 2-34 彩图

2.5.2.3　大尺度型煤试样致裂效应结果与分析

　　对于大尺度型煤试样来说，目前无法实现采用压力机进行压制，因此制作出来的型煤试样强度比较低且表面较粗糙。参考软煤相似材料的放电参数，预设型煤试样的放电参数为 8 kV、40 μF，对 1 号型煤进行高强电脉冲致裂实验，其致裂结果如图 2-35 所示。结果发现，第 3 次放电作用时，试样的侧面出现了一条横向较长的裂纹；作用 7 次后试样侧面的裂纹在横向上变化不大，但裂纹的宽度有所增大，并且裂纹四周有碎块掉落；作用 11 次后试样侧面的裂纹仍表现为在横向上变化不大，在宽度上由于裂纹四周碎块掉落较多而继续增大的趋势；作用 14 次后试样侧面的裂纹宽度继续扩大，由于裂纹四周碎块掉落较多，产生较深的凹坑与钻孔形成了沟通，钻孔中无法蓄水以继续进行放电作业，但整个作用过程中试样的顶部一直没有出现裂纹的迹象。

图 2-35　1 号型煤试样的破裂结果（8 kV、40 μF）

　　根据 1 号型煤试样的致裂结果，将 2 号型煤试样的放电参数调整为 10 kV、80 μF 进行致裂实验，致裂结果如图 2-36 所示。由图可知，将放电电压和电容值调大后其放电能量增加，2 号型煤试样在第 2 次放电作用时其侧面便出现了裂纹，随着放电次数增加到 5 次时，试样侧面的裂纹出现向纵向扩展的现象；当放电作用进行到第 8 次时，试样侧面形成的横、纵向裂纹开始出现交织连通的现象，而且裂纹的尺寸在长度上逐渐增大；当放电次数进行到第 10 次时，试样侧面的裂纹连通形成了一条长度接近为试样周长三分之二的横向大裂纹，且该裂纹与试样内部的钻孔有所沟通，导致钻孔无法蓄水以继续进行放电作业。和 1 号型煤一样，整个作用过程下来后，试样的顶部表面同样也没有出现任何裂纹，而且致裂后形成的裂纹均处于试样的中部位置即高强电极放电间隙处。但和 1 号型煤的不同之处在于，放电能量提高后，2 号型煤从开始放电作业到钻孔无法蓄水继续进行放电作业所用的放电次数明显减少，而且侧面所形成的裂纹也不再是单一的横向裂纹而是横纵向相互交织的裂纹。出现上述现象的原因可能是：2 号型煤在制作过程中，由于无法对其进行压制，造成其本身在成型的过程中试样的硬度分布不均匀且整体硬度较低，当钻孔中注水进行放电作业后，冲击波将钻孔壁周围煤体致裂后与水混合形成破碎区范围较大，使得冲击波向四周传播时受限，主要以径向传播为主。

图 2-36　2 号型煤试样的破裂结果 （10 kV、80 μF）

2.5.2.4　小尺度原煤试样致裂效应结果与分析

表面宏观裂隙的变化特征可以反映出高强电脉冲放电对煤体的致裂效果。以不同电压下高强电脉冲致裂煤体的表面宏观裂隙变化特征为例进行分析说明，同时为了分析高强电脉冲致裂煤样过程中的电学特性，利用电流探头结合数字示波器对放电作用过程中的电流波形信号进行了测量分析。图 2-37 展示的为不同放电电压下高强电脉冲致裂煤体的表面宏观裂隙扩展及放电过程中电流波形变化特征。由图 2-37 （d）可看出，与未进行高强电脉冲致裂的煤样相比 （图 2-12），高强电脉冲致裂后的煤样表面均有不同程度的损伤，并存在非常明显的宏观裂隙。经过高强电脉冲致裂后，A-3 煤样产生的裂缝数量、长度和宽度明显多于 A-1 和 A-2 煤样，A-3 煤样表面形成的裂隙贯穿了整个煤样，长度为 20 cm，宽度达到 1.4 cm，说明高强电脉冲对煤的宏观结构具有明显的破坏作用。另外，从图 2-37（a）~（c）中还可以看出，随着放电电压的增加，放电过程中电路中产生的电流的脉冲前沿时间和脉冲宽度逐渐减小，而峰值电流却逐渐增大。三种电压条件下高强电脉冲放电产生的电流脉冲前沿时间分别为 160 μs、140 μs 和 110 μs，脉冲宽度分别为 223 μs、182 μs 和 155 μs，峰值电流分别为 22.71 kA、27.25 kA 和 33.74 kA。峰值电流值的上升表明在电极间隙瞬间注入了巨大的能量，导致放电通道内温度极速上升，放电通道内的水迅速汽化膨胀，产生强烈的冲击波和热膨胀应力。从致裂破坏的效果来看，放电电压越大，即放电能量越高，煤样经过高强电脉冲致裂后的破坏程度越严重。这可以用高强电脉冲放电过程中产生的冲击波压力来解释：高强电脉冲水中放电过程中产生的冲击波峰值压力是指在极短时间内，巨大的电能量向微小空间介质中释放这一过程所产生的爆炸冲击力。

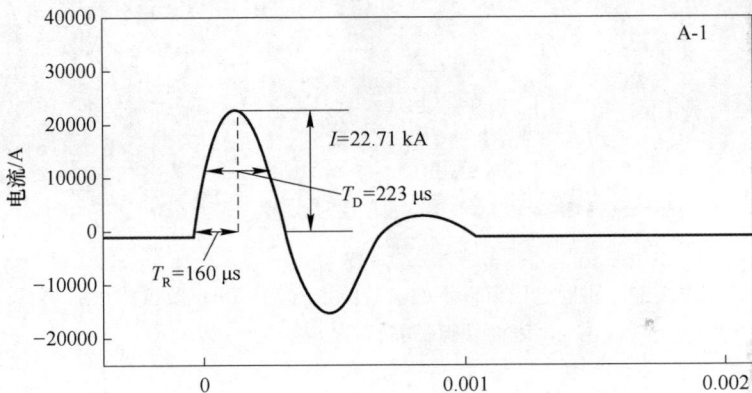

(a)

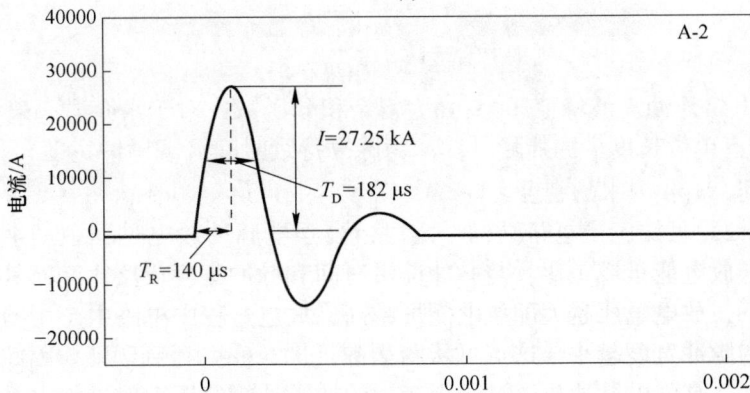

(b)

(c)

(d)

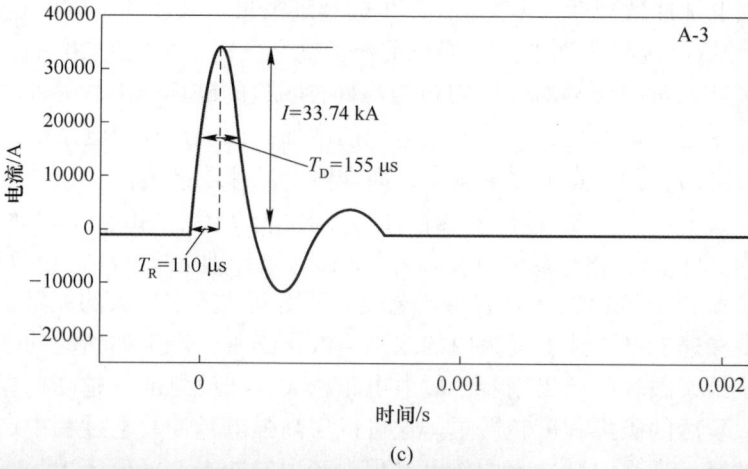

图 2-37　不同电压条件下的电流波形（a）～（c）及煤体
表面裂隙扩展特征（d）

图 2-37 彩图

　　针对电爆炸冲击波压力的研究，苏联学者津格尔曼提出了在水介质中电爆炸所产生的冲击波峰值压力可表示为[17]：

$$P_{\mathrm{m}} = \beta \sqrt{\frac{\rho W_{\mathrm{L}}}{t_{\mathrm{r}} t_{\mathrm{f}}}} \tag{2-2}$$

式中，P_{m} 为电爆炸冲击波峰值压力；β 为复杂积分函数，对于水介质一般取 0.7；W_{L} 为放电通道单位长度上的能量，J；t_{r} 为脉冲持续时间（或脉冲宽度），s；t_{f} 为脉冲前沿时间，s；ρ 为水的密度，kg/m³。

　　由式（2-2）可知，当电路结构一定时，高强电脉冲放电过程中产生的冲击波峰值压力与放电能量成正比，与脉冲前沿时间和脉冲宽度成反比。而其他条件一定的情况下，放电电压越大即放电能量越高，放电过程中电路中产生的电流脉冲前沿时间和脉冲宽度越小，这点可以从图 2-37（a）～（c）得到印证。因此，随着放电能量增加，高强电脉冲放电过程中产生的冲击波峰值压力就越大，对煤的破坏也就越严重。

2.5.3 试样变形结果与分析

实验采用的应变仪为 32 通道，声发射仪器为 6 通道，为了便于对高强电脉冲致裂过程中试样的变形及声发射特征进行分析，现沿试样位置标记点 1 和 4 中间位置剖开并以靠近位置 1 的边为起始 0 点将试样侧面展开在一平面上，由于试样尺寸为 $\phi 50$ cm×55 cm，故展开的平面为长 157 cm、宽 55 cm 的矩形，应变片和声发射传感器在试样上的粘贴位置点展开后如图 2-38 所示。

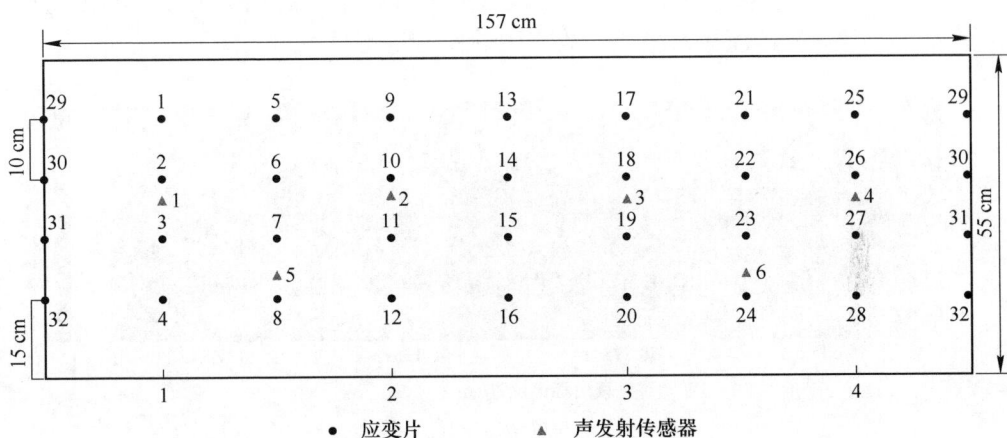

图 2-38 试样沿侧面切开展布及应变片和声发射传感器粘贴位置
（横坐标 1，2，3，4 为位置标记点）

实验过程中对高强电脉冲从放电开始到致裂试样的全过程进行了变形数据采集，由于时间长，记录的数据信息量太大，两次放电之间的间隙试样的变形值也没有变化，因此，选取 1∶2 混凝土试样为例（考虑篇幅所限），并只对高强电脉冲放电作用时间内的变形值进行统计分析。

图 2-39 为 1∶2 混凝土试样分别在高强电脉冲作用 3 次、7 次、11 次、15 次和 17 次后试样侧面的变形等值线分布。由图可知，试样在经过高强电脉冲 3 次致裂后其侧面的变形集中分布在标记点 1、2 和 4 三个区域，尤其是在标记点 2 和 4 区域变形等值线比较密且变形值较大，通道 11 和通道 27 的变形值在 4000 $\mu\varepsilon$ 以上；在经过 7 次高强电脉冲致裂后，试样表面的变形分布发生了一定的变化，主要集中分布在标记点 2 和 4 两个区域，该两区域内的变形等值线比较密，其变形值相比于第 3 次放电作业时有所增加，最大变形值可达 5500 $\mu\varepsilon$ 以上，有了较大的提升；但经过 11 次高强电脉冲放电致裂后，发现试样表面的变形等值线密度下降，而且变形量相比于第 3 次和第 7 次的均小不少，但仍主要集中分布在标记点 2 和 4 两个区域；在经过 15 次高强电脉冲放电致裂后，试样表面的变形分布

规律和第 11 次的基本一致，但变形值有了大幅提升，在标记点 2 和 4 两个区域其变形值最高可达到 6500 με 以上；当试样进行到第 17 次放电作业时即试样产生完全破裂时，发现试样表面的变形等值线又趋向稀疏且变形值有下降的趋势，变形分布集中的位置仍在标记点 2 和 4 两个区域。从以上的变形分布结果分析可知，随着高强电脉冲放电次数的增加，试样的变形分布特征呈现出振荡式变化规律，变形集中分布的区域和峰值区域均与裂纹产生的位置对应。另外，在高强电脉冲致裂过程中试样上部区域的变形要大于下部区域，尤其是各标记点高度为30 cm 水平处的变形值最大，这是因为该水平正好处于与高强电极放电间隙对应的位置，受到的冲击波压力最强，故产生的变形量也最大。

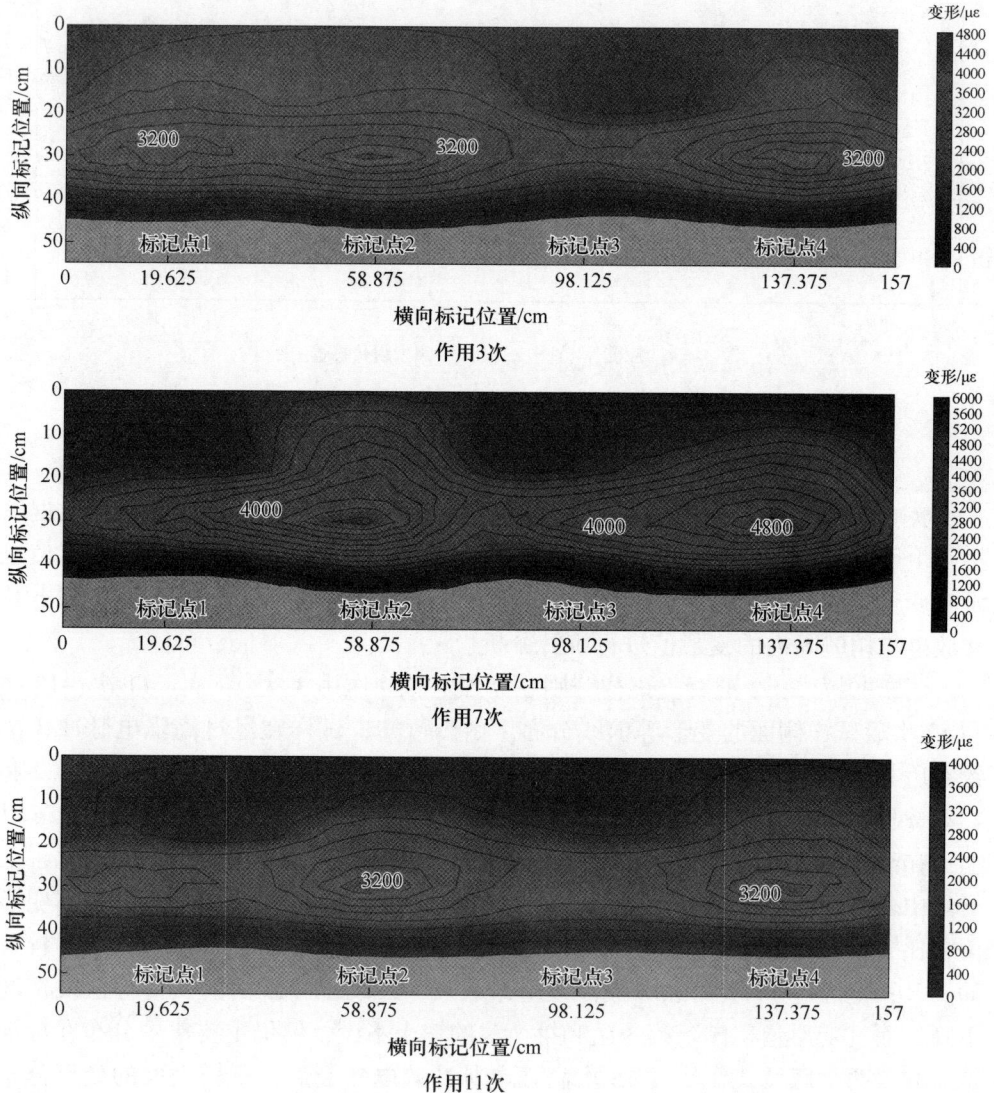

作用3次

作用7次

作用11次

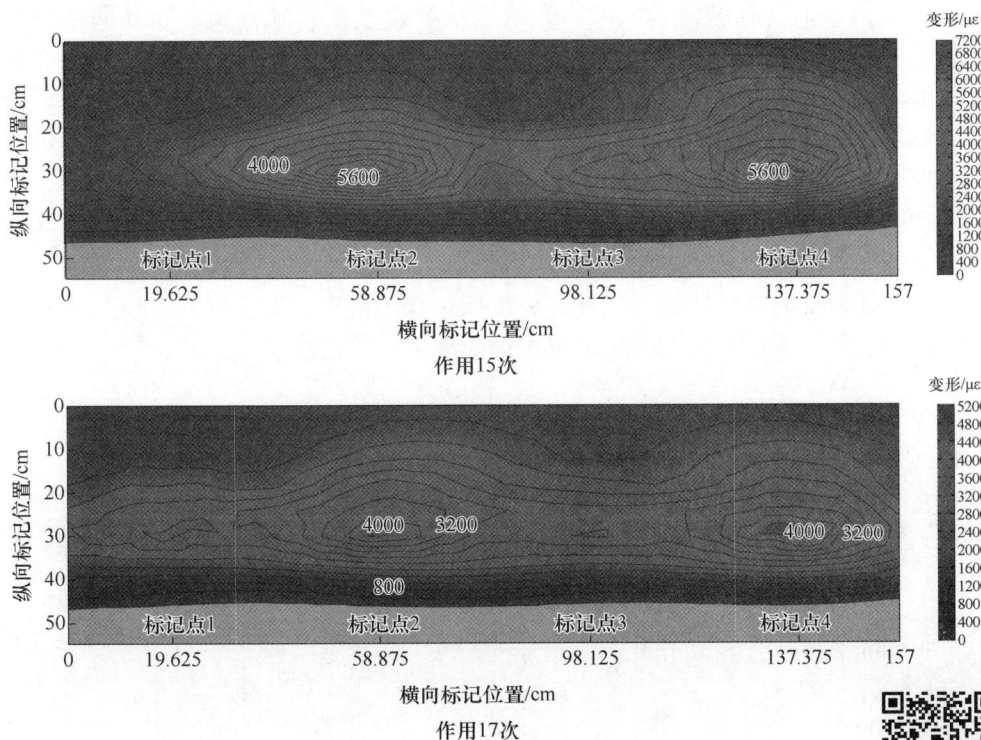

图 2-39　高强电脉冲作用过程中 1∶2 混凝土试样侧面的变形等值线分布

图 2-39 彩图

2.5.4　试样声发射结果与分析

由于高强电脉冲致裂煤体是一个瞬间完成的过程，产生的声发射信号在时间上也是短暂且非连续的，因此在对声发射参数统计时均是按单次放电累计值进行的。下面以相似试样为例，对高强电脉冲致裂煤体的声发射信号特征进行分析。

2.5.4.1　相似试样声发射振铃计数变化特征

图 2-40 为相似试样各通道的声发射累计振铃计数及总累计振铃计数的变化规律。由图 2-40 可知，在初期几次放电过程中，振铃计数增幅较小，但随着放电次数的增加，各通道的累计振铃计数及总累计振铃计数都在快速增加。对比试样的破坏特征，可将累计振铃计数变化的趋势分为三个阶段：平缓上升阶段、快速上升阶段和剧烈活动阶段。

（1）平缓上升阶段。该阶段为放电初始阶段，试样累计的能量只能使其内部产生部分裂纹，不足以使试样表面产生宏观裂纹，但随着能量的积累，内部裂纹逐渐增加并形成宽度和长度较小的裂纹分布于试样内部，在此阶段，声发射事件较少，累计振铃计数处于线性缓慢上升阶段。

（2）快速上升阶段。当裂纹的能量累计准备足够充分后便迫使其向试样表面扩展形成宏观裂纹，此时试样内部积累的能量处于快速增加的趋势，内部裂纹逐渐破裂形成较大尺寸的裂缝并扩展至试样表面形成宏观裂纹，同时在扩展的过程中也会产生许多次生裂纹使得试样内部裂纹快速发展，造成该阶段的声发射事件增加迅速，累计振铃计数也处于快速上升趋势。

（3）剧烈活动阶段。随着试样内部累计能量的进一步增加，内部裂纹开始大范围破裂并快速扩展与试样表面宏观裂纹贯通形成长度、宽度更大的裂缝，此时试样内部积累的能量快速向外释放，造成试样内部次生裂纹剧烈发育，声发射事件剧烈活动，累计振铃计数呈现出类似直线上升的趋势。

(a)

(b)

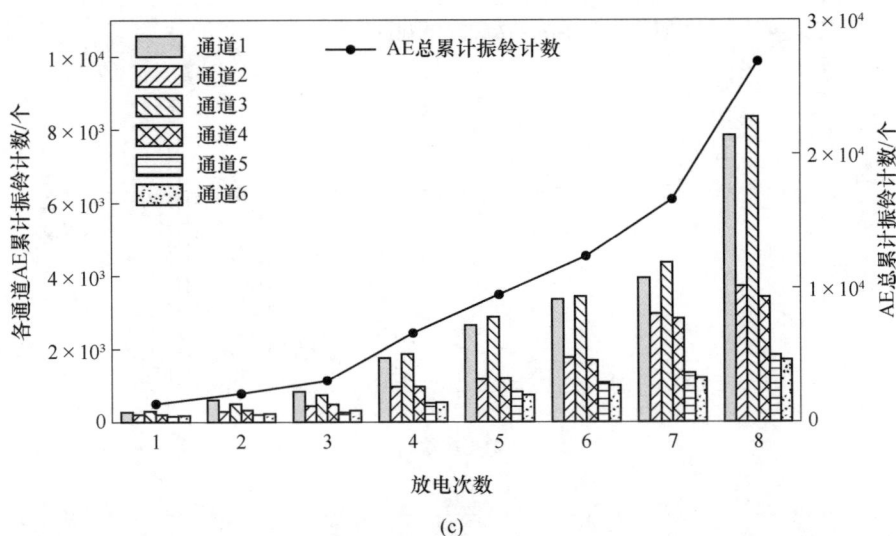

图 2-40 不同类型煤相似试样声发射振铃计数及总累计振铃计数变化规律
（a）软煤；（b）中硬煤；（c）硬煤

2.5.4.2 相似试样声发射能量变化特征

图 2-41 为统计的相似试样各通道的声发射累计能量及总累计能量的变化规律。由图 2-41 可知，各试样的累计声发射能量同样表现出平缓上升、快速上升和剧烈活动阶段。在致裂的初始阶段，试样中大量原始裂隙的存在，使得试样在冲击波压缩作用下内部发生能量集聚，声发射事件少且释放能量强度弱，导致试样各通道累计声发射能量及总累计声发射能量均上升比较缓慢。随放电次数增

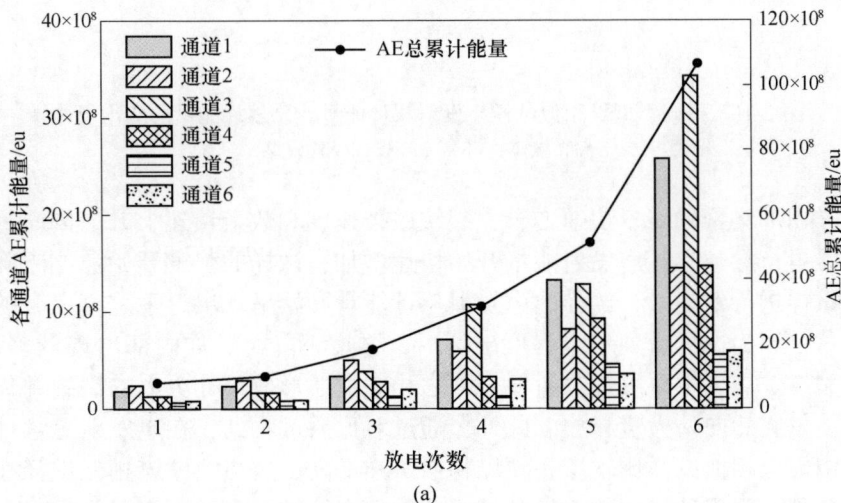

（a）

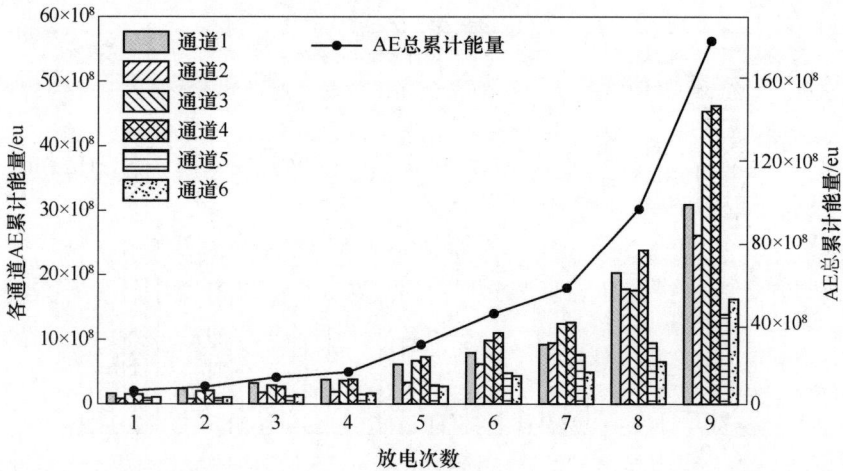

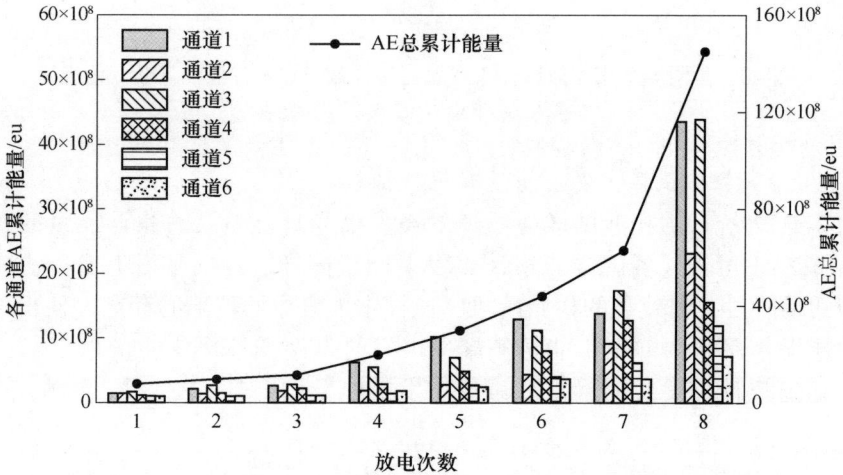

图 2-41　不同类型煤相似试样声发射累计能量及总累计能量的变化规律

（a）软煤；（b）中硬煤；（c）硬煤

加，试样内部集聚的能量快速增长，裂纹破裂速度和数量快速上升，同时释放出一定的能量，导致累计声发射能量开始快速增加，试样的强度开始急剧下降。当继续对试样进行致裂时，试样的声发射累计能量开始呈现出近乎垂直上升的剧增趋势，这是因为试样遭到一定程度破坏后其强度下降，试样内部出现较多裂纹，当这些裂纹扩展到主裂纹边缘后便会与之相互贯通形成尺寸更大的裂缝并促使试样内部能量突然向外大量释放。此外，通过对比后可看到，在声发射总累计能量方面，中硬煤相似试样比软煤和硬煤相似试样都高，这与中硬煤相似试样在高强电脉冲致裂过程累计释放的能量及试样破裂的裂纹扩展更长更宽有关。

参 考 文 献

[1] 聂百胜, 孟筠青, 李祥春, 等. 一种安全环保的岩石爆破装置及方法: CN 111396049 A [P]. 2020.

[2] 左蔚然, 赵跃民, 何亚群, 等. 电脉冲破碎技术在超纯煤制备中的应用前景 [J]. 煤炭科学技术, 2012, 40 (1): 122-125.

[3] Sperner B, Jonckheere R, Pfänder J A. Testing the influence of high-voltage mineral liberation on grain size, shape and yield, and on fission track and 40Ar/39Ar dating [J]. Chemical Geology, 2014, 371: 83-95.

[4] 雷晓龙. 井下液电脉冲冲击特性实验研究 [D]. 西安: 西安石油大学, 2018.

[5] Shi F N, Manlapig E, Zuo W R. Progress and challenges in electrical comminution by High-Voltage Pulses [J]. Chemical Engineering & Technology, 2014, 37 (5): 765-769.

[6] 李顺波, 东兆星, 齐燕军, 等. 爆炸冲击波在不同介质中传播衰减规律的数值模拟 [J]. 振动与冲击, 2009, 28 (7): 115-117.

[7] 李宏达, 张彬. 高强放电破碎电介质材料仿真研究 [J]. 南京理工大学学报, 2019, 43 (3): 320-325.

[8] 孙冰. 液相放电等离子体及其应用 [M]. 北京: 科学出版社, 2013.

[9] 左公宁. 水中脉冲电晕放电的某些特性 [J]. 高电压技术, 2003 (8): 37-38.

[10] Gavrilov I M, Kukhta V R, Lopatin V V, et al. As experimental data are amassed, the impossibility of creating a unified physical model [J]. Soviet Physics Journal, 1989, 32 (1): 74-78.

[11] Alkhimov A P, Vorobév V V, Klimkin V F, et al. The development of electrical discharge in water [J]. Soviet Physics Doklady, 1971, 15 (10): 958-961.

[12] Bruggeman P, Leys C. Non-thermal plasmas in and in contact with liquids [J]. Journal of Physics D: Applied Physics, 2009, 42 (5): 53001.

[13] Bruggeman P, Verreycken T, Gonzalez M A, et al. Optical emission spectroscopy as a diagnostic for plasmas in liquids: Opportunities and pitfalls [J]. Journal of Physics D: Applied Physics, 2010, 43 (12): 124001-124005.

[14] Robinson J W. Finite-difference simulation of an electrical discharge in water [J]. Journal of Applied Physics, 1973, 44 (1): 76-81.

[15] Randy M, Roberts J A C A. The energy partition of underwater sparks [J]. J. Acoust. Soc. Am., 1995, 99 (6): 3465-3475.

[16] Locke B R, Sato M, Sunka P, et al. Electrohydraulic discharge and nonthermal plasma for water treatment [J]. Industrial & Engineering Chemistry Research, 2006, 45 (3): 882-905.

[17] 宋博岩, 郭金全, 胡富强, 等. 难加工材料的电火花加工脉冲电源研究 [J]. 电加工与模具, 2006 (5): 17-21.

3 高强电脉冲致裂煤体孔隙结构演化特征研究

煤的孔隙结构对煤吸附解吸瓦斯有重要影响，煤对瓦斯的吸附解吸特性又会对煤层瓦斯含量、瓦斯压力、突出危险性等产生重要影响[1]。此外，煤体中孔隙的形状、大小及孔隙之间的连通性控制着瓦斯在煤层中流动的自由度。上一章的研究结果表明高强电脉冲放电会产生强烈的冲击波和高温热膨胀效应破坏周围煤体介质，对煤体的孔隙结构不可避免地会产生一定的影响。因此，研究高强电脉冲致裂前后煤体孔隙结构的变化特征，对研究高强电脉冲致裂煤体增透促进煤层气的开采具有重要意义。本章将采用扫描电子显微镜、低温液氮吸附法、压汞法及低场核磁共振法相结合的方法，研究高强电脉冲致裂对煤体孔隙结构的演化特征的影响，同时基于煤体表面裂隙及孔隙结构测试结果，对高强电脉冲致裂煤体的表面裂隙和孔隙结构分形维数进行计算，定量化表征高强电脉冲致裂对煤体孔隙结构复杂性的改善效果。

3.1 煤的孔隙结构分类及表征方法

煤是一种极其复杂的多孔介质，由许多不同孔径尺度的孔隙构成。不同孔径的孔隙控制着煤对瓦斯的吸附解吸、扩散和渗流行为，从而影响煤储层的透气性。基于不同的研究目的和角度，国内外学者提出了多种多样的煤体孔隙结构分类方法，主要从孔隙形态、孔隙成因及孔径大小三方面进行分类划分[2-4]。就目前来看，B. B. Ходот 和 IUPAC 的孔隙结构分类方法在国内煤炭行业是应用最为广泛的分类标准，前者多适用于研究瓦斯运移和煤储层结构特征，而后者多适用于研究多孔介质材料的吸附特征。由于本书的研究目的是分析电脉冲致裂后对煤储层结构特征的影响，故采用 B. B. Ходот 的十进制分类方法，即将煤中的孔隙划分为微孔（<10 nm）、小孔（10~100 nm）、中孔（100~1000 nm）和大孔（>1000 nm）四类[4]。

研究表明，煤体孔隙结构的测试方法有很多，主要分为图像观察法、流体注入法和非流体注入法三大类。图像观察法包括扫描电镜（SEM）、场发射扫描电镜（FESEM）、光学显微镜（OM）、原子力显微镜（AFM）和透射电镜（TEM）等电子显微镜成像技术[5-6]。图像观察法是对孔隙进行定性观察和分析的常用方法，主要是利用图像切片对小视场内煤的孔隙和裂缝进行定量统计。常用的流体注入法有压汞法（MIP）、气体吸附法（N_2 和 CO_2）和低场核磁共振法（NMR）[7-8]。流体注入主要用于煤中孔隙结构的定量测量，这类方法具有测量范围宽、精度高的优点，但它们不能测试煤体中的封闭孔隙，而且测试过程中会对煤体中的孔隙结构产生破坏。非流体注入法包括聚焦离子束扫描电镜（FIB-SEM）、微 CT（μCT）和小角散射（SAXS/SAN），这类方法在一定程度上可以对煤体中的封闭孔隙信息进行表征[9]。因各自测试原理的差异，不同测试方法的孔径测试范围是不同的，如图 3-1 所示。因此，很难利用单一的方法来准确表征煤体的孔隙结构特征。鉴于此，本书主要采用 SEM、LN_2-A、MIP 及 NMR 等相结合的方法对高强电脉冲致裂前后的煤体孔隙结构变化特征进行研究。

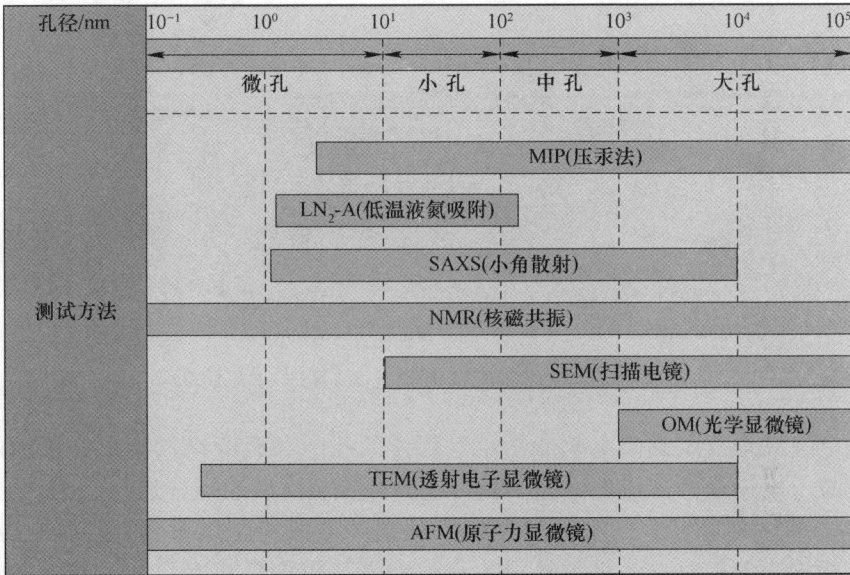

图 3-1　煤体孔隙结构分类及表征体系示意图

3.2　高强电脉冲致裂煤体孔隙结构变化特征研究

3.2.1　高强电脉冲致裂煤体表面孔隙结构变化特征

扫描电镜（SEM），全称为扫描电子显微镜，是一种依靠发射电子束对样品进行轰击并在试样表面做光栅状扫描，从而获取与样品性质有关的物理信息，经过处理后便可得到表征样品表面形貌的扫描电子图像[10]。本书进行扫描电镜观测的主要目的是对高强电脉冲作用对煤样表面孔隙、裂隙结构变化特征进行分析，因此需要对观测的样品进行一定的处理与制备。高强电脉冲致裂前的观察样品主要为加工和制作各大块原煤试样过程中切割下的小碎块，高强电脉冲致裂后的观察样品主要为从各大块原煤试样被电脉冲致裂后冲击掉落下来的小碎块。观测前先将小碎块样品加工为直径 1~2 cm 的块状并掰断形成新鲜断面，然后在 70~80 ℃温度环境下进行 8 h 的恒温干燥，完成后送至实验室对试样表面进行喷镀导电层处理（镀金膜）后便可上机观察。观测仪器为捷克 TESCAN 公司生产的 MIRA LMS-3 型扫描电子显微镜，设备实物如图 3-2 所示。

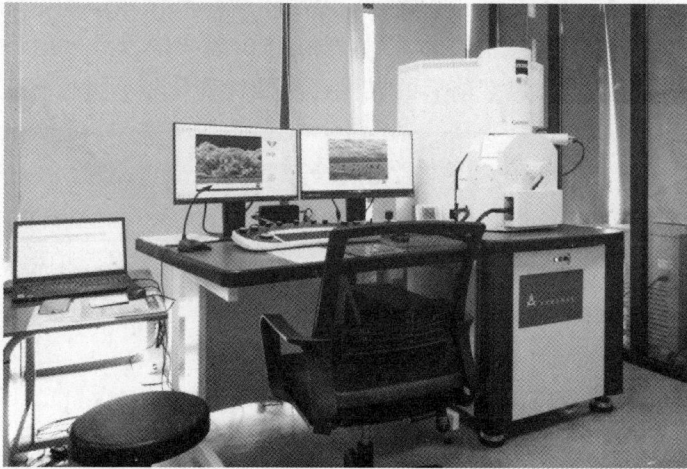

图 3-2　TESCAN MIRA LMS-3 型扫描电子显微镜

　　为了直观地反映高强电脉冲作用对煤样的孔隙和裂隙结构演化特征的影响，对不同放电电压及不同放电间隙下高强电脉冲致裂前后的煤样进行扫描观测，扫描观测结果分别如图 3-3、图 3-4 所示。从图中可以清楚地看到，高强电脉冲致裂前的煤样表面相对较为平整光滑，孔隙和裂隙较少且相互之间没有形成贯通，如图 3-3（a）和图 3-4（a）所示。与致裂前的煤样对比，发现高强电脉冲致裂

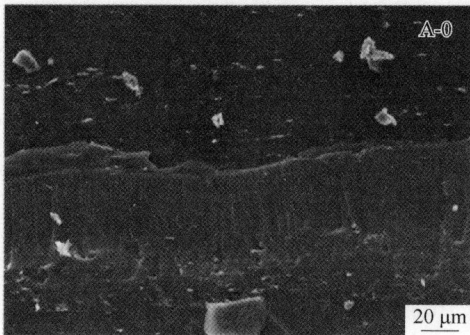

(a)　　　　　　　　　　　　　　　　(b)

(c)

(d)

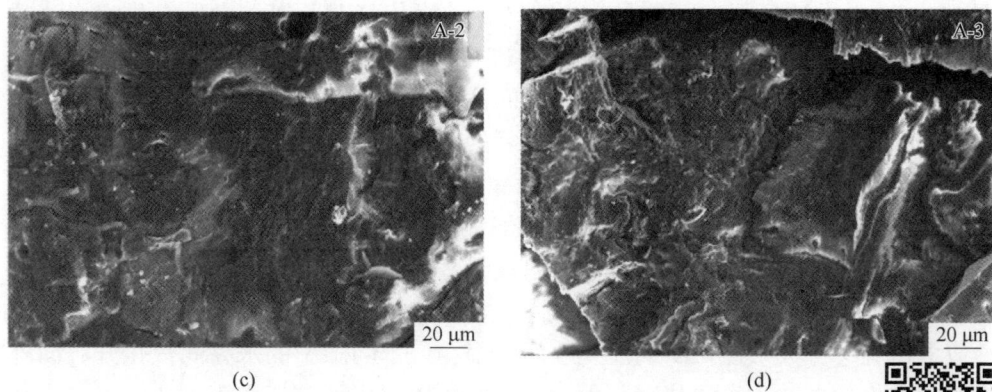

图 3-3 不同放电电压下高强电脉冲作用下煤样表面微观扫描电镜图像

图 3-3 彩图

(a)

(b)

(c)

(d)

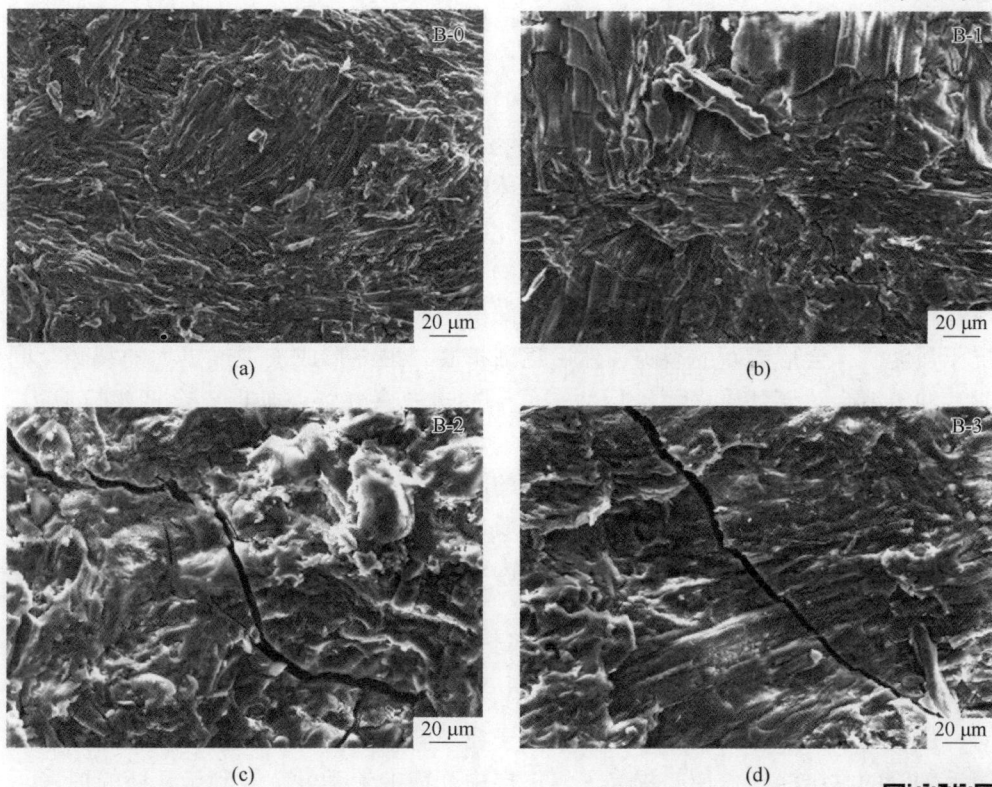

图 3-4 不同放电间隙下高强电脉冲作用下煤样表面微观扫描电镜图像

图 3-4 彩图

作用使煤样表面出现更多的孔隙和裂隙，煤样的表面变得破碎而粗糙，个别煤样中还出现了高温烧灼的痕迹，如图 3-3（b）~（d）和

图 3-4 （b）~（d） 所示，可能是放电时产生的汽化高温及煤体中的空化泡崩溃瞬间释放的高温 （5000 K） 所致。从图中也可以看出，高强电脉冲致裂前煤样的孔隙和裂缝通常是孤立的，孔隙与孔隙之间、孔隙和裂隙之间，以及原始裂隙之间的连通性也都较差。而高强电脉冲致裂后的煤样孔隙分布格局不同，具有群状分布和带状分布特征，有些气孔在尖端破裂，并与周围的裂纹连通。

　　由图 3-3 可知，随着放电电压的增加，孔隙与孔隙之间、孔隙与裂隙之间，以及裂隙与裂隙之间的连通性明显有所改善。而且放电电压越大，高强电脉冲致裂后煤样中新形成的孔隙和裂隙的尺寸、长度和宽度也越大。这可能是高强电脉冲放电过程中，大量能量瞬间注入水间隙中，使水间隙中的水瞬间汽化升温向外膨胀而产生冲击波和高温热膨胀力，最终对煤体产生了破坏作用，造成煤体中孔隙和裂隙结构的变化。根据高强电脉冲能量计算公式 （式 （2-1）） 可知，提高放电电压会造成高强电脉冲放电能量的提高，而放电能量的提高不仅会促使放电过程中产生更强的冲击波，而且还会使得更多的电能被释放到水间隙中而引起更强的热膨胀力，对煤体致裂是有利的。而观察图 3-4 可发现，高强电脉冲致裂后煤样中也都出现了更多的孔隙和裂隙，但放电间隙为 4 mm 的煤样的致裂效果明显比放电间隙为 3 mm 和 5 mm 的煤样的要好。因此，单从放电间隙来看，4 mm 的放电间隙是有利于高强电脉冲致裂煤体的。

　　从上面的结果分析可知，高强电脉冲确实对煤体的孔隙结构产生了一定的影响。在高强电脉冲冲击波作用下，煤中的裂隙首先由弱结构面 （原始裂隙）、开放性孔隙等缺陷部位开始发展。当缺陷部位的应力集中值达到该点的抗拉强度或抗压强度时，会形成新的裂隙，然后逐渐扩展，最终形成宏观或更大的裂隙。同时，冲击波会对煤基质表面进行冲击，当冲击波穿过煤基质时，会产生拉应力，破坏煤基质表面。这是由于煤基质、气、水界面密度的不同而引起的激波波速的差异，因此，会在煤基质表面产生较大的波阻抗，导致应力集中在煤基质表面和内部。当内外应力不平衡时便促使煤基质发生破裂，煤体中更多的孔隙与裂隙连通。缓慢渗流和扩散是气体在煤体孔隙内流动的主要方式，而瓦斯在煤体中快速流动只发生在孔隙与裂缝相互有连通时。瓦斯在煤层中的运移和产出主要发生在裂隙中，而裂隙对煤储层的渗透率和有效孔隙度均有重要影响作用。因此，这些新形成的孔隙和裂隙有利于气体的扩散和运移，可有效提高煤储层的渗透性。同时，激波携带着煤体孔裂隙中的瓦斯分子在裂隙中反复冲击振荡，使瓦斯分子克服毛细管的黏结滞留作用，提高了煤储层中瓦斯的流动性，有利于瓦斯的抽采。

3.2.2　基于低温液氮吸附法的煤体孔隙结构变化特征

3.2.2.1　低温液氮吸附法的基本原理

低温液氮吸附法主要适用于测定煤中吸附孔隙结构，根据液氮吸附和脱附曲线，可以获取煤中 3~150 nm 孔径范围内的孔容、比表面积、孔隙形态及孔径分布等孔隙参数。低温液氮吸附法，即 BET 多层吸附等温方程，是常用的测量煤体中尺度较小孔隙的一种方法。作为测量煤体中微小孔隙结构的常用方法，该模型的基本原理是基于多层吸附理论，认为固体介质表面吸附气体分子可形成多层吸附现象，即由内向外形成层层交替叠加吸附并最终达到吸附平衡状态，吸附方程可用式（3-1）表示[11]：

$$V = \frac{V_{m}CP_{1}}{(P_{0} - P_{1})[1 + (C - 1)(P_{1}/P_{0})]} \tag{3-1}$$

式中，V 为甲烷吸附量，mL/g；C 为常数；V_{m} 为单分子层甲烷的吸附量，mL/g；P_{0} 为甲烷的饱和蒸气压，MPa；P_{1} 为甲烷的吸附压力，MPa。

本章采用 Quantachrome（康塔）-EVO 型全自动比表面及孔隙度分析仪（图 3-5，由美国康塔公司生产）来实验研究煤体在遭受高强电脉冲致裂前后其孔隙结构的变化特征，该仪器设备能够配备 4 个独立的专用 Po 站，独立杜瓦瓶及压力传感器，数据更准确，样品孔径适用范围为 0.35~500 nm，可检测的孔体积下限小于 0.0001 mL/g，实验中的温度为-195.7 ℃，所采用的煤样粒径为 60~80 目（0.246~0.175 mm）。

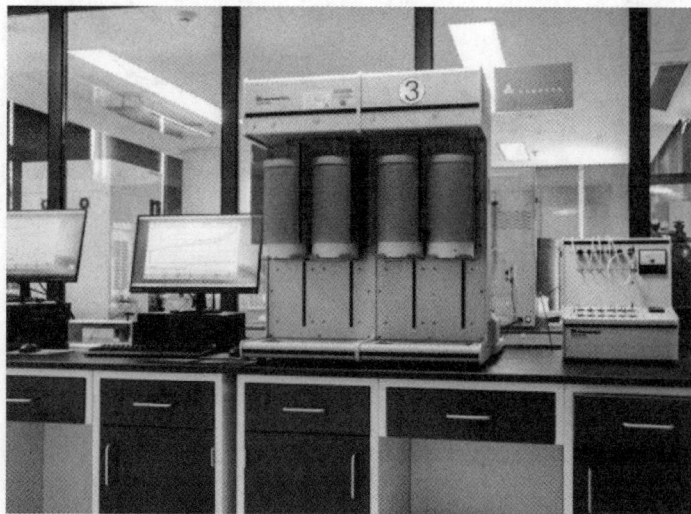

图 3-5　Quantachrome-EVO 型全自动比表面及孔隙度分析仪

3.2.2.2　低温液氮吸附法的孔隙结构类型变化特征

图 3-6 和图 3-7 分别是根据低温液氮吸附实验数据绘制的不同放电电压和放电间隙下的高强电脉冲致裂前后烟煤、肥煤煤样的吸附曲线和脱附曲线对比图。

可以看出，A-0 煤样表现出在整个相对压力段液氮吸附曲线和脱附曲线基本保持平行并接近重合，出现了些许不太明显的吸附滞后现象，而 B-0 煤样在 $P/P_0 <$ 0.5（相对压力较低）时吸附和脱附两曲线之间保持基本重合，在 $P/P_0 > 0.5$（相对压力较高）时吸附和脱附两曲线之间出现较为显著的滞后环现象。该现象的出现是由于吸附剂表面的孔隙在吸附吸附质时发生了毛细凝聚现象，在气体解吸过程中，孔隙结构的非均质性及孔径或孔喉的差异导致了这种现象的发生。通常来讲，毛细凝聚现象在相对压力较低（$P/P_0 < 0.5$）时是不能发生的，上述结果也印证了这一点。相对压力较低（$P/P_0 < 0.5$）时对应着煤中孔径较小的孔隙，相对压力较高（$P/P_0 > 0.5$）时对应着煤中孔径相对较大的孔隙，由此可知，A-0 煤样中微小孔隙比较发育，而 B-0 煤样中存在着比例相对较多的中大孔隙。

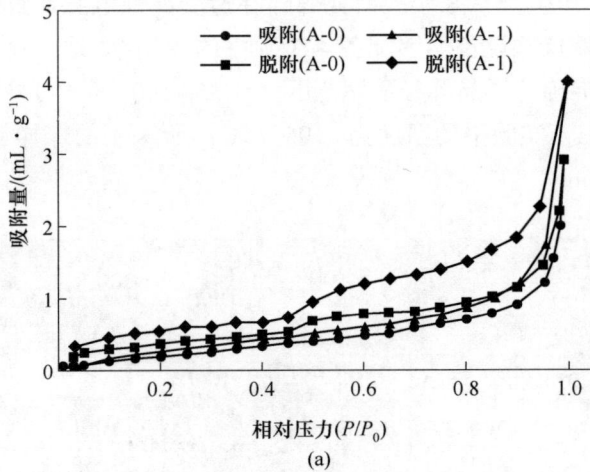

(a)

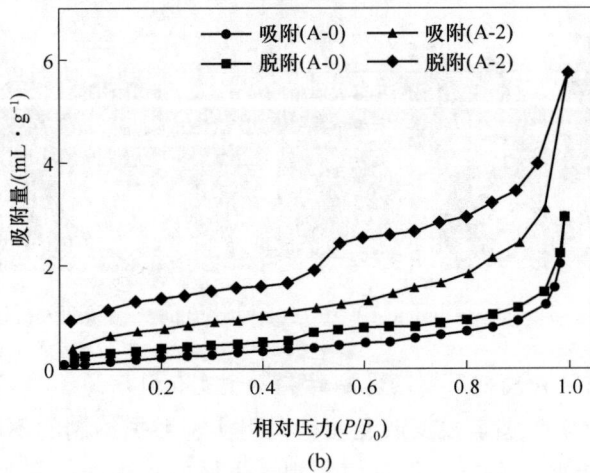

(b)

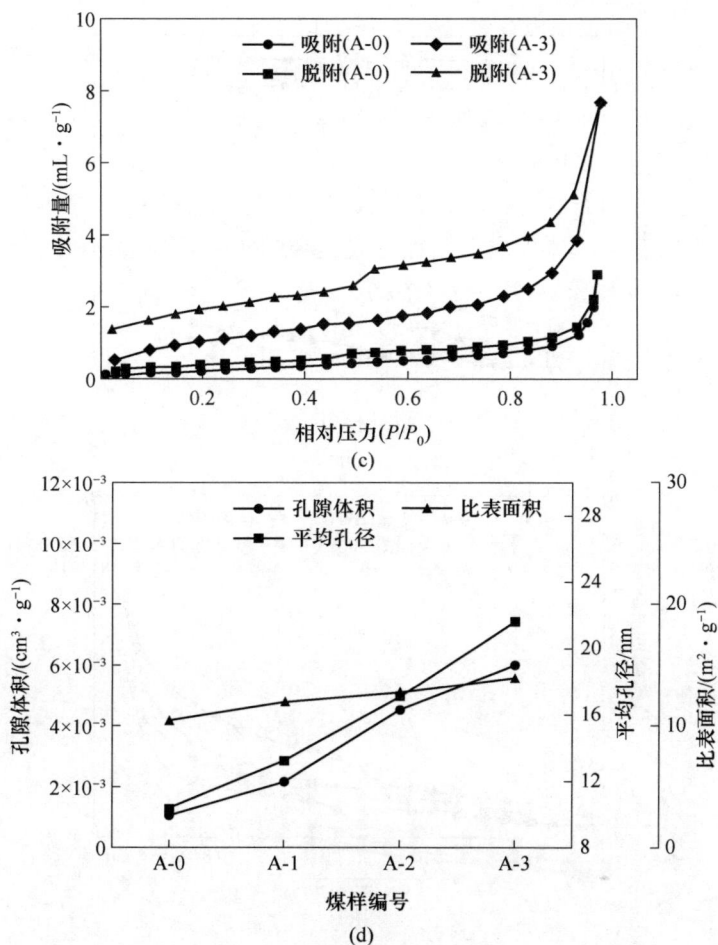

图 3-6 不同放电电压下烟煤煤样的低温液氮吸附脱附曲线

（a）A-1；（b）A-2；（c）A-3；（d）不同煤样的孔隙特性分布

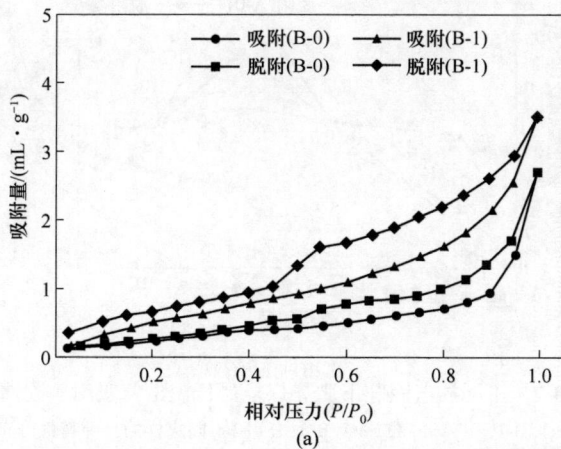

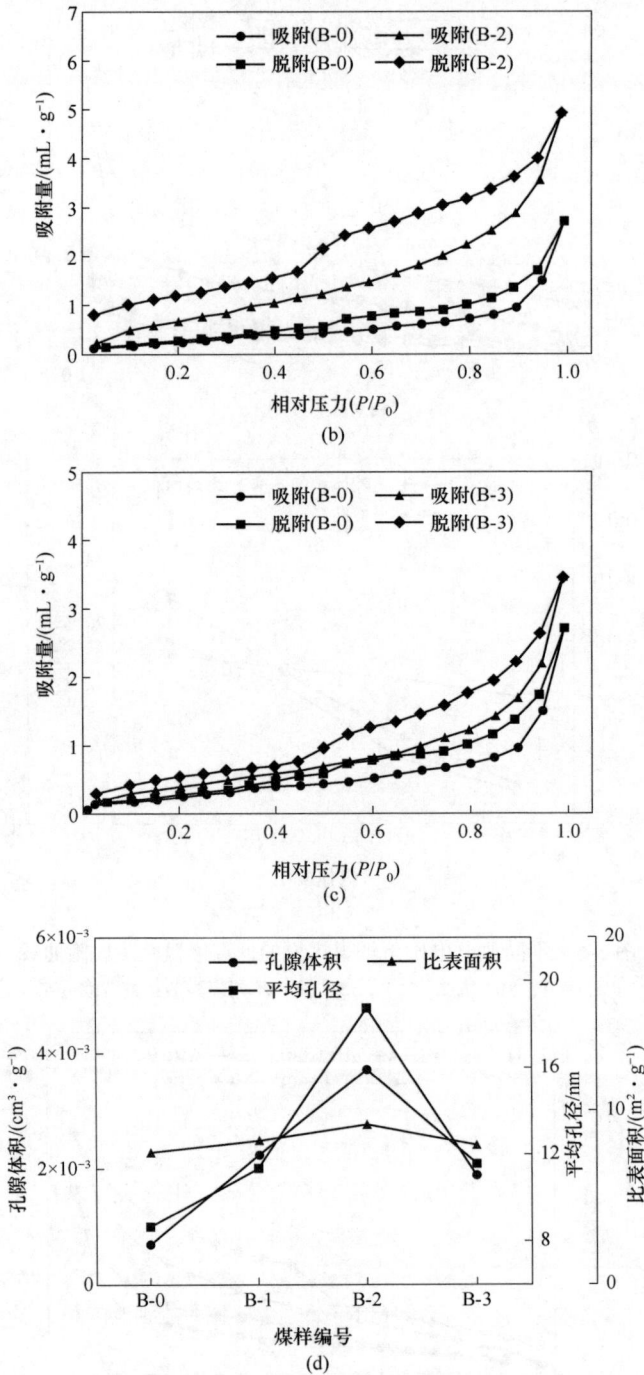

(b)

(c)

(d)

图 3-7　不同放电间隙下肥煤煤样的低温液氮吸附脱附曲线

(a) B-1；(b) B-2；(c) B-3；(d) 不同煤样的孔隙特性分布

高强电脉冲致裂后煤样的液氮吸附脱附曲线与致裂前的煤样相比发生了明显的变化。具体来看：在不同的放电电压条件下，A-1、A-2 和 A-3 煤样的液氮吸附脱附曲线相比于 A-0 煤样的吸附脱附曲线出现明显的上升，且随着放电电压的增加，上升的幅度增大，吸附曲线与脱附曲线之间的滞后现象也越明显。在相对压力为 0.55 左右时，高强电脉冲致裂后煤样的脱附曲线出现了突然下降的趋势，尤其是 A-3 煤样更为显著，说明高强电脉冲致裂后煤样中出现了一定数量的墨水瓶形孔，相对压力在 0.55~0.8 时，脱附曲线比较平缓，脱附速率慢，当液氮突破瓶颈阻力阻碍作用后，脱附速率突然加快，导致了脱附曲线突然出现下降；而在相对压力低于 0.5 时，煤样的吸附和脱附曲线都比较平缓，吸附和脱附速率均较慢，但两者之间存在明显的滞后环，说明高强电脉冲致裂后煤样中的微小孔以圆筒形孔为主。圆筒形孔和墨水瓶形孔分别属于半封闭型和开放型孔隙，高强电脉冲致裂后煤样中该种类型孔隙的增加对瓦斯在煤层中的解吸扩散和运移是有益的。对于不同放电间隙条件下，B-1、B-2 和 B-3 煤样的吸附脱附曲线均比 B-0 煤样的高，尤其是 B-2 煤样。高强电脉冲致裂后，在低压阶段各煤样的吸附脱附曲线出现了明显滞后环，说明煤样中的孔隙逐渐由一端封闭的不透气孔扩展为两段开口的圆筒形孔或四边开放的平行板孔，该类型的孔隙为开放型孔隙，有利于瓦斯在煤体中的扩散和流动。

图 3-6（d）和图 3-7（d）分别绘制了不同放电电压和放电间隙下高强电脉冲致裂前后煤样的各孔隙参数变化特征。可以看出，经过高强电脉冲致裂后，煤样的总孔隙体积和平均孔径均高于致裂前的煤样。随着放电电压的增加，电脉冲致裂后煤样的总孔体积和平均孔径是不断上升的，对于总孔体积而言，高强电脉冲致裂后 A-1、A-2 和 A-3 煤样的总孔体积分别为 2.17×10^{-3} cm^3/g、4.54×10^{-3} cm^3/g 和 6.04×10^{-3} cm^3/g，分别是 A-0 煤样的 2.01 倍、4.20 倍和 5.59 倍；对于平均孔径而言，高强电脉冲致裂后 A-1、A-2 和 A-3 煤样的平均孔径分别为 13.23 nm、17.12 nm 和 21.56 nm，相比于 A-0 煤样其孔径增幅分别为 27.33%、64.77% 和 107.51%。随着放电间隙的增加，电脉冲致裂后煤样的总孔体积和平均孔径是先上升后下降的，放电间隙为 4 mm 时，B-2 煤样的总孔体积和平均孔径达到最大，分别为 3.73×10^{-3} cm^3/g 和 18.76 nm。比表面积的变化趋势与总孔体积和平均孔径的变化趋势一致，但相比于高强电脉冲致裂前的煤样其增加幅度不是很明显，可能是高强电脉冲的作用增加了煤体中大孔隙的数量，孔径的增大使得比表面积反而变化不大。从上述分析结果可知，高强电脉冲促使煤体中产生更多数量孔隙的同时也使得煤体中的孔隙的尺寸有所扩展并相互贯通形成网络，为瓦斯在煤体中的流动和运移提供了更多也更为顺畅的通道，有利于煤层气的开发和利用。

3.2.2.3 低温液氮吸附法的孔径分布变化特征

煤的液氮吸附脱附曲线形状反映了煤中的孔隙类型，而煤中的孔隙结构分布特征对煤吸附能力的大小起着关键作用。根据低温液氮吸附实验所获取的结果，本书采用非定与密度泛函理论（NLDFT）的方法对经高强电脉冲致裂处理的煤样和原煤样的孔径分布进行了对比分析，该方法所获得的孔径分布特征主要代表煤样中吸附孔的分布情况。研究吸附孔在煤样中的孔径分布特征一定程度上能够反映出高强电脉冲作用对煤样孔隙结构变化的影响。

　　图 3-8 和图 3-9 分别为不同放电参量下高强电脉冲致裂前后烟煤和肥煤煤样的孔径分布情况。从图中可看出，高强电脉冲致裂后煤样的孔径分布曲线整体上向上和向右移动，说明高强电脉冲致裂后煤样的吸附孔体积和孔径大小均有所增大。未经过高强电脉冲致裂前煤样的孔径在 10 nm 以内占很大比例，经过高强电脉冲致裂后煤样的孔径分布范围显著变宽，在 10~100 nm 出现较多。由图 3-8 可知，随着放电电压的逐渐增加，高强电脉冲致裂后煤样中 10~100 nm 以上的孔径逐渐增大，且比例显著增加，说明高强电脉冲致裂后煤样中 10~100 nm 以下的

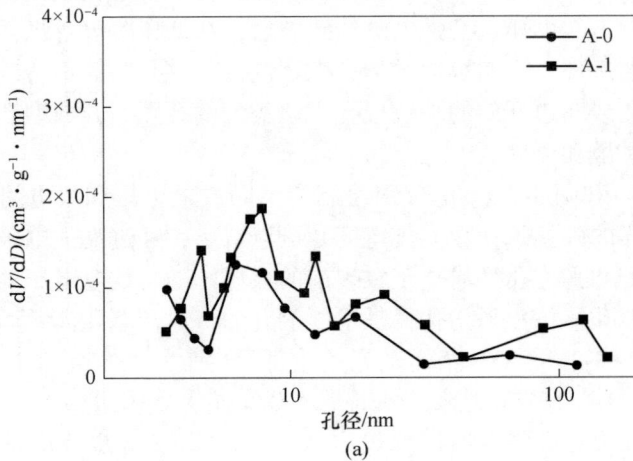

(a)

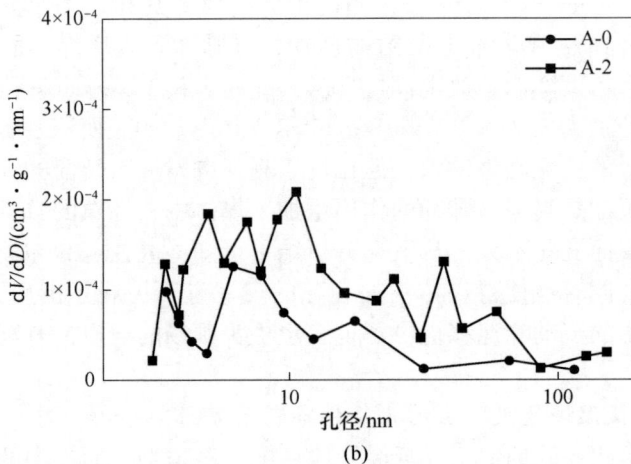

(b)

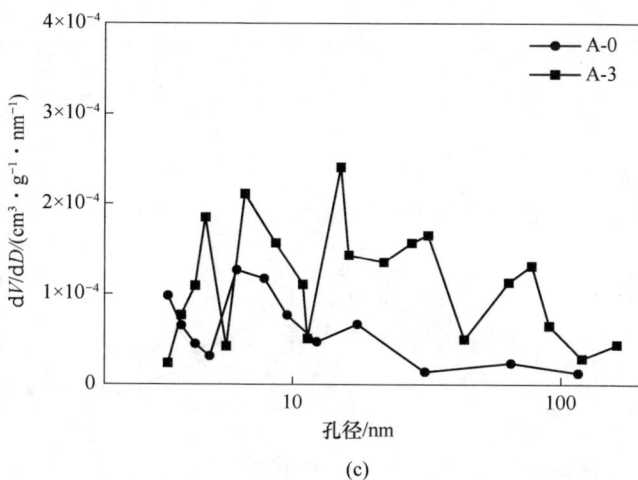

(c)

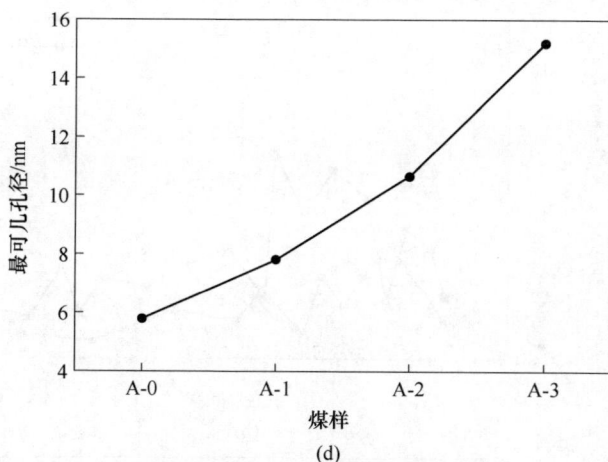

(d)

图 3-8　不同放电电压下烟煤煤样的孔径分布

（a）A-1；（b）A-2；（c）A-3；（d）最可几孔径

孔径扩大并相互贯通，形成了较大的孔隙。此外，还出现了一些孔径大于 100 nm 新的大孔。由图 3-9 可看出，对于放电间隙而言，间隙为 4 mm 时高强电脉冲致裂后煤样中 10~100 nm 的孔径最大，且比例也是最高的。

　　为了更详细地了解高强电脉冲对煤样孔径分布特征的影响，图 3-8（d）和图 3-9（d）分别绘制了不同放电电压和放电间隙下高强电脉冲致裂前后煤样的最可几孔径对比柱状图。在孔径分布曲线上，通常存在一个最高值，该值对应的孔径即为最可几孔径，代表着煤样中最发育的孔径范围。从图可以看出，未经高强电脉冲致裂的 A-0 和 B-0 煤样的最可几孔径分别为 5.8 nm 和 5.3 nm，说明 5.8 nm 和 5.3 nm 分别是 A-0 和 B-0 煤样中孔径主要集中分布的区域。经过高强

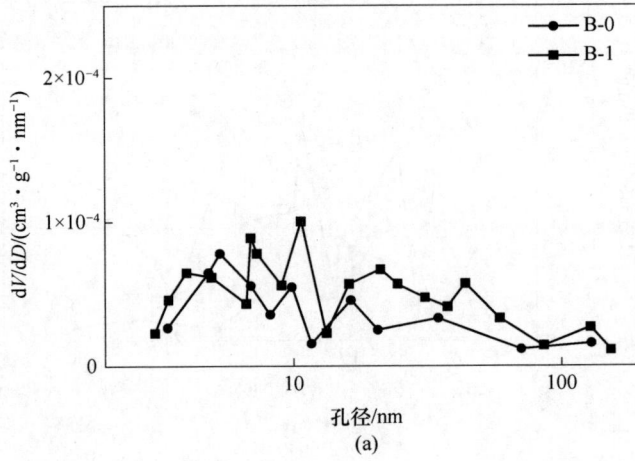

(a)

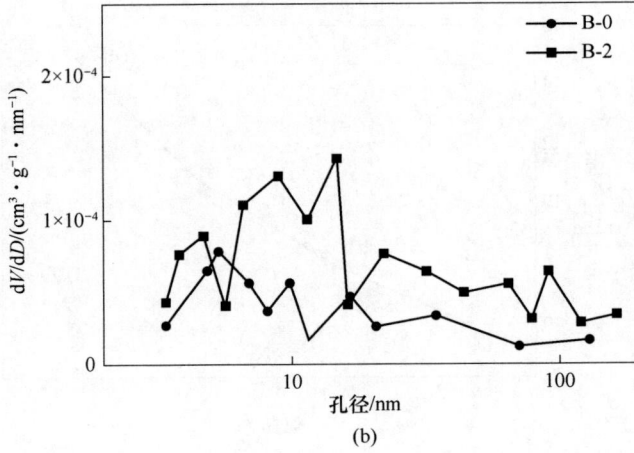

(b)

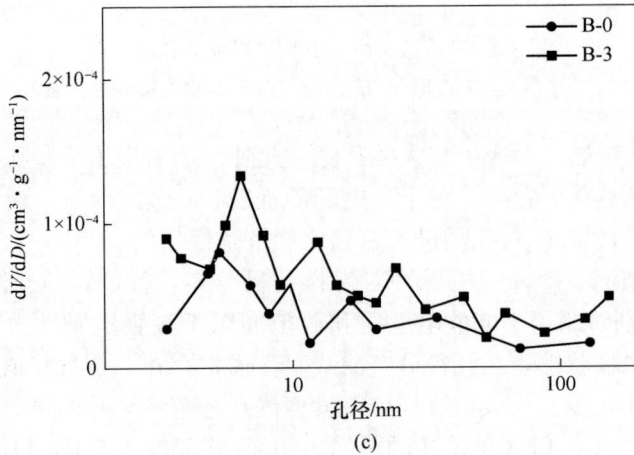

(c)

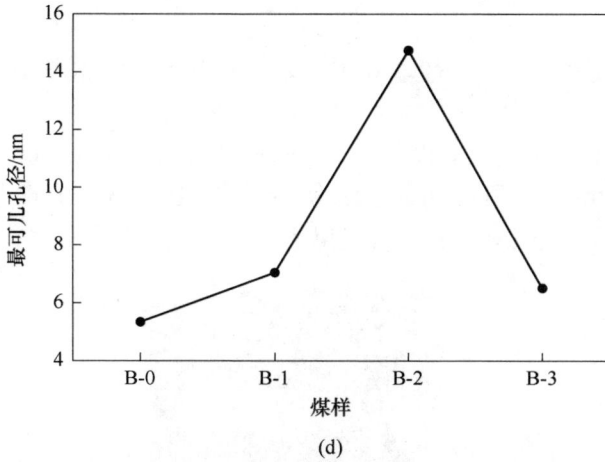

图 3-9　不同放电间隙下肥煤煤样的孔径分布
（a）B-1；（b）B-2；（c）B-3；（d）最可几孔径

电脉冲的致裂后，A-1、A-2 和 A-3 煤样的最可几孔径分别为 7.8 nm、10.7 nm 和 15.2 nm，相较于 A-0 煤样其增长幅度分别为 34.48%、84.48% 和 162.07%；B-1、B-2 和 B-3 煤样的最可几孔径分别为 7.0 nm、14.7 nm 和 6.4 nm，相较于 B-0 煤样其增长幅度分别为 32.08%、177.36% 和 20.75%。从上述变化结果可知，随着放电电压的增加，煤样的最可几孔径的数值及增长的幅度是逐渐增加的，而随着放电间隙的增加，煤样的最可几孔径的数值及增长的幅度是先增加后下降的，在 4 mm 放电间隙时达到最大。在高强电脉冲的作用下，随着煤样孔径的增大，一些原本封闭的孔隙被打开，孔隙间的连通性也得到改善，表明高强电脉冲有利于改善瓦斯在煤层中的解吸和自由流动。

3.2.3　基于压汞法的煤体孔隙结构变化特征

3.2.3.1　压汞法的基本原理

煤孔隙结构常用的测定方法之一是压汞法，利用该方法的测试结果可以非常方便地对煤样的孔隙度、孔喉比、孔径分布、比表面积、样品密度、孔隙体积及孔隙连通性等指标等进行解析。其原理就是液态汞与煤之间的湿润角通常较大（一般为 130°），在不加外力的情况下两者之间无法进行接触湿润，即液态汞不能进入煤的孔隙之中，而要使其进入其中就必须给液态汞提供一定的注入压力，而提供的该压力大小正好与液态汞进入煤中的孔隙的大小有关。针对圆柱形的孔隙来说，进汞的压力 P 和煤中孔隙的孔径 r 之间存在的关系，可依据 Washburn 方程表示如下[12]：

$$r = \frac{-2\sigma\cos\theta}{P} \tag{3-2}$$

式中，σ 为汞的表面张力，一般取 0.48 N/m；θ 为汞与煤体表面的接触角，通常取 140°。

本文压汞实验采用的仪器设备为 Autopore Ⅳ 9510 型压汞仪（图 3-10，由美国麦克仪器公司生产），孔径测量范围为 $3\times10^{-3}\sim10^{3}$ μm，有两个低压站和一个高强站，进退汞的体积精度为 0.1 μL 以下，工作压力在 0.1～414 MPa。

图 3-10   Autopore Ⅳ 9510 型高性能全自动压汞仪

3.2.3.2   电脉冲致裂对煤体孔隙形态的影响

按照连通性的程度可以将煤体中的孔隙分为通孔、交联孔、半封闭孔和封闭孔，而中间两种孔隙通常被划分为半开放孔。由于无法将汞压入到煤体中封闭的孔隙内，因此利用压汞法的实验数据只能解析出煤中开放孔和半开放孔的孔隙特征。受到孔隙屏蔽效应作用影响，进、退汞曲线之间通常不会重合而是出现滞后环现象，因此可根据两者间的滞后环特征来判断煤体的孔隙形态特征。不同放电电压和放电间隙下的压汞曲线如图 3-11 和图 3-12 所示。从图中可以看出，致裂前两种类型的煤样的进退汞曲线形态有所差异，说明不同类型煤样中孔隙的开放程度是不同的。A-0 煤样在进汞压力小于 10 MPa 时，进、退汞曲线出现了一定的迟滞现象，但两者的差值不大。当进汞压力大于 10 MPa 时，进、退汞曲线两者之间基本重合，两者之间的滞后环不再显现。由式（3-2）可知，10 MPa 的汞压力所对应的孔隙直径为 124.7 nm。因此，对于烟煤而言，煤中的微、小孔隙开放程度较差,属于半开放孔,而中、大孔隙的开放程度相对较好,属于开放孔。而 B-0 煤样在整个汞压力阶段均表现出退汞曲线滞后于进汞曲线的特征,说明肥煤中的各级孔隙都具有一定的开放性,孔隙之间的连通性相比于 A-0 煤样要好一些。经过高强电脉冲致裂后,各煤样的进退汞曲线均出现了明显的迟滞现象,且进汞量相比于致裂前都有一定程度的增加,说明煤样中的孔隙总体积变大,孔隙之间的连通性也有所增强。

8 kV 放电电压和 3 mm 放电间隙致裂后煤样的进退汞曲线分别如图 3-11 (b) 和图 3-12 (b) 所示。经过高强电脉冲致裂后,A-1 和 B-1 煤样的进汞量由致裂前的 176.32×10^{-3} mL/g 和 58.96×10^{-3} mL/g 分别升高至 230.26×10^{-3} mL/g 和 89.43×10^{-3} mL/g,其增量分别为 53.94×10^{-3} mL/g 和 30.47×10^{-3} mL/g,增长率分别达到 30.59% 和 51.68%;煤样的退汞量也出现了明显的变化,相较于致裂前的 40.81×10^{-3} mL/g 和 12.51×10^{-3} mL/g 分别增加至 87.99×10^{-3} mL/g 和 $29.62 \times$

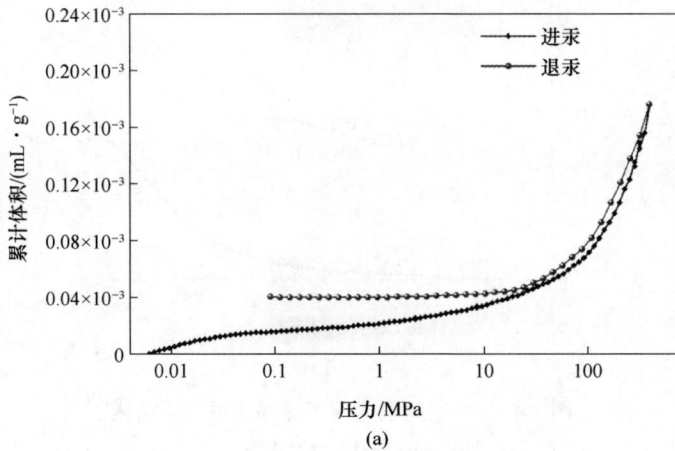

(a)

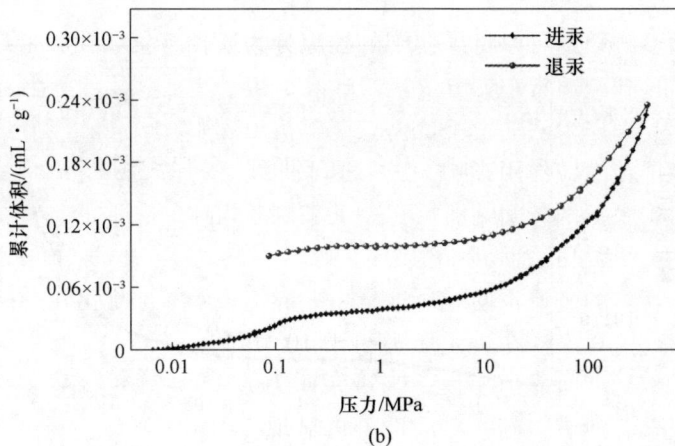

(b)

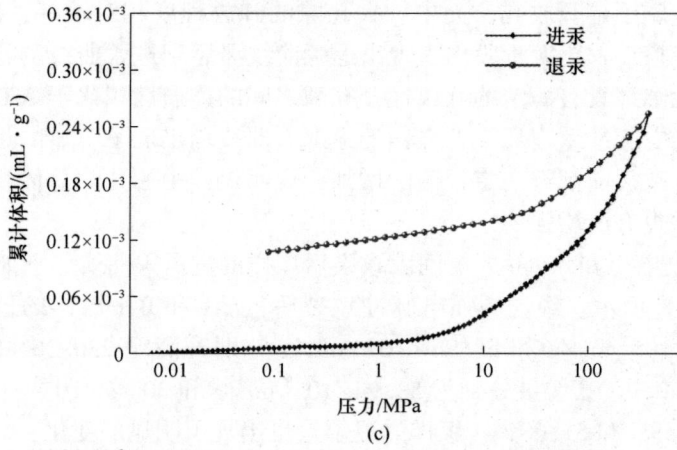

(c)

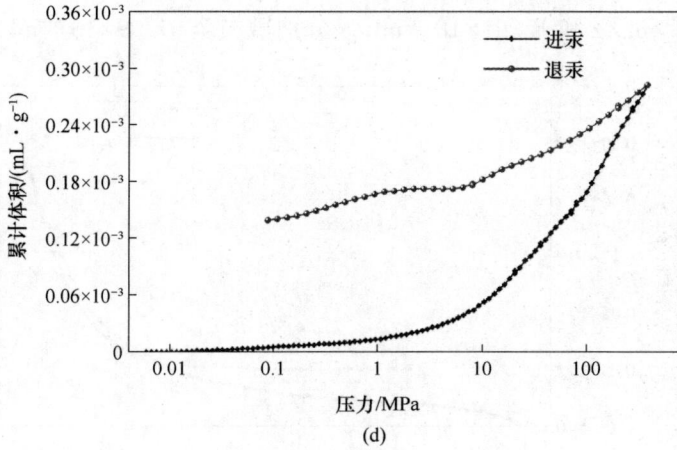

(d)

图 3-11 不同放电电压下煤样的进退汞曲线

（a）A-0；（b）A-1；（c）A-2；（d）A-3

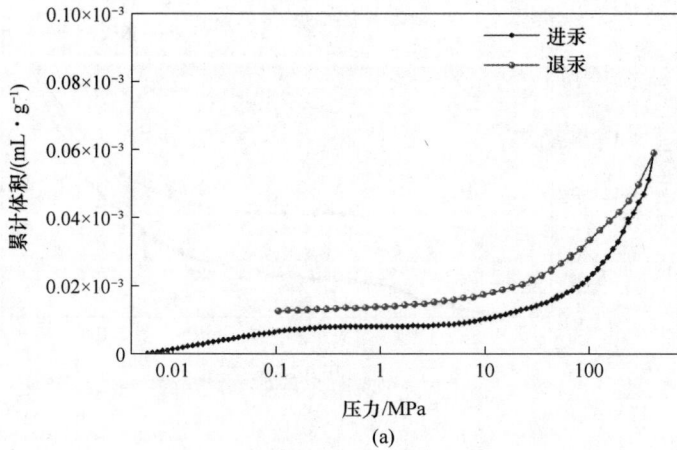

(a)

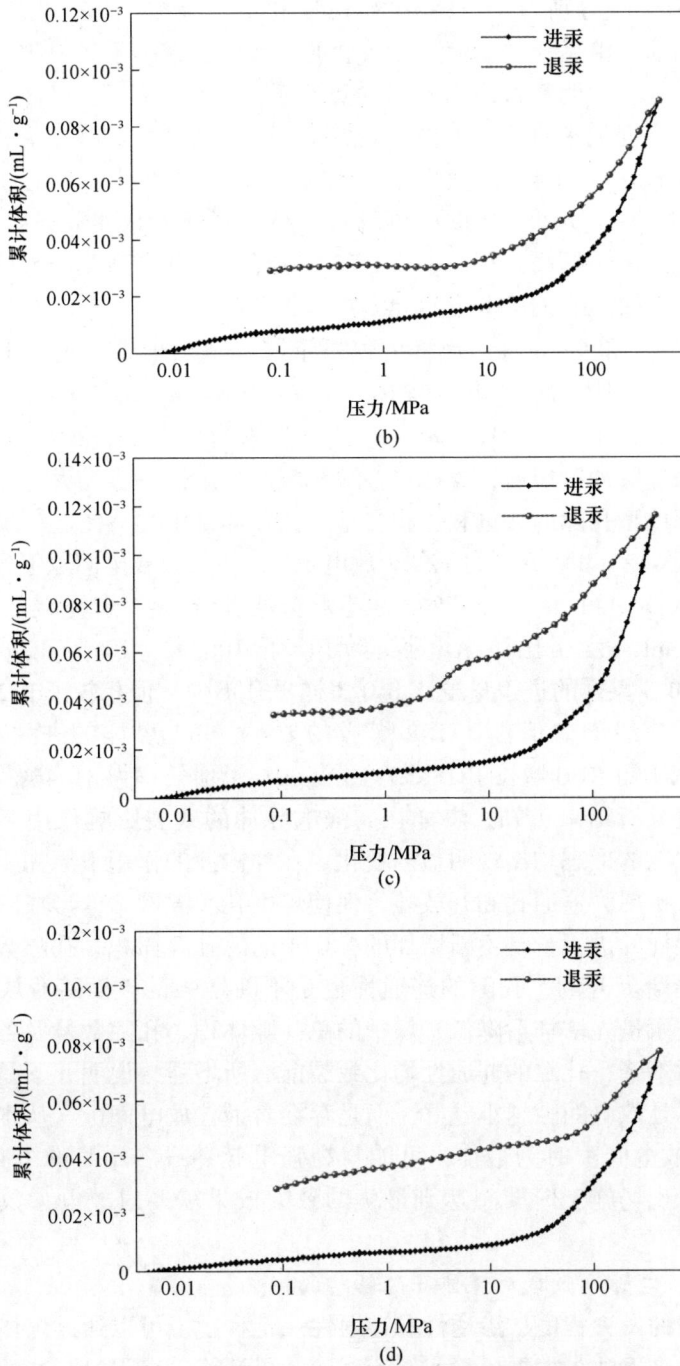

图 3-12 不同放电间隙下高强电脉冲致裂前后煤样的进退汞曲线

(a) B-0;(b) B-1;(c) B-2;(d) B-3

10^{-3} mL/g，其增量分别为 $47.18×10^{-3}$ mL/g 和 $17.11×10^{-3}$ mL/g。进、退汞曲线之间出现了明显的滞后环，差值也比致裂前的大，且整个汞压力阶段退汞曲线均滞后于进汞曲线，说明经过高强电脉冲致裂后，煤样中的孔隙结构发生了变化，在各级孔隙尺度变大和总孔隙体积增加的同时，开放型孔隙的数量和体积也在增多。10 kV 放电电压和 4 mm 放电间隙致裂后煤样的进退汞曲线分别如图 3-11（c）和图 3-12（c）所示。从图中可看到，经过高强电脉冲致裂后，A-2 和 B-2 煤样的进汞量进一步提高，相比于 A-0 和 B-0 煤样分别升高至 $257.05×10^{-3}$ mL/g 和 $116.54×10^{-3}$ mL/g，分别增长了 $80.73×10^{-3}$ mL/g 和 $57.58×10^{-3}$ mL/g，增长率分别为 45.79% 和 97.66%；煤样的退汞量同样也出现了一定的上升，相比于 A-0 和 B-0 煤样分别增加至 $108.25×10^{-3}$ mL/g 和 $34.48×10^{-3}$ mL/g，分别增长了 $67.44×10^{-3}$ mL/g 和 $21.97×10^{-3}$ mL/g。进、退汞曲线之间的滞后环进一步扩大，说明经过高强电脉冲致裂后，煤样中各级孔隙的尺度进一步变大、总孔隙体积进一步增加，开放型孔隙的数量和体积在整个孔隙体系中的占比进一步提升。图 3-11（d）和图 3-12（d）分别为 12 kV 放电电压和 5 mm 放电间隙下致裂后煤样的压汞曲线。从图中可知，A-3 煤样的进汞量相比于 A-2 煤样继续提升，增至 $283.24×10^{-3}$ mL/g，相比于 A-0 煤样增长了 $106.92×10^{-3}$ mL/g，增长率为 60.64%；而 B-3 煤样的进汞量虽比 B-0 煤样提升不少，但相较于 B-2 煤样有所下降，且进退汞曲线的差值也比 B-2 煤样的要小，B-3 煤样的进汞量为 $77.51×10^{-3}$ mL/g，相比于 B-0 增长了 $18.55×10^{-3}$ mL/g，增长率为 31.46%。

综合上述分析结果可知，煤样在高强电脉冲的致裂影响作用下，其孔隙大小、数量及孔隙的形态均出现明显的变化。在冲击波的作用下原先一些封闭和半封闭的孔隙被扩展为连通孔和开放孔，促使煤中孔裂隙网络的形成。随着放电电压的增加，煤样的进汞量是不断增加的，煤中的总孔隙体积、孔隙数量及各级孔隙的孔径是逐渐提升的，孔隙的连通性也是不断增强的；而随着放电间隙的增加，煤样的进汞量先增加后降低，煤中的总孔隙体积、孔隙数量及各级孔隙的孔径也先上升后下降，孔隙的连通性均比致裂前有所增强，说明并不是放电间隙越大越好，也不是放电间隙越小越好，而是存在着最佳放电间隙，从本节实验结果来看，4 mm 放电间隙时为最佳，可能与高强电脉冲设备本身的电路结构有关。因此，在实际现场施工时要想达到最优的致裂效果需要对放电参数进行合理的选取。

3.2.3.3　电脉冲致裂对煤体孔隙结构的影响

煤中孔隙的发育程度、渗透性和连通性一定程度上可以通过煤体孔隙结构的基本特征参数来反映。根据压汞实验测试的结果计算出高强电脉冲致裂前后各煤样的孔隙结构基本特征参数（包括总孔体积、平均孔径、比表面积、阶段孔体积和孔隙率等），如表 3-1 所示。

表 3-1　煤样孔隙结构参数压汞法测试结果

编号	总孔体积/(mL·g⁻¹)	平均孔径/nm	比表面积/(m²·g⁻¹)	阶段孔体积/(mL·g⁻¹)				孔隙率/%	孔隙占比/%	
				微孔	小孔	中孔	大孔		吸附孔	渗流孔
A-0	176.32×10⁻³	15.62	32.55	83.80×10⁻³	60.26×10⁻³	25.92×10⁻³	6.33×10⁻³	6.24	81.71	18.29
A-1	230.26×10⁻³	23.71	33.86	87.07×10⁻³	72.57×10⁻³	55.33×10⁻³	15.30×10⁻³	9.33	68.33	30.67
A-2	257.05×10⁻³	32.47	34.12	90.87×10⁻³	75.62×10⁻³	69.75×10⁻³	20.81×10⁻³	13.96	64.77	35.23
A-3	283.24×10⁻³	46.53	35.05	97.79×10⁻³	83.07×10⁻³	78.06×10⁻³	24.32×10⁻³	17.37	63.85	36.15
B-0	58.96×10⁻³	10.67	18.23	29.43×10⁻³	15.96×10⁻³	7.05×10⁻³	6.53×10⁻³	8.43	76.98	23.02
B-1	89.43×10⁻³	17.41	19.53	32.72×10⁻³	20.31×10⁻³	22.54×10⁻³	13.86×10⁻³	13.58	59.30	40.70
B-2	116.54×10⁻³	28.66	21.91	34.33×10⁻³	24.86×10⁻³	37.21×10⁻³	20.14×10⁻³	18.69	50.79	49.21
B-3	77.51×10⁻³	15.34	19.45	31.45×10⁻³	18.78×10⁻³	16.17×10⁻³	11.11×10⁻³	12.48	64.80	35.20

　　图 3-13 为高强电脉冲致裂前后各煤样的孔隙结构基本特征参数的变化情况，由图 3-13 可知，高强电脉冲致裂后煤样的孔隙结构发生了显著变化，其总孔体积、孔隙率、平均孔径和比表面积均比致裂前的有所提高。

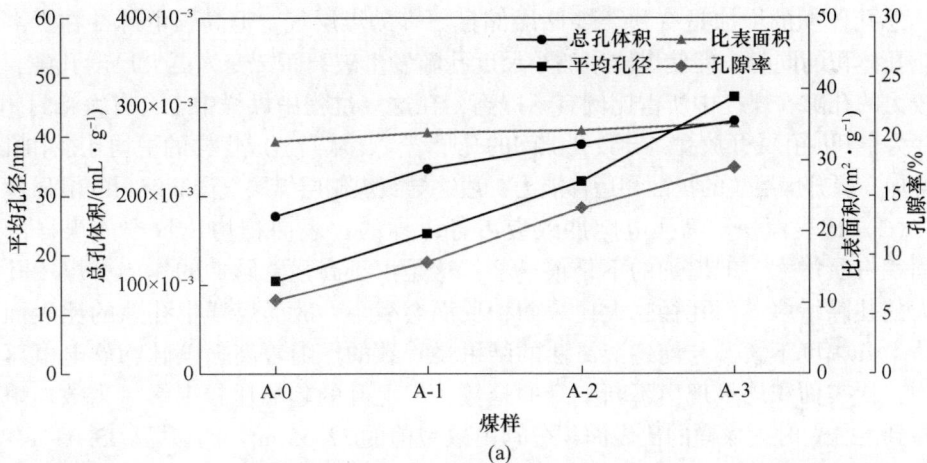

(a)

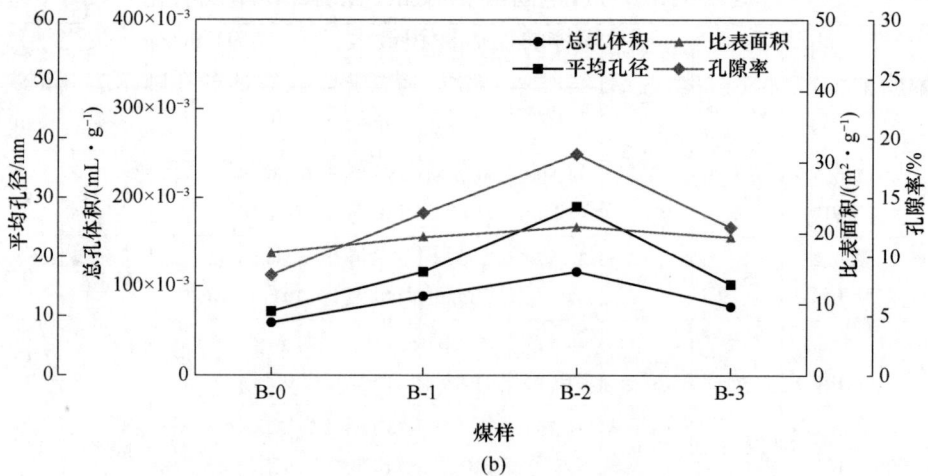

图 3-13　不同放电参量下高强电脉冲致裂前后煤样孔隙参数变化情况
（a）不同放电电压；（b）不同放电间隙

具体变化如下：

（1）总孔体积、平均孔径及孔隙率。煤样的总孔体积、平均孔径和孔隙率的变化具有很强的一致性。随着高强电脉冲放电电压的增加，总孔体积、平均孔径和孔隙率都呈现出不断上升的趋势。当放电电压提高到 12 kV 时，煤样的总孔体积、平均孔径和孔隙率分别由致裂前的 176.32×10^{-3} mL/g、15.62 nm 和 6.24% 增加到 283.24×10^{-3} mL/g、46.53 nm 和 17.37%。而随着放电间隙的增加，总孔体积、平均孔径和孔隙率都呈现出先上升后下降的趋势。当放电间隙为 4 mm 时，煤样的总孔体积、平均孔径和孔隙率上升到最大，分别由致裂前的 58.96×10^{-3} mL/g、10.67 nm 和 8.43% 增加到 116.54×10^{-3} mL/g、28.66 nm 和 18.69%。以上结果表明，高强电脉冲致裂煤体可提高其孔隙的体积，理论上来说，总孔体积的增加是有利于煤储层储存更多的煤层气。但高强电脉冲在提高煤体总孔体积的同时也促使煤体中的小尺度孔隙发生破裂而转变为更大尺度孔隙，孔径较大的孔隙在煤样中所占比例有了提高，在这一过程中煤样中也会有大量封闭孔转变为半开放孔或开放孔，导致孔隙间的孔吼增大，从而造成煤样的平均孔径和孔隙率增加，提升煤层气的扩散和运移能力，最终导致煤储层煤层气渗流能力的增强。

（2）比表面积。高强电脉冲致裂后各煤样的比表面积均比致裂前煤样的比表面积有所增大，但增加的不是很显著，这是由于高强电脉冲的作用，煤中孔径较大的孔隙增多，而孔径越大比表面积反而会减小，故而煤样中孔隙的比表面积整体上升幅度不大，与前述液氮法的结果是一致的。随着高强电脉冲放电电压的增加，比表面积均呈现出不断上升的趋势，但上升的趋势比较平缓。当放电电压提高到 12 kV 时，煤样的比表面积分别由致裂前的 32.55 m²/g 上升到 35.05 m²/g，增长率达到了 7.68%。而随着放电间隙的增加，比表面积呈现出先上升后下降的趋势。放电间隙为 4 mm 时，煤样的比表面积最大，为 21.91 m²/g，相比于致裂前增加了 3.68 m²/g，增长率达到20.19%。通常来讲，煤体的孔隙比表面积的大小决定了其对瓦斯吸附能力的强弱。高强电脉冲致裂后煤样比表面积的增大理论上会导致煤体吸附瓦斯的量增大，但煤体在电脉冲冲击波的影响下，其内部原本一部分封闭的孔隙也会被打开，形成了许多相互连通的半开放和开放的孔隙，为瓦斯的扩散和运移提供了便捷的通道；另外，煤体内部孔隙在反复振荡的应力波和内部流体的不断摩擦效应作用下，其表面的粗糙度会有所降低，有利于瓦斯的解吸和运移。

　　图 3-14 为不同放电参量条件下高强电脉冲致裂前后煤样的各阶段孔隙体积的变化情况。由图可知，高强电脉冲致裂煤样的各阶段孔隙的体积相比于致裂前煤样的均有所增加。对各煤样进行高强电脉冲致裂后，微孔和小孔的孔体积虽然都有一定程度的上升，但增长的比例比较小；与微孔和小孔相比，高强电脉冲致

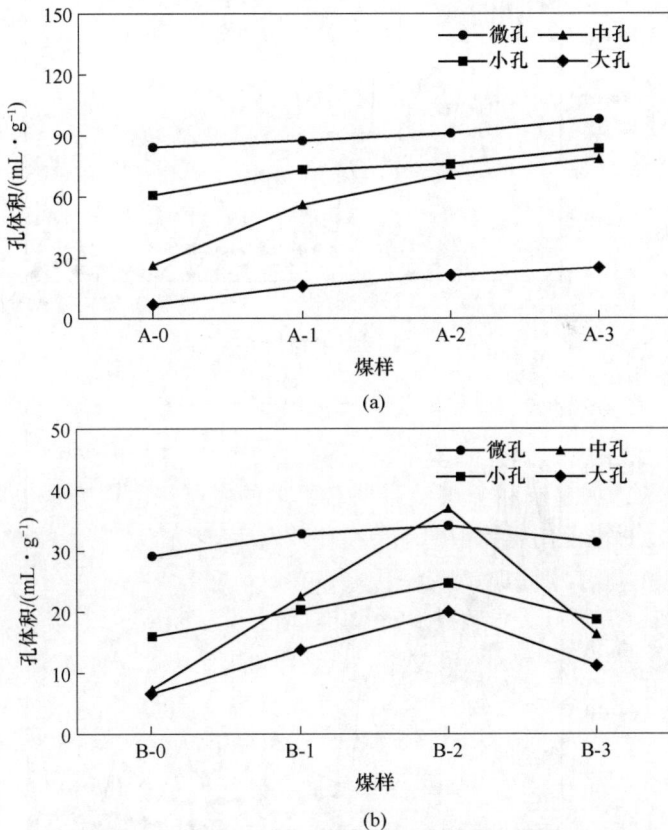

(a)

(b)

图 3-14　不同放电参量条件下高强电脉冲致裂前后煤中各级孔隙变化情况

(a) 不同放电电压；(b) 不同放电间隙

裂后各煤样的中孔和大孔增长的比例较为明显。微孔和小孔属于吸附孔，是煤体中瓦斯主要的储存空间，而中孔和大孔属于渗流孔，是煤层中瓦斯运移的主要通道，煤样中中孔和大孔的大量增加有利于瓦斯的流动和运移。另外，从图中还可看出，随着放电电压的增加，煤样中的微孔、小孔、中孔和大孔是不断增加的，而随着放电间隙的增大，煤样中的微孔、小孔、中孔和大孔是先增加后减小的。因此，增加放电电压值对改善煤体中的孔隙结构尤其是中孔和大孔是有利的，可提高煤储层瓦斯的渗透性，而放电间隙是存在一个最优值的，这是由高强电脉冲系统本身电路结构所决定的，与前述分析一致。

图 3-15 和图 3-16 为不同放电参量条件下高强电脉冲致裂前后煤样的孔径分

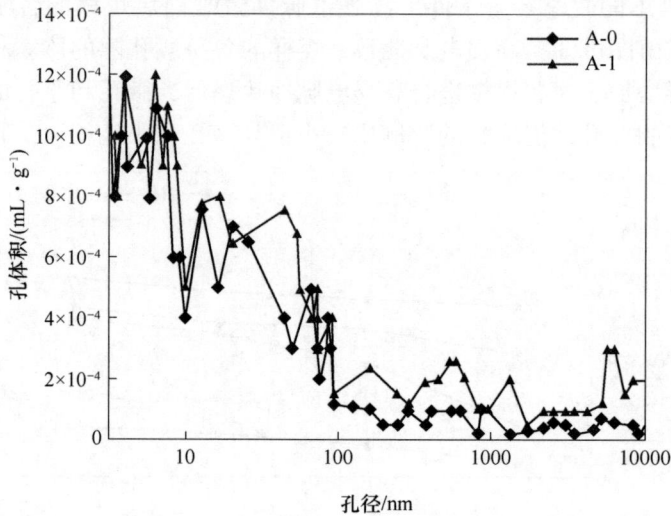

(a)

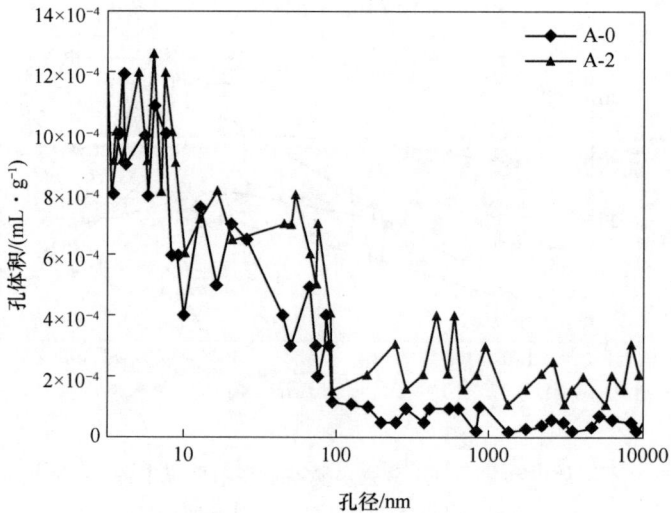

(b)

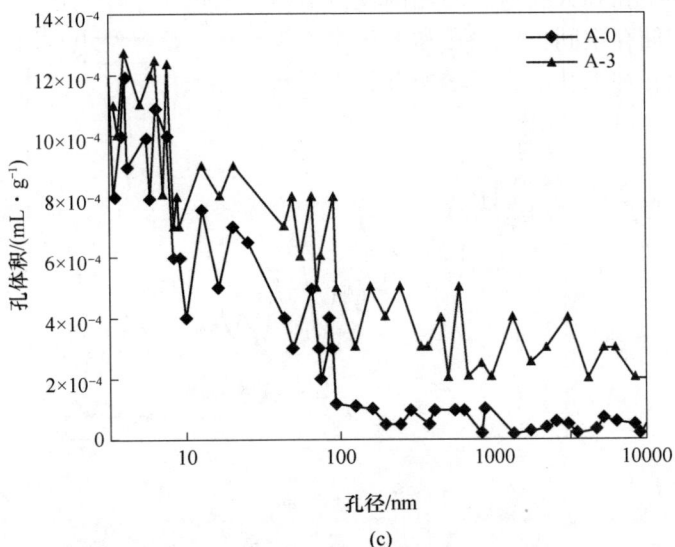

(c)

图 3-15　不同放电电压下高强电脉冲致裂前后煤样的孔径分布（压汞法）

(a) A-1；(b) A-2；(c) A-3

布变化情况。从图中可以看出，高强电脉冲致裂后煤样的孔径分布曲线整体上呈现出向上移动的趋势，但微孔、小孔段上移不明显，而中孔、大孔段上移的比较显著，说明高强电脉冲冲击波促使煤中形成了大量的中大孔隙。微孔和小孔属于吸附孔，中孔和大孔属于渗流孔。根据表 3-1 中数据分析可知，随着放电电压的增加，电脉冲致裂后煤样中微孔和小孔的占比逐渐下降，中孔和大孔的占比逐渐

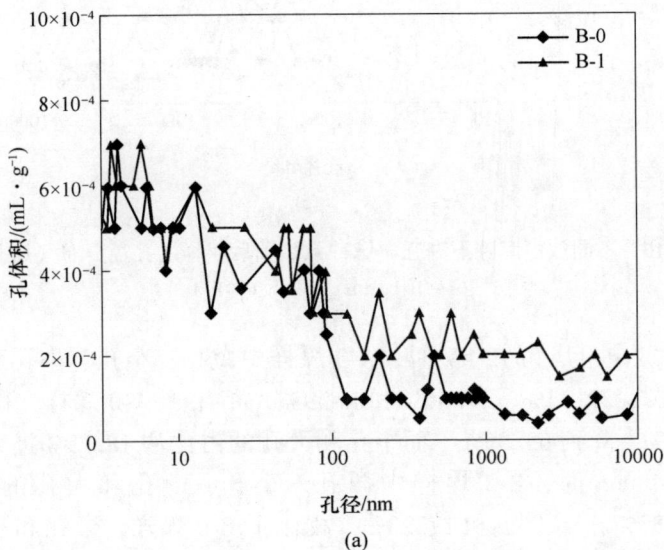

(a)

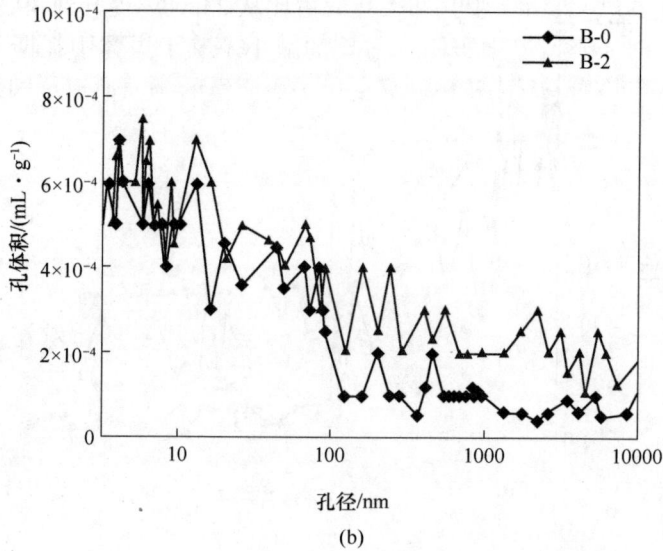

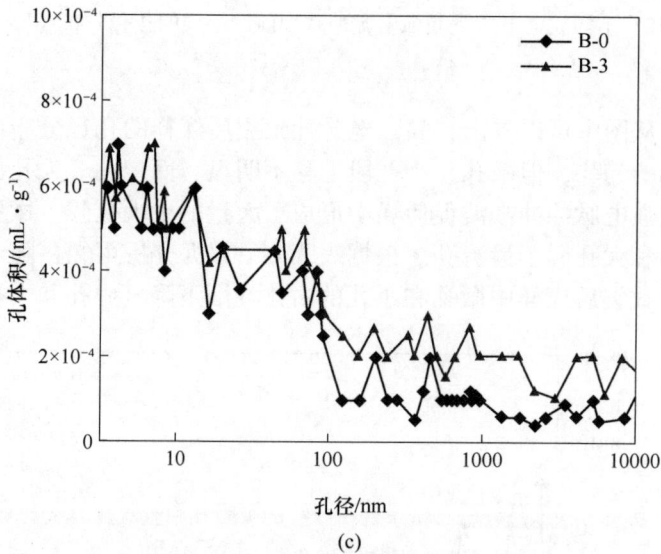

(b)

(c)

图 3-16　不同放电间隙下高强电脉冲致裂前后煤样的孔径分布（压汞法）

（a）B-1；（b）B-2；（c）B-3

上升。例如，放电电压为 12 kV 时，A-3 煤样中微孔、小孔、中孔和大孔的占比分别为 34.53%、29.33%、27.56% 和 8.59%，相比于 A-0 煤样，微孔和小孔的占比从 81.71% 下降到 63.85%，而中孔和大孔的占比从 18.29% 提升到 36.15%；放电间隙为 4 mm 时，B-2 煤样中微孔、小孔、中孔和大孔的占比分别为 29.46%、21.33%、31.93% 和 17.28%，相比于 B-0 煤样，微孔和小孔的占比从

76.98%下降到 50.79%，而中孔和大孔的占比从 23.02%提升到 49.21%，占比近一半，如图 3-17 所示。煤中吸附孔占比的减小不利于煤体中瓦斯的吸附，而渗流孔占比的增加为煤体中瓦斯的运移提供了更广泛的流通通道，因此，高强电脉冲对煤体结构的改善对瓦斯的抽采和开发是大有裨益的。

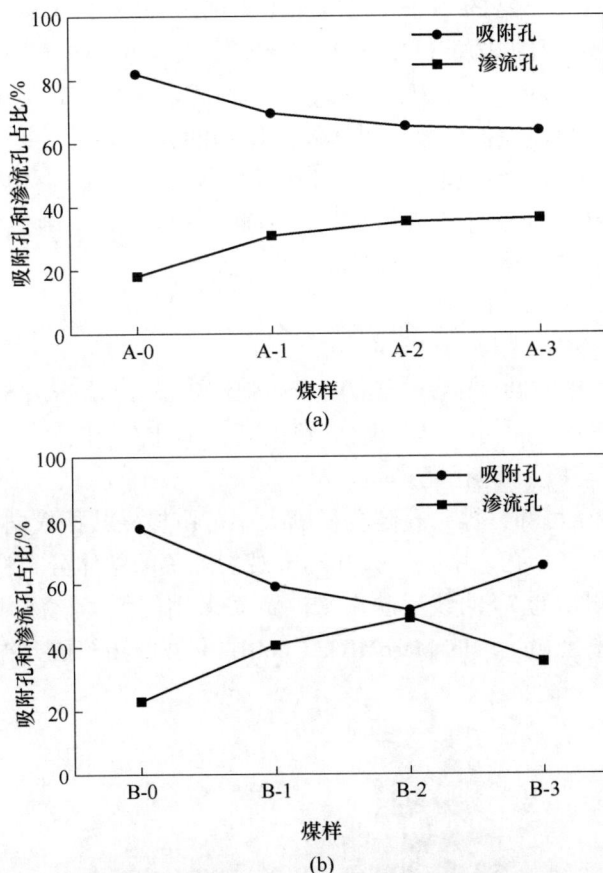

图 3-17　不同放电参量条件下煤样的吸附孔和渗流孔占比情况
（a）不同放电电压；（b）不同放电间隙

3.2.4　基于低场核磁共振法的煤体孔隙结构变化特征

　　煤体孔隙结构的常规表征方法通常具有孔径测试范围有限、测试效率低等局限性且存在着一定的误差。常规的方法在煤样制备时不可避免地会对其原生结构造成破坏而无法实现在"原位性"和"完整性"上准确地对煤体孔隙结构进行反应，从而在测量的过程中容易造成较大误差。而作为一种无损检测技术，低场核磁共振（NMR）技术在对煤体孔隙结构测量时能够实现接近于"原位"测试状态，即对煤体的孔隙结构不产生破坏。此外，NMR 测试技术还具有可连续探测、探测信息量丰富和快速分析的特点。因此，NMR 测试技术是对常规表征煤体孔隙结构方法的补充与完善。

3.2.4.1　低场核磁共振技术原理

煤岩体中都含有丰富的 ^{1}H 核，在 NMR 测试过程中对 ^{1}H 核的响应信号强且灵敏度较高。由于煤体孔隙流体中的 ^{1}H 核和煤体骨架流体中的 ^{1}H 核的核磁共振特征存在一定的差异性，当处于均匀分布的射频场和静磁场环境中，煤体中的 ^{1}H 核在自旋时会产生核磁共振信号。煤体孔隙结构的分布特征可通过处理煤体孔隙流体中 ^{1}H 核的核磁信号而获取。T_2 弛豫时间能够表征出煤岩体内流体的属性及所处的孔隙空间等特征，且测量速度快，因此一般采用 T_2 弛豫时间进行测量。对于煤岩体孔隙中的流体，T_2 弛豫时间可以表示为：

$$\frac{1}{T_2} = \rho \times \frac{S}{V} = F_S \times \frac{\rho}{r} \rightarrow T_2 \propto r \tag{3-3}$$

式中，T_2 为横向弛豫时间，ms；ρ 为横向表面弛豫强度，μm/ms；S 为孔隙表面积，cm^2；V 为孔隙体积，cm^3；F_S 为孔隙形状因子（球状孔隙，$F_S = 3$；柱状孔隙，$F_S = 2$；裂隙，$F_S = 1$）；r 为孔径，nm。

根据式（3-3）可知，煤中孔隙孔径的大小可由核磁共振横向弛豫时间 T_2 来进行表征，而微孔、小孔、中孔、大孔和宏观裂隙等的整体分布特征及相互之间的连通性可通过测得的 T_2 曲线反映出来。本文采用的低场核磁共振成像分析仪是由苏州纽迈有限公司生产的 MesoMR 23-060H-Ⅰ型低场核磁共振分析仪，如图3-18 所示。

图 3-18　纽迈 MesoMR 23-060H-Ⅰ型低场核磁共振分析仪

3.2.4.2　高强电脉冲致裂煤体的低场核磁共振测试结果

根据核磁共振的理论及式（3-3）可知，流体的横向弛豫时间 T_2 在煤体中不同尺度的孔隙中是不同的，其表现出的特征是与煤中孔隙的大小成正相关的，即 T_2 值越大表明孔隙的半径越大，T_2 值越小表明孔隙的半径越小。此外，峰的面积（或幅值）的大小可以表征出煤样中相应级别孔隙或裂隙数量的多少；峰的个数可以表征出煤中不同尺度孔隙之间的连续状况；峰的宽度可以表征出相应尺度类别孔隙的分选情况；而峰与峰之间的联系则可表征出煤中孔隙之间的连通情况。因此，T_2 图谱曲线可以表征煤体中不同级别的孔隙及其数量的多少。本节仍采用苏联学者 B. B. Ходот 提出的十进制孔径划分的方法。低场核磁共振主要是基于煤体中不同尺寸级别孔隙中的水中 ^1H 核的分布进行反演获取，因此在测试时需对煤样进行饱水处理，图 3-19 为测试的 A-0 和 B-0 煤样的 T_2 谱曲线图。

从图 3-19 中可以看出，烟煤和肥煤的饱水煤样 T_2 谱图中均表现出三个峰，第一个峰 P_1 最高，第二个峰 P_2 次之，第三个峰 P_3 相对最低。谢松彬等[13]针对中低阶煤的饱水 T_2 谱图研究时提出，第一个峰 P_1 代表着微孔组孔隙（孔径小于 0.1 μm），第二个峰 P_2 代表的是煤体中的中孔组孔隙（孔径介于 0.1~100 μm），第三个峰 P_3 代表的是煤体中的大孔组孔隙（孔径大于 100 μm）。Li 等[14]基于测试的 T_2 谱图，认为可以把 $T_2<10$ ms 的谱图划归为煤体中的小孔组，把 10 ms$<T_2<100$ ms 范围内的谱图划归为煤体的中孔组，把 $T_2>100$ ms 的谱图划归为煤体中的大孔组或裂隙组。根据 Yao 等[15]基于核磁共振谱图对煤中孔径的分类，第一个峰所对应的孔隙为煤中的微小孔隙（孔径小于 0.1 μm），属于煤层瓦斯的吸附孔（瓦斯吸附容积），第二个峰对应煤体中孔隙为中大孔隙（孔径介于 0.1~100 μm），第三个峰对应煤体中孔隙为裂隙孔（孔径大于 100 μm）。对两种不同

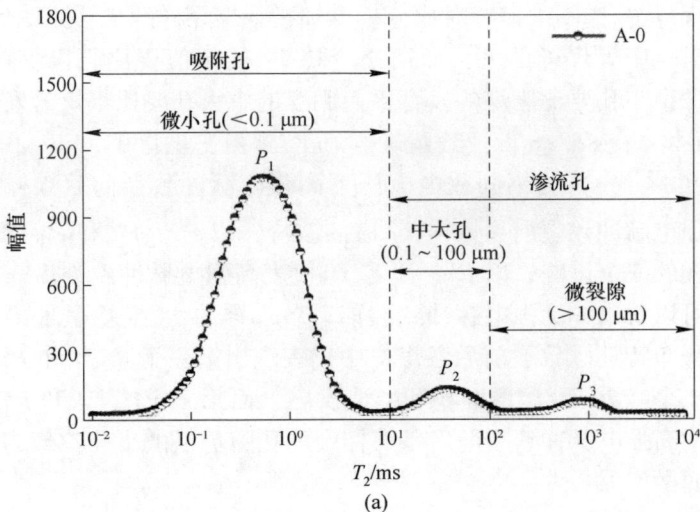

(a)

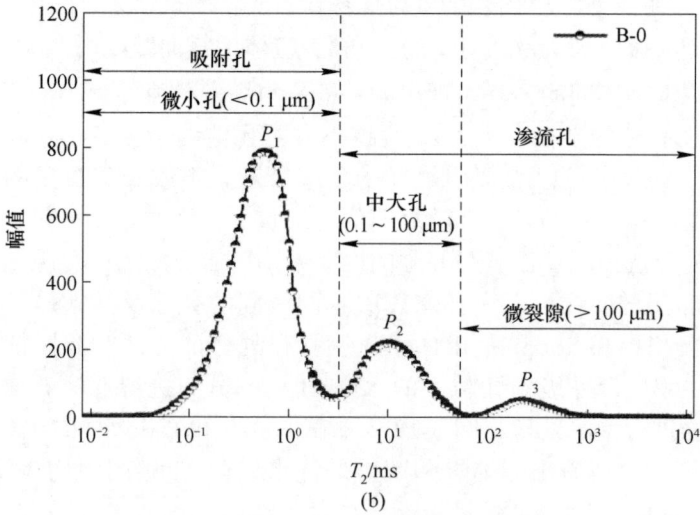

图 3-19　A-0 和 B-0 煤样的 T_2 谱曲线图

(a) A-0；(b) B-0

变质程度煤的 T_2 谱图的横向弛豫时间 T_2 值进行分析可知，两种煤样的谱峰所对应的 T_2 时间有所差异。本书依据 Yao 的划分方式，根据峰的形态并结合横向弛豫时间 T_2 值，将烟煤 $T_2 < 10$ ms 的峰归为微小孔峰，$T_2 = 10 \sim 100$ ms 的峰归为中大孔峰，$T_2 > 100$ ms 的峰归为微裂隙峰；将肥煤 $T_2 < 3$ ms 的峰归为微小孔峰，$T_2 = 3 \sim 50$ ms 的峰归为中大孔峰，$T_2 > 50$ ms 的峰归为微裂隙峰。从两种煤样的 T_2 谱图中各谱峰所对应的幅值可知，烟煤和肥煤均表现出微小孔发育较好且数量占比较高，其次是中大孔，而微裂隙发育较差且数量也比较少。另外对烟煤和肥煤的饱水煤样 T_2 谱图中谱峰对比分析可知，烟煤煤样的 T_2 谱图中第一个峰 P_1 的幅值要明显比肥煤煤样的大，而第二个峰 P_2 的幅值要比肥煤煤样的小一些，说明烟煤中的微小孔要比肥煤的发育，而肥煤的中大孔要比烟煤的发育。

　　A　不同放电电压下电脉冲致裂煤体的 T_2 谱图变化特征

　　图 3-20（a）~（c）为不同放电电压下高强电脉冲致裂前后煤样的 T_2 谱图。为了区分高强电脉冲致裂前后煤样 T_2 谱的波峰，以 P_1、P_2 和 P_3 代表高强电脉冲致裂前煤样的三个谱峰，以 P_1'、P_2' 和 P_3' 代表高强电脉冲致裂后煤样的三个谱峰。从图中可以看出，高强电脉冲致裂前后各煤样的 T_2 谱均呈现出典型的相互独立的三峰分布特征。致裂前后各煤样中仍表现出第一个峰 P_1 和 P_1' 的面积和幅值最大，第二个峰 P_2 和 P_2' 的面积和幅值次之，而第三个峰 P_3 和 P_3' 的面积和幅值最小，说明高强电脉冲致裂前后各煤样中的孔隙仍以微小孔隙最为发育，中大孔隙次之，而微裂隙最差。

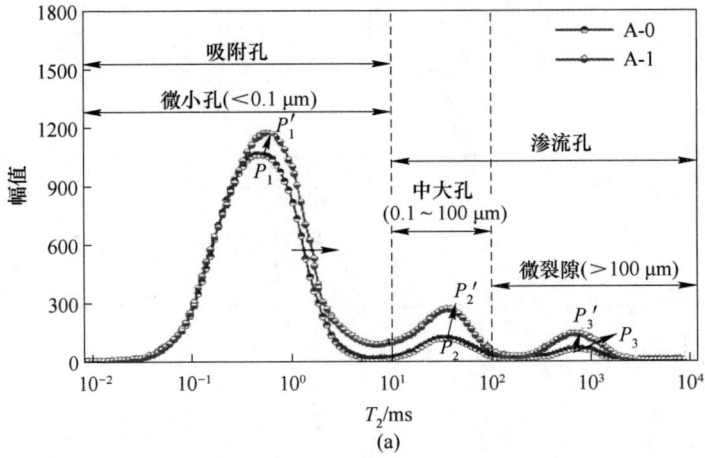

(a)

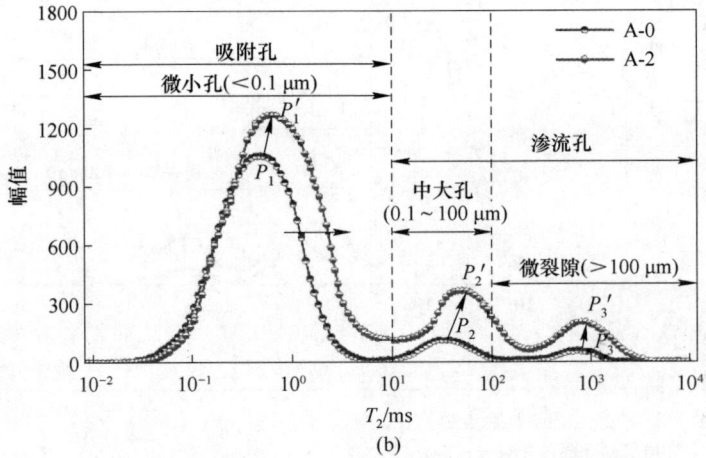

(b)

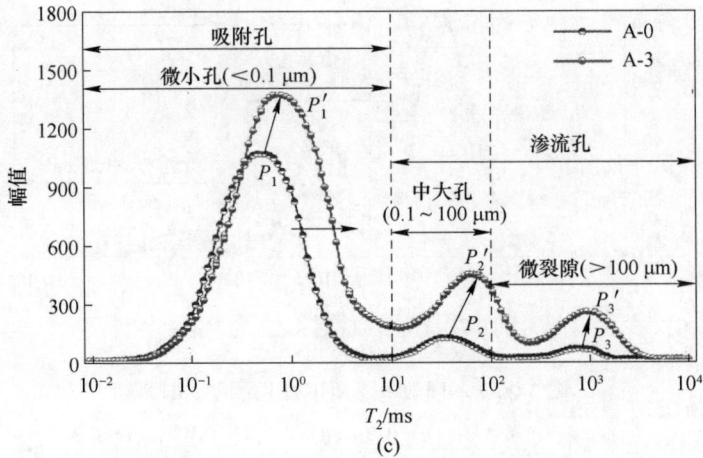

(c)

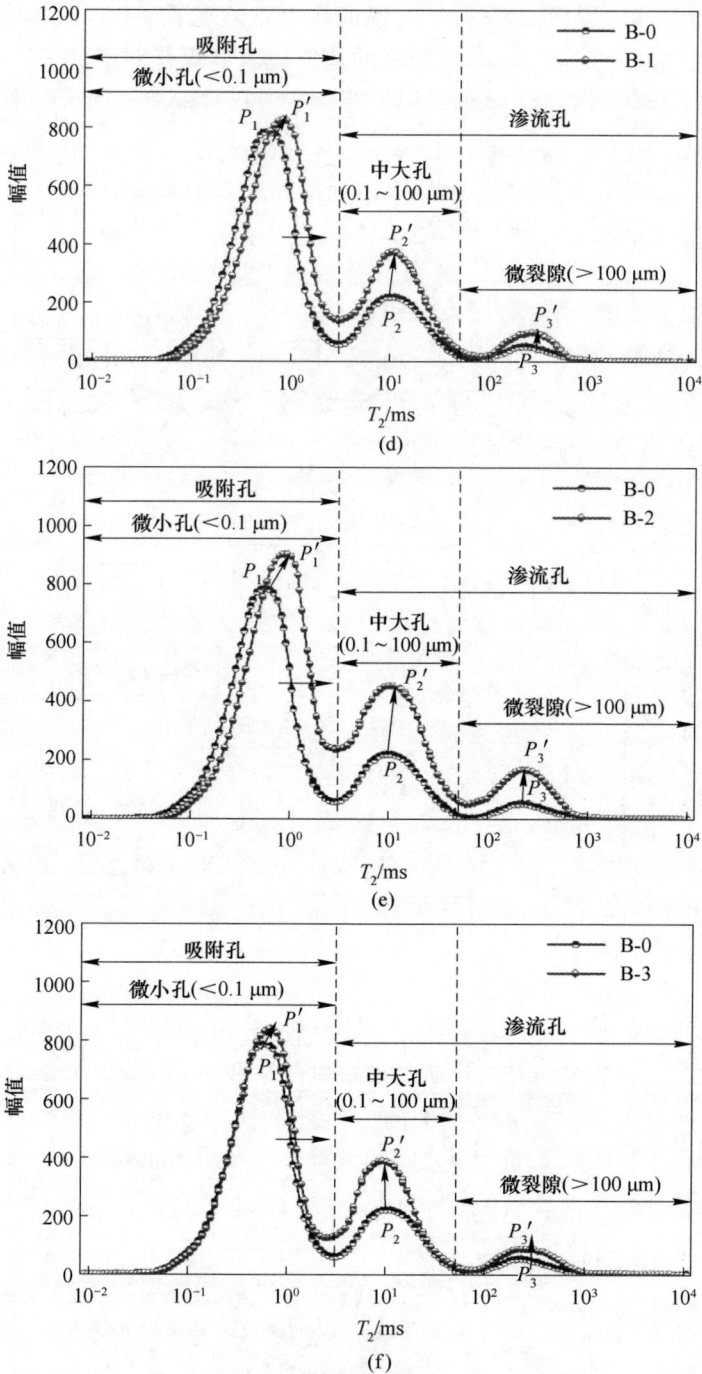

图 3-20　不同放电参量下煤样的 T_2 谱图

(a) A-1；(b) A-2；(c) A-3；(d) B-1；(e) B-2；(f) B-3

但高强电脉冲致裂后，煤样的 T_2 谱曲线明显出现了变化，具体表现为：A-1、A-2 和 A-3 煤样的 P_1'、P_2' 和 P_3' 三个峰的幅值比 A-0 煤样对应的 P_1、P_2 和 P_3 峰的幅值均要高，各峰的截止弛豫时间也有所增大，且弛豫时间区间宽度变大，表明煤样经过高强电脉冲致裂后其内部出现了更多尺寸的孔隙，且各尺寸级别的孔隙数量有所上升。A-1 煤样经过 8 kV 的高强电脉冲放电电压致裂后，P_1'、P_2' 和 P_3' 三个峰的峰面积和 A-0 煤样的 P_1、P_2 和 P_3 峰的峰面积相比其增长率分别为 8.3%、67.1% 和 21.13%，说明致裂后煤样中的微小孔、中大孔及微裂隙均有所增加，而以中大孔增加的幅度最大。A-0 煤样的 P_1、P_2 和 P_3 三个峰的峰面积占 T_2 谱峰的总面积的比例分别为 71.15%、20.39% 和 8.46%，而 A-1 煤样的 P_1'、P_2' 和 P_3' 三个峰的峰面积占 T_2 谱峰的总面积的比例则分别为 59.94%、27.45% 和 12.61%，相比较而言，高强电脉冲致裂后，中大孔和微裂隙的占比均有所升高，而微小孔所占的比例有所降低。当放电电压增加到 10 kV 时，A-2 煤样中的三个峰的幅值和峰面积相比于 A-1 煤样的峰的幅值和峰面积继续有所升高，而 P_1'、P_2' 和 P_3' 三个峰的峰面积占 T_2 谱峰的总面积的比例则分别为 56.86%、29.57% 和 13.57%，中大孔和微裂隙的占比比例进一步提高，微小孔所占的比例继续下降，但 P_1' 峰向右移动明显，表明电脉冲作用下煤体内部的孔隙数量和尺寸进一步增加，电脉冲冲击波导致煤体微小孔孔径有所扩大。当放电电压继续增加到 12 kV 时，A-3 煤样中的三个峰的幅值和峰面积继续增加达到最大值，P_1'、P_2' 和 P_3' 三个峰的峰面积占 T_2 谱峰的总面积的比例则分别为 54.54%、31.41% 和 14.91%，中大孔和微裂隙的占比比例进一步提高，微小孔所占的比例继续下降，但提高和下降的幅度均不再那么显著。但 P_1' 峰向右移动的幅度更加明显，表明电脉冲作用下煤体内部的微小孔隙孔径的尺寸进一步增大，电脉冲冲击波具有明显的扩孔作用。

对比分析发现，随着放电电压的增高，煤样中三个峰的幅值和峰面积是逐渐增加的，表明煤样中孔隙的数量和尺寸与放电电压是成正相关的，但增加的趋势是逐渐变缓的；微小孔的占比比例与放电电压是成负相关的，而中大孔和微裂隙的占比比例与放电电压是成正相关的，如图 3-21 所示。另外，高强电脉冲致裂后，煤样中第一个峰和第二个峰之间的波谷，以及第二个峰和第三个峰的波谷均出现一定幅度的上升，表明在高强电脉冲冲击波的作用下，微小孔隙的孔径尺寸逐渐扩大并与中大孔隙连通，而中大孔隙的孔径也逐渐增大并和微裂隙之间的连通性有所增强；随着放电电压的增高，波谷上升的幅度也逐渐升高，由以第一个峰和第二个峰之间的波谷上升比较明显，表明微小孔隙与中大孔隙之间的连通性有所增加，对煤储层中煤层气的运移是有利的。

B　不同放电间隙下电脉冲致裂煤体的 T_2 谱图变化特征

图 3-20（d）~（f）为不同放电间隙下高强电脉冲致裂前后煤样的 T_2 谱图。

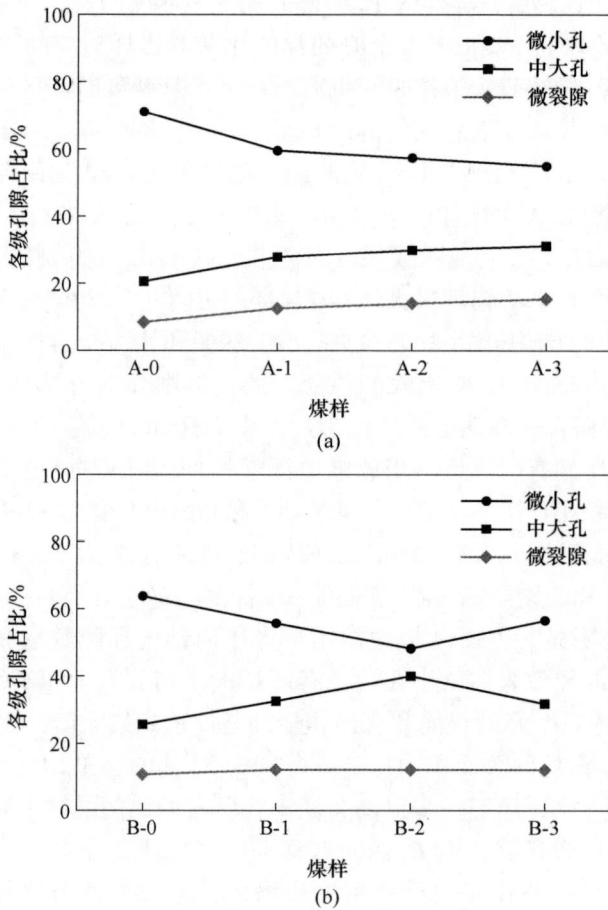

图 3-21　不同放电参量下各级孔隙占比
（a）不同放电电压；（b）不同放电间隙

从图中可以看出，高强电脉冲致裂前后各煤样的 T_2 谱曲线也仍均呈现出三峰分布特征。煤样中的各峰的面积和幅值仍表现出第一个峰最大，第二个峰次之，第三个峰最小，和不同放电电压条件的规律是一致的。但随着放电间隙的增大，高强电脉冲致裂后煤样的 T_2 谱曲线出现了不同于放电电压条件下的变化特征，具体如下：在放电间隙为 3 mm 和 5 mm 的条件下，高强电脉冲致裂后 B-1 和 B-3 煤样的 P_1'、P_2' 和 P_3' 三个峰的幅值和峰面积和 B-0 煤样相比均有一定的上升，但以中大孔峰面积增加幅度较高，其增长率分别为 52.09% 和 45.51%，而中大孔属于渗流孔，相比而言 3 mm 放电间隙更有利于煤储层中煤层气的运移。致裂后 B-1 煤样的 P_1'、P_2' 和 P_3' 三个峰的峰面积占 T_2 谱峰的总面积的比例则分别为 55.46%、32.25% 和 11.98%，而 B-3 煤样三个峰的峰面积占比比例分别为 56.33%、

31.96%和11.71%，两个煤样的变化差别不大。当放电间隙为4 mm时，致裂后B-2煤样的P_1'、P_2'和P_3'三个峰的幅值和峰面积是最大的，相比于致裂前其增长率分别达到27.81%、83.49%和55.22%，但三个峰的峰面积占T_2谱峰的总面积的比例分别为47.02%、39.53%和13.46%，微小孔峰面积所占的比例大幅下降，而中大孔峰面积所占的比例上升幅度显著，如图3-21所示；另外，P_1'峰向右移动的幅度增加，P_1'与P_2'两峰之间的波谷上升幅度明显，表明4 mm放电间隙下煤样中生成了更多数量的孔隙，孔隙的尺寸也进一步扩大，在冲击波的作用下部分微小孔向中大孔甚至微裂隙转化，使得微小孔与中大孔之间的连通性增强，有利于煤层气的运移和产出。从上述三个放电间隙条件下高强电脉冲对煤体孔隙结构改造的效果来看，4 mm放电间隙是最优的。

通过上述分析可知，在高强电脉冲冲击波的作用下，煤体内部的孔隙结构发生一定程度的改变，各级尺度的孔隙数量有所增加，由以中大孔隙的增长幅度为最；高强电脉冲致裂后煤样中微小孔隙占比有所下降，而中大孔隙占比上升比较明显，与压汞的测试结果具有相似的规律，各级尺寸孔隙在冲击波作用下向更大尺度孔径扩展时，促使孔隙之间及孔隙与裂隙之间的连通性有所增强；同时，其他条件一定时，4 mm的放电间隙及增加放电电压有利于高强电脉冲对煤样孔隙结构的改造作用。因此，高强电脉冲致裂煤体可以为煤层气在煤储层中的自由流动和运移提供有利的通道。

3.3　高强电脉冲致裂煤体的分形特征研究

煤是一种具有复杂微观结构的天然多孔介质，分形维数既能反映煤中孔隙结构的自相似性，又能揭示煤中孔隙结构的复杂程度。因此，可以用分形维数来对煤的表面裂隙和孔隙结构特征进行定量表征。目前，对煤的孔隙结构分形维数计算的方法主要有气体实验法（如低温液氮吸附）和压汞法，本节基于煤体表面裂隙的图像及孔隙结构的测试结果（低温液氮吸附法和压汞法），对高强电脉冲致裂煤体的分形维数（表面裂隙和内部孔隙结构）进行计算，以进一步探讨高强电脉冲作用下煤体的表面裂隙和孔隙结构演化特征。

3.3.1　高强电脉冲致裂煤体表面分形特征

不连续、非匀质、各向异性是煤储层典型的特征，煤体内部不仅有广泛的宏观、微观裂隙结构分布，还存在有非常丰富的孔隙结构。煤储层的孔隙和裂隙结构直接影响着煤对瓦斯的吸附解吸特性，以及瓦斯在煤层中的流动规律。以往很多研究学者虽然从定量的角度基于煤中孔隙成因分类和大小分级对其进行了分析，但也仅是从某一方面或一个局部来考虑的，没有从整体上去进行描述。

Mandelbort 于 1973 年首次提出了分形几何的概念，其基本思想就是采用分形维数这个概念来定量地描述自然界中存在的不规则的事物，以此来揭示出自然界中形状不规则且结构复杂实物所遵循的"尺度对称性"规律，即通常所说的"自相似性（self-similar）"规律[16]。该理论现在已广泛应用于研究分析多孔介质材料的孔隙结构和表面结构特征领域。

3.3.1.1　表面分形基本原理

煤体表面裂隙的分形维数可作为度量煤体损伤程度的损伤特征因子，因此对煤体表面裂隙图形的分形维数进行计算有助于探究高强电脉冲作用下煤体表面裂隙与煤体损伤程度之间的内在规律。计算表面分形维数的方法有诸多种，比如容量维数、信息维数等，此外还有相似维数、关联维数和计盒维数等[17]。其中基于网格覆盖的计盒维数法（也称盒维数法）是最常用的方法之一，该方法可以用来对煤体表面裂隙的分形特征进行定量描述[17]。通常来说，分形维数值越大，表明煤体表面裂隙分布越不规则、扩展路径也越复杂，因此，在一定程度上计盒维数能够反映出煤体表面的破坏程度。故本书采用计盒维数法，用分形几何的方法来对高强电脉冲作用下煤体表面裂隙的分布规律进行研究分析。

计盒维数法的具体步骤为：用高清相机对高强电脉冲致裂后煤体的表面裂隙图像进行拍摄，利用图像处理软件对图像中的裂隙进行抓取并转换为二值图像，然后分别采用边长为 δ_i 和 δ_{i+1} 的正方形盒子对二值裂隙图像进行覆盖，所需盒子数量分别为 N_i 和 N_{i+1}，由计盒维数理论可得出[18]：

$$\frac{N_{i+1}}{N_i} = \left(\frac{\delta_{i+1}}{\delta_i}\right)^D \tag{3-4}$$

式中，D 为分形维数。

不断改变正方形盒子的边长 δ_i 对二值裂隙图像进行覆盖，可以获取不同边长盒子所对应的盒子总数 $N(\delta)$，如图 3-22 所示。如此，边长 δ_i 和盒子总数 $N(\delta)$ 关系可表示为：

$$N(\delta) \sim \delta^{-D} \tag{3-5}$$

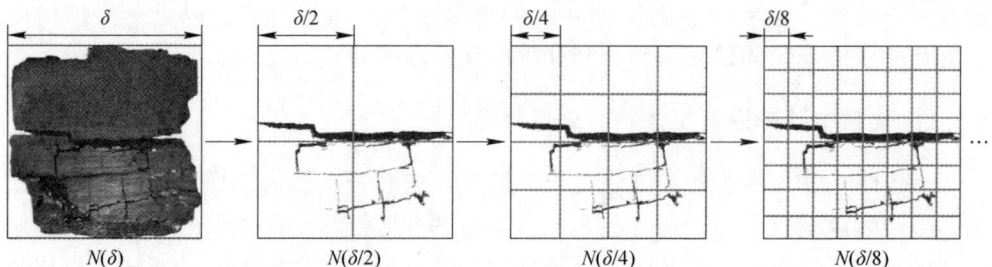

图 3-22　煤样表面裂隙分形维数计算示意图

对上式两边均取对数，然后将得到的 $\lg N(\delta)$ 和 $\lg\delta$ 绘制散点图，并进行线性拟合，拟合后的线性斜率绝对值即为计盒分形维数：

$$D = -\lim_{\delta\to 0}\frac{\lg N(\delta)}{\lg\delta} \tag{3-6}$$

3.3.1.2 表面分形结果与分析

根据上述计盒分形维数计算方法，通过式（3-6）对不同放电参量条件下高强电脉冲致裂煤样的表面裂隙的分形维数数据进行了线性拟合，如图 3-23 所示。根据拟合的直线方程的斜率可得到不同放电参量条件下高强电脉冲致裂煤样表面裂隙的分形维数，统计如表 3-2 所示。

结合图 3-23（a）（b）和表 3-2 分析可知，高强电脉冲致裂前后 $\lg N(\delta)$ 和 $\lg\delta$ 之间具有很好的线性拟合关系，拟合度 R^2 均在 0.97 以上，且分形维数值介于 1~2，说明煤样表面裂隙具有很好的分形特征。从图 3-23（c）（d）可知，随

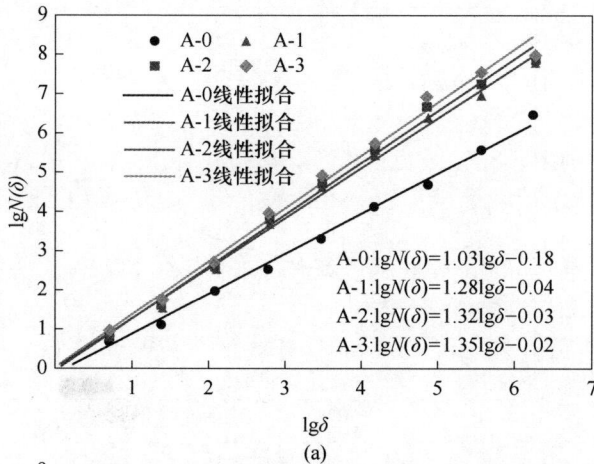

A-0:$\lg N(\delta)=1.03\lg\delta-0.18$
A-1:$\lg N(\delta)=1.28\lg\delta-0.04$
A-2:$\lg N(\delta)=1.32\lg\delta-0.03$
A-3:$\lg N(\delta)=1.35\lg\delta-0.02$

(a)

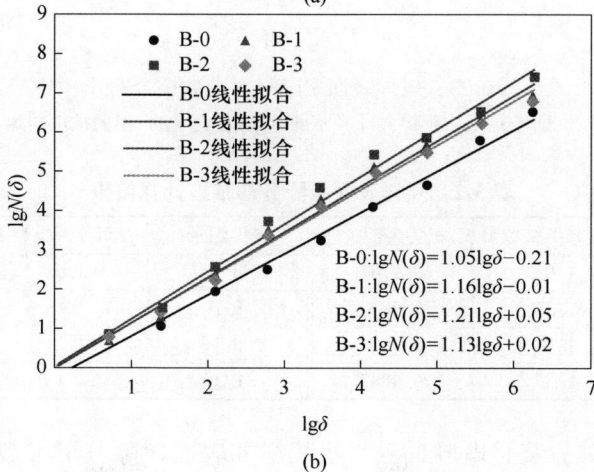

B-0:$\lg N(\delta)=1.05\lg\delta-0.21$
B-1:$\lg N(\delta)=1.16\lg\delta-0.01$
B-2:$\lg N(\delta)=1.21\lg\delta+0.05$
B-3:$\lg N(\delta)=1.13\lg\delta+0.02$

(b)

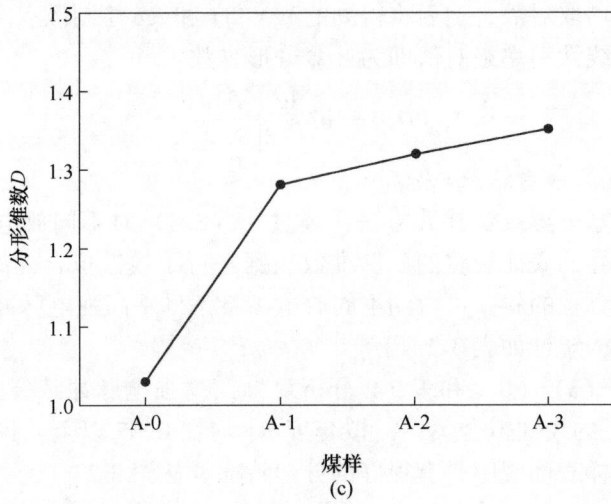

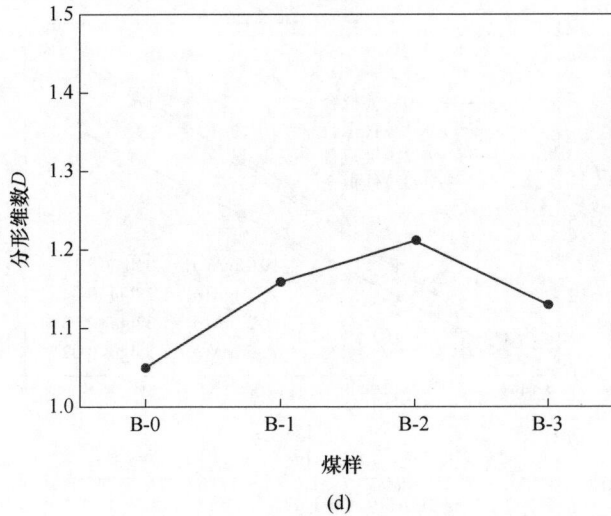

(c)

(d)

图 3-23　煤样表面裂隙分形维数拟合曲线

（a）烟煤；（b）肥煤；（c）不同放电电压；（d）不同放电间隙

表 3-2　煤样表面裂隙分形维数计算结果

煤样编号	表面分形维数 D	相关系数 R^2	煤样编号	表面分形维数 D	相关系数 R^2
A-0	1.03	0.9704	B-0	1.05	0.9723
A-1	1.28	0.9813	B-1	1.16	0.9856
A-2	1.32	0.9905	B-2	1.21	0.9921
A-3	1.35	0.9787	B-3	1.13	0.9854

着放电电压的增加，高强电脉冲致裂后煤样的表面裂隙分形维数是逐渐增大的；随着放电间隙的增加，高强电脉冲致裂后煤样的表面裂隙分形维数是先增大再减

小的。当放电电压提高到 12 kV 时，A-3 煤样的表面裂隙分形维数为 1.35，相较于致裂前的煤样（A-0）增加了 0.32，增长率为 31.07%；当放电间隙为 4 mm 时，B-3 煤样的表面裂隙分形维数为 1.21，相比于致裂前的煤样（B-0）增加了 0.16，增长率为 15.24%。高强电脉冲致裂后煤样的表面裂隙分形维数普遍高于致裂前的，说明高强电脉冲作用促使了煤样表面裂隙扩展，导致煤样表面的裂隙分布不均衡性增大，裂隙之间的连通性增强，有利于瓦斯的运移和抽采。

3.3.2 基于低温液氮吸附法的孔隙分形特征

3.3.2.1 低温液氮吸附法孔隙分形维数计算方法

采用低温液氮吸附法计算孔隙结构分形维数的方法主要有分形 BET（Brunner-Emmet-Teller）模型、分形 Langmiur 模型、分形 Henry 模型、分形 FHH（Frenkel-Halsey-Hill 吸附等温线）模型、热力学模型和分形 Freundlich 模型[19]。而 FHH 方法方便且应用广泛，采用此法进行计算时吸附剂和吸附质的类型可以不予考虑，在相对压力较低时，也就是多层吸附的早期阶段，这时气膜界面的主要控制因素是范德华力，气膜界面重复了表面的粗糙度。根据 FHH 模型的原理，采用低温液氮吸附法计算煤中孔隙分形维数的方程为[19]：

$$\ln V = (D - 3)\ln(\ln(P_0/P)) + C \tag{3-7}$$

式中，V 为吸附平衡压力 P 对应的吸附量，$V = V_P/V_m$，V_P 为给定压力下吸附体积，V_m 为 N_2 吸附容量；P 为气体吸附平衡的压力；P_0 为吸附气体的饱和蒸气压；D 为分形维数；C 为常数。

依据式（3-7），可通过低温液氮吸附脱附原始实验数据分别计算出 $\ln V$ 和 $\ln(\ln(P_0/P))$，对两者之间的关系进行线性拟合，根据拟合出的直线斜率 A，便可得到煤的孔隙分形维数 D[20]：

$$D = A + 3 \tag{3-8}$$

3.3.2.2 低温液氮吸附法孔隙分形维数结果与分析

在根据液氮吸附脱附曲线进行分形维数的计算时，采用脱附曲线数据进行计算，因为在脱附等温线的相对压力下，对应的吸附状态更稳定。因此，本书采用低温液氮脱附实验数据，分别绘制了不同放电电压和不同放电间隙条件下高强电脉冲致裂前后 $\ln V$ 和 $\ln(\ln(P_0/P))$ 关系图，如图 3-24 和图 3-25 所示。

从图中可以清晰地看出，不管是电脉冲致裂前的煤样还是电脉冲致裂后的煤样的分形特征曲线均出现明显的分段现象。根据图中所展示出的现象，总的来看，曲线以 $\ln(\ln(P_0/P)) = -0.3$ 左右为分界点，即相对压力 $P/P_0 = 0.5$，可以划分为两个阶段。分界点两侧曲线的斜率明显不同，但相关性都较强。两个相对压力阶段代表着煤体中不同的孔隙结构，对应的分形维数分别为 D_1（$P/P_0 > 0.5$）和 D_2（$P/P_0 < 0.5$）。在相对压力 $P/P_0 > 0.5$ 的阶段里，N_2 分子主要进

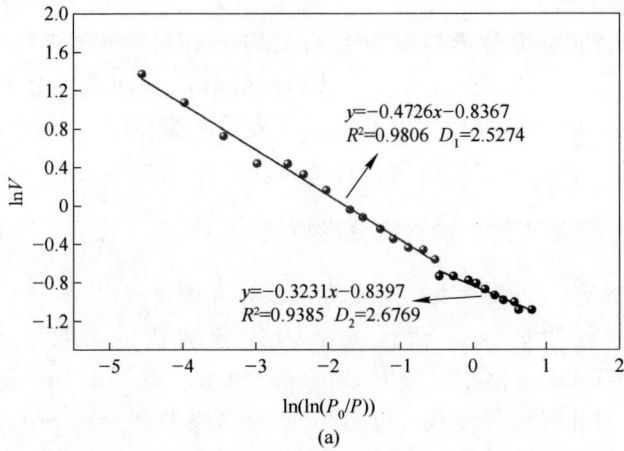

(a)

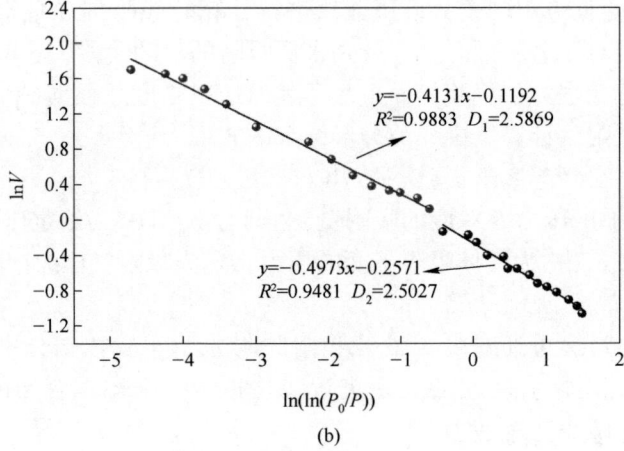

(b)

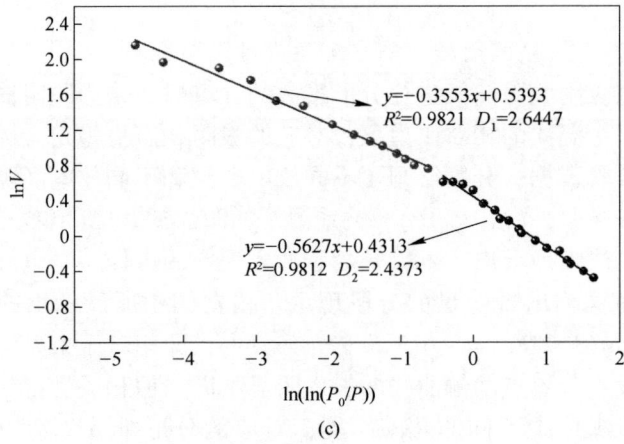

(c)

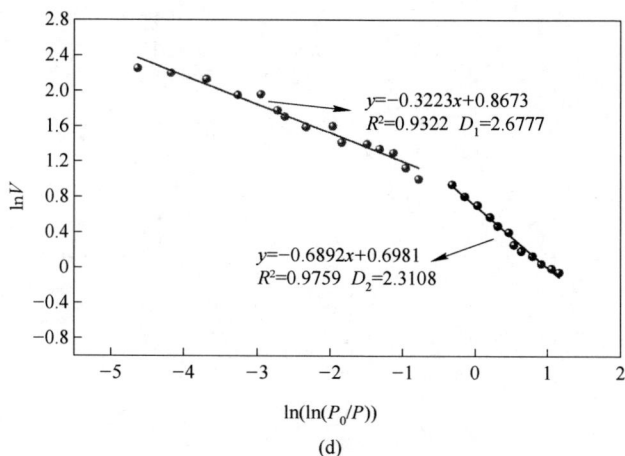

$$y=-0.3223x+0.8673$$
$$R^2=0.9322 \quad D_1=2.6777$$

$$y=-0.6892x+0.6981$$
$$R^2=0.9759 \quad D_2=2.3108$$

(d)

图 3-24　不同放电电压下煤体孔隙分形维数（低温液氮吸附法）

（a）A-0；（b）A-1；（c）A-2；（d）A-3

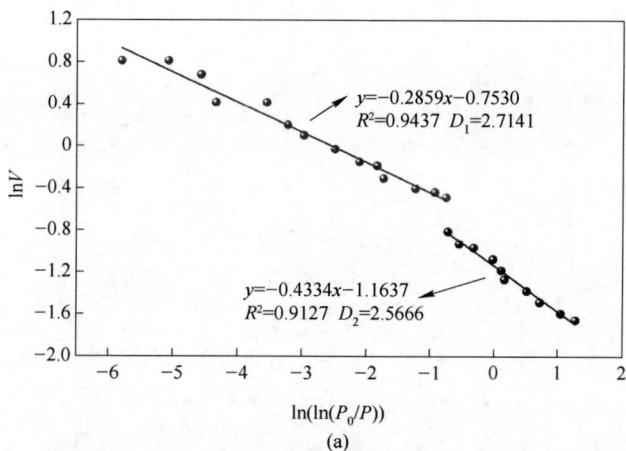

$$y=-0.2859x-0.7530$$
$$R^2=0.9437 \quad D_1=2.7141$$

$$y=-0.4334x-1.1637$$
$$R^2=0.9127 \quad D_2=2.5666$$

(a)

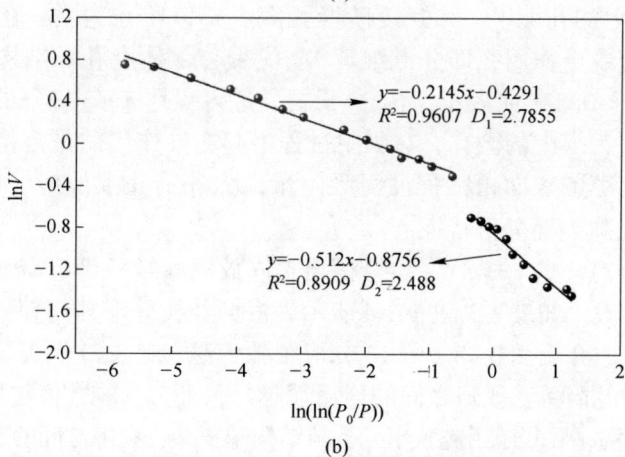

$$y=-0.2145x-0.4291$$
$$R^2=0.9607 \quad D_1=2.7855$$

$$y=-0.512x-0.8756$$
$$R^2=0.8909 \quad D_2=2.488$$

(b)

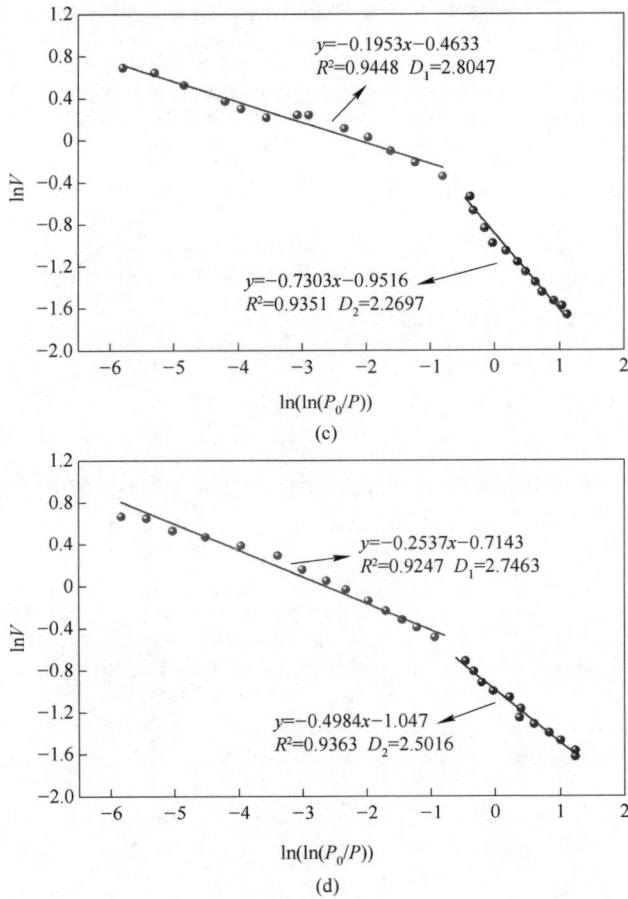

图 3-25　不同放电间隙下煤体孔隙分形维数（低温液氮吸附法）

(a) B-0；(b) B-1；(c) B-2；(d) B-3

入煤体 5 nm 以上的孔隙中，该尺度阶段孔隙主要以小孔为主，在吸附过程中毛细凝聚现象起着主导作用，即分形维数 D_1 代表着煤体中孔隙结构分形特征。在相对压力 $P/P_0 < 0.5$ 的阶段里，N_2 分子主要进入煤体 5 nm 以下的孔隙中，该尺度阶段孔隙主要为煤中的微孔，在吸附过程中起主导作用的是范德华力，为单分子层吸附，其孔隙的表面粗糙程度对吸附量的大小有重要影响，即分形维数 D_2 代表着煤体中孔隙表面分形特征[21]。

根据式（3-7）、式（3-8），计算得出不同放电参量条件下高强电脉冲致裂煤体前后的分形维数，如表 3-3 和表 3-4 所示。根据经典分形几何理论概念，煤的孔隙分形维数值一般介于 2.0~3.0[22]。分形维数值越接近 2.0 代表煤中孔隙表面越光滑，孔隙结构越简单，孔隙之间的连通性越好；而分形维数值越接近 3.0 代表煤中孔隙表面越粗糙，孔径吼道越狭窄，孔隙结构越复杂，孔隙之间的连通性也越差。

表3-3 不同放电参量下低温液氮吸附法孔隙分形维数的计算结果

放电参量	煤样编号	放电数值	相对压力（P/P_0：0.5~1）			
			拟合方程	A_1	$D_1 = 3+A_1$	拟合度 R^2
电压/kV	A-0	致裂前	$y=-0.4726x-0.8367$	-0.4726	2.5274	0.9806
	A-1	8	$y=-0.4131x-0.1192$	-0.4131	2.5869	0.9883
	A-2	10	$y=-0.3553x+0.5393$	-0.3553	2.6447	0.9821
	A-3	12	$y=-0.3223x+0.8673$	-0.3223	2.6777	0.9322
间隙/mm	B-0	致裂前	$y=-0.2859x-0.7530$	-0.2859	2.7141	0.9437
	B-1	3	$y=-0.2145x-0.4291$	-0.2145	2.7855	0.9607
	B-2	4	$y=-0.1953x-0.4633$	-0.1953	2.8047	0.9448
	B-3	5	$y=-0.2537x-0.7143$	-0.2537	2.7463	0.9247

表3-4 不同放电参量下低温液氮吸附法孔隙分形维数的计算结果

放电参量	煤样编号	放电数值	相对压力（P/P_0：0~0.5）			
			拟合方程	A_2	$D_2 = 3+A_2$	拟合度 R^2
电压/kV	A-0	致裂前	$y=-0.3231x-0.8397$	-0.3231	2.6769	0.9385
	A-1	8	$y=-0.4973x-0.2571$	-0.4973	2.5027	0.9481
	A-2	10	$y=-0.5627x+0.4313$	-0.5627	2.4373	0.9812
	A-3	12	$y=-0.6892x+0.6981$	-0.6892	2.3108	0.9759
间隙/mm	B-0	致裂前	$y=-0.4334x-1.1637$	-0.4334	2.5666	0.9127
	B-1	3	$y=-0.5120x-0.8756$	-0.5120	2.4880	0.8909
	B-2	4	$y=-0.7303x-0.9516$	-0.7303	2.2697	0.9351
	B-3	5	$y=-0.4984x-1.0470$	-0.4984	2.5016	0.9363

　　结合图 3-25 和表 3-3、表 3-4 可知，A-0、A-1、A-2 和 A-3 煤样的分形维数 D_1 和分形维数 D_2 的拟合度 R^2 都在 0.93 以上，分形维数 D_1 值分别为 2.5274、2.5869、2.6447 和 2.6777，分形维数 D_2 值分别为 2.6769、2.5027、2.4373 和 2.3108。D_1 和 D_2 值均介于 2.0~3.0，说明不同放电电压条件下高强电脉冲致裂前后煤的孔隙结构和孔隙表面都具有分形特征。但对比之后发现，A-1、A-2 和 A-3 煤样的分形维数 D_1 都比 A-0 煤样的要大一些，而 A-1、A-2 和 A-3 煤样的分形维数 D_2 都要比 A-0 煤样有所变小。而且随着放电电压的增加，A-1、A-2 和 A-3 煤样的分形维数 D_1 值是逐渐升高的，而分形维数 D_2 是逐渐变小的，如图 3-26

（a）所示。B-0、B-1、B-2 和 B-3 煤样的分形维数 D_1 和分形维数 D_2 的拟合度 R^2 都在 0.89 以上，相关性也较好，分形维数 D_1 值分别为 2.7141、2.7855、2.8047 和 2.7463，分形维数 D_2 值分别为 2.5666、2.4880、2.2697 和 2.5016。D_1 和 D_2 值仍均介于 2.0~3.0，说明不同放电间隙下高强电脉冲致裂前后煤的孔隙结构和孔隙表面也都具有一定的分形特征。同样，B-1、B-2 和 B-3 煤样的分形维数 D_1 都比 B-0 煤样的要大一些，而 B-1、B-2 和 B-3 煤样的分形维数 D_2 都要比 B-0 煤样有所变小。但不同的是随着放电间隙的增加，分形维数 D_1 值是先增大后变小，而分形维数 D_2 是先减小后增大的，即 B-2 煤样的分形维数 D_1 是最大的，分形维数 D_2 是最小的，如图 3-26（b）所示。

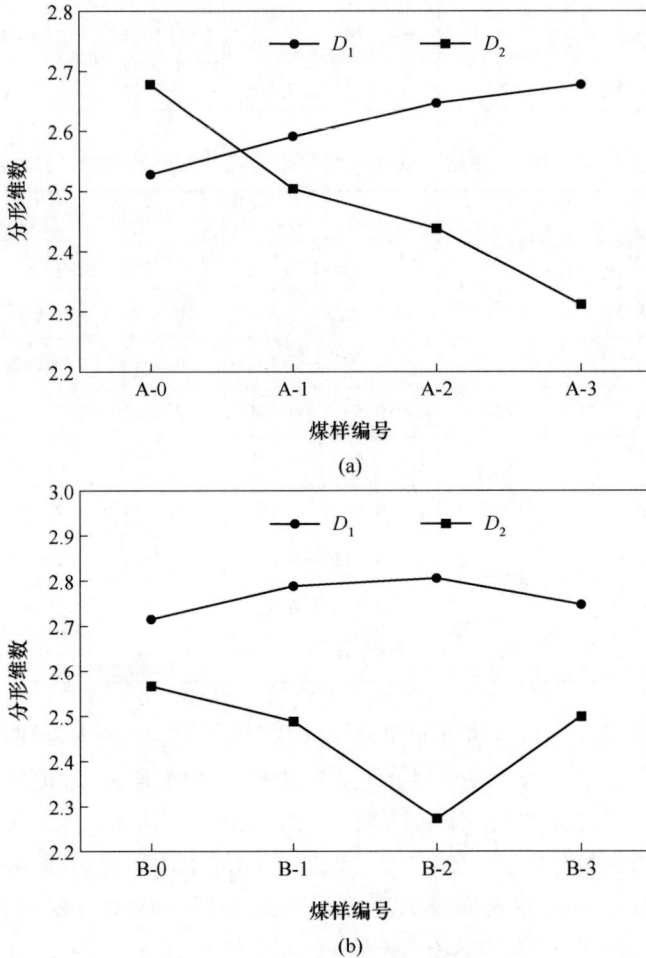

（a）

（b）

图 3-26　不同放电参量下孔隙分形维数的变化规律（低温液氮吸附法）

（a）不同放电电压；（b）不同放电间隙

　　上述结果表明，高强电脉冲作用对煤体的孔隙结构产生了一定的影响，在高强电脉冲冲击波的作用下，煤体的孔隙结构变得更加复杂，但煤体中孔隙的表面反而变得光滑。出现这种变化结果的原因可解释为：分形维数 D_1 升高主要是因为煤是由不同矿物颗粒组成的非均质材料。在高强电脉冲冲击波作用下，冲击波一方面对与液体接触面的煤体产生破碎效应，使得煤体表面出现裂隙。另一方面冲击波会通过这些新形成的裂隙传播进入煤体内部。冲击波进入煤体内部后很快便衰减成应力波，由于煤的不均质性和煤体内部原始孔隙分布的不均匀性，应力波在煤基质表面和内部产生了应力集中。由于煤中不同矿物颗粒的抗压、抗拉能力不同，变形程度也不同。在应力波对煤基质压裂和撕裂的过程中，小变形矿物颗粒与大变形矿物颗粒相互交错，煤体内发生了不均匀应变，因此形成了大小各异的孔隙，造成了煤体中的孔隙结构更加复杂，尺寸分布也更加宽泛。而高强电脉冲致裂后煤体的分形维数 D_2 减小主要是因为，高强电脉冲放电过程中放电通道形成的气泡反复膨胀和收缩，以及放电本身产生的超声波均会在煤体孔隙、裂隙内部引起空化效应，而空化效应往往是一个反复的过程，这一过程中会产生一系列脉冲压力波在煤体内部的孔隙和裂隙中传播，使得煤体骨架基质和孔裂隙中的流体不断往返振荡，对煤体孔裂隙壁产生摩擦作用；此外高强电脉冲冲击波进入煤体内部形成应力波在煤体中传播，由于煤基质和流体的密度差异会发生反射和折射现象，进而叠加产生反复振荡的应力波对煤体孔裂隙表面进行摩擦、撕裂。煤体内部孔隙在反复振荡的应力波和内部流体的不断摩擦作用下，其表面的粗糙度会有所降低。另外，原始的孔隙在应力波的作用下会破碎成尺寸略大的孔隙，并与周围裂缝连通，使得开放性孔隙增加，孔隙之间的连通性也会在摩擦和撕裂的过程中有所增强。这些变化不利于煤层中瓦斯分子在孔隙表面的吸附而有利于煤层中瓦斯的解吸和扩散。

3.3.3　基于压汞法的孔隙分形特征

3.3.3.1　压汞法孔隙分形维数计算方法

　　煤中蕴含着大量的孔隙，其在煤中的分布及形态往往处于杂乱无章的状态，使得煤的孔隙结构非常复杂多样。门格海绵（Menger sponge）分形是一种非常好的定量表征煤中孔隙结构特征的方法[23]。该理论是初步先假设一个边长为 R 的立方体，对该立方体进行 m 等分，然后根据事先设定的某一规则从 m^3 个等大的小立方体中去除掉 n 个，那么剩下的小立方体个数变为 N_{b1}，按此方法反复进行切割，则剩下的立方体的体积逐渐变小，但立方体的总数不断增加。等分切割 k 次后，则剩余的小立方体的边长 $r = R/m^k$，总个数 $N_{bk} = N_{b1}^k$。

$$N_{bk} = \left(\frac{R}{r} \right)^D = \frac{R^D}{r^D} = \frac{C}{r^D} = Cr^{-D} \tag{3-9}$$

式中，D 为孔隙的分形维数；C 为常数。

其中孔隙的分形维数 D 和常数 C 可用下式表示：

$$D = \frac{\lg N_{b1}}{\lg m}, \quad C = R^D \tag{3-10}$$

由式（3-9）和式（3-10）可得出孔隙的总体积 V_k 为：

$$V_k = N_{bk} \cdot \frac{4}{3}\pi r^3 \tag{3-11}$$

由式（3-11）可得出煤孔隙体积 $V_k \propto r^{3-D}$ ，则

$$\frac{\mathrm{d}V_k}{\mathrm{d}r} \propto r^{2-D} \tag{3-12}$$

由于汞的非湿润性，在进行压汞实验时，汞在低压阶段便可被压入多孔材料的裂隙中，但此时汞只能进入到煤的微小裂隙中。随着压入的汞压力升高，汞逐渐可以进入煤中孔隙结构中，但由于汞和煤体孔隙表面之间张力的存在，必须要对汞施加一定的压力 P 才能克服该张力而充填到半径为 r 的孔隙中，对于圆柱形孔隙施加的进汞压力 P 与孔隙半径 r 之间的关系满足 Washburn 方程[24]，可表示为：

$$P = -\frac{2\sigma\cos\alpha}{r} \tag{3-13}$$

式中，r 为煤中孔隙半径，nm；P 为汞的压入压力，MPa；α 为汞与煤体表面的接触角，通常取 $140°$；σ 为汞的表面张力，一般取 0.48 N/m。

在压汞实验时，将汞压入煤中孔隙后，根据煤中孔隙的总体积与进入孔隙中的汞的体积相等，即 $\mathrm{d}V = \mathrm{d}V_k$，对式子两边进行求导可得：

$$\mathrm{d}r = -r\frac{\mathrm{d}P}{P} \tag{3-14}$$

将式（3-14）代入式（3-12）中，可得：

$$\mathrm{d}V/\mathrm{d}P \propto r^2 \cdot r^{2-D} \propto r^{4-D} \tag{3-15}$$

对式（3-15）两边取对数，便可得到进汞体积 V、进汞压力 P 和煤中孔隙分形维数 D 之间的关系：

$$\lg(\mathrm{d}V/\mathrm{d}P) \propto (4 - D)\lg P \tag{3-16}$$

根据式（3-16）可知，分形维数 D 可以通过进汞压力 P 和 $\mathrm{d}V/\mathrm{d}P$ 之间的双对数关系来求得。通过对 $\lg P$ 和 $\lg(\mathrm{d}V/\mathrm{d}P)$ 之间的散点图进行线性拟合，如果两者之间存在直线关系，且线性相关度比较显著的话，表明煤中的孔隙分布具有分形特征。根据拟合出来的直线的斜率 $A = D-4$，便可计算出煤中的孔隙分形维数 $D = 4+A$。通常来说，根据压汞实验数据计算出的煤的孔隙分形维数代表着孔隙的体积分形维数。

3.3.3.2 压汞法孔隙分形维数结果与分析

本节根据以上计算方法，基于压汞实验测试数据对不同放电电压及不同放电间隙条件下煤体遭受高强电脉冲致裂前后 $\lg P$ 和 $\lg(\mathrm{d}V/\mathrm{d}P)$ 之间的关系进行了线性拟合，拟合结果如图 3-27 和图 3-28 所示。

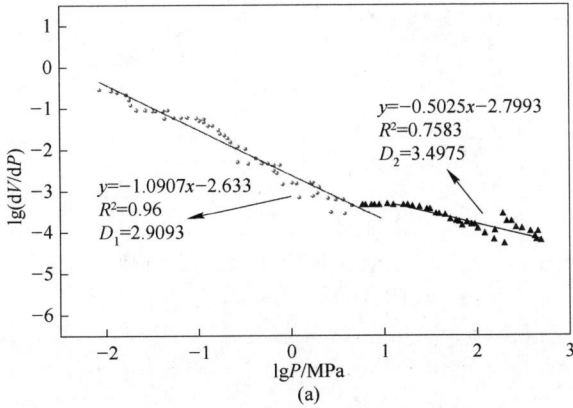

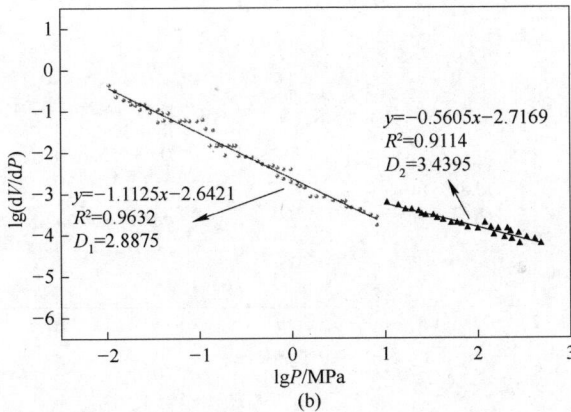

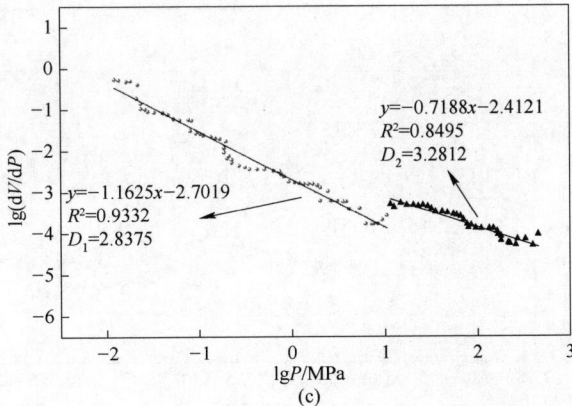

图 (a) 中：
$y = -0.5025x - 2.7993$
$R^2 = 0.7583$
$D_2 = 3.4975$

$y = -1.0907x - 2.633$
$R^2 = 0.96$
$D_1 = 2.9093$

(a)

图 (b) 中：
$y = -0.5605x - 2.7169$
$R^2 = 0.9114$
$D_2 = 3.4395$

$y = -1.1125x - 2.6421$
$R^2 = 0.9632$
$D_1 = 2.8875$

(b)

图 (c) 中：
$y = -0.7188x - 2.4121$
$R^2 = 0.8495$
$D_2 = 3.2812$

$y = -1.1625x - 2.7019$
$R^2 = 0.9332$
$D_1 = 2.8375$

(c)

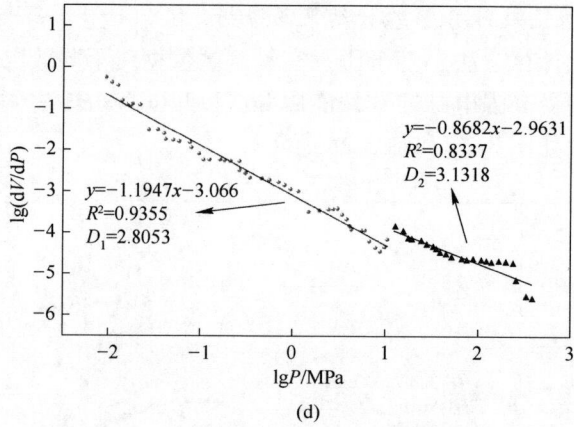

(d)

图 3-27　不同放电电压下煤体孔隙分形维数（压汞法）

（a）A-0；（b）A-1；（c）A-2；（d）A-3

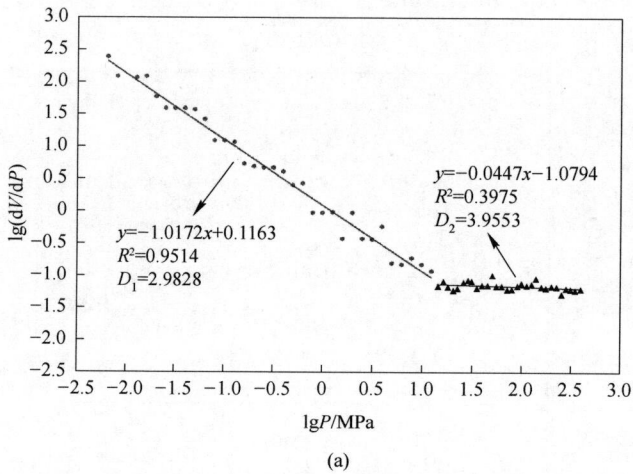

(a)

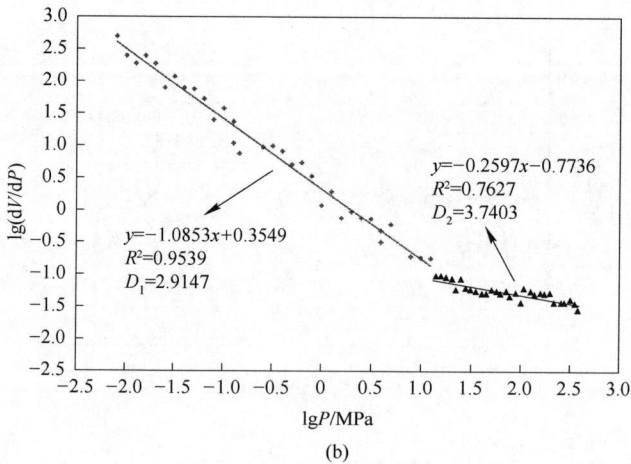

(b)

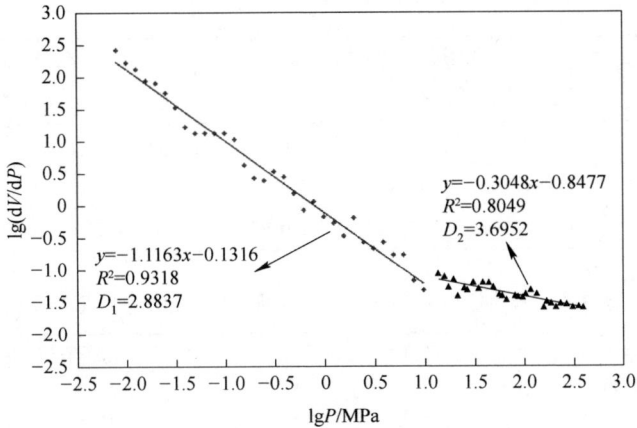

(c)

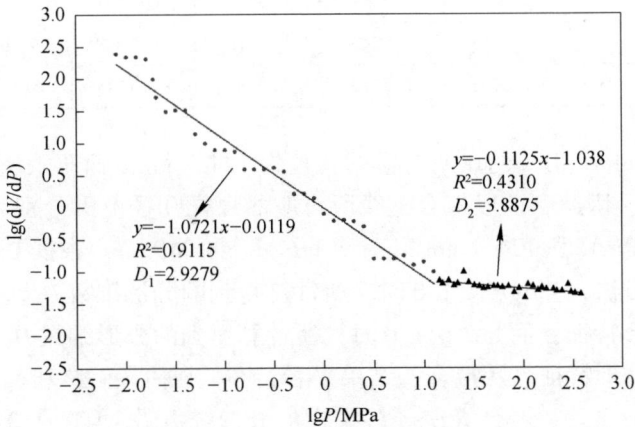

(d)

图 3-28 不同放电间隙下煤体孔隙分形维数（压汞法）

(a) B-0；(b) B-1；(c) B-2；(d) B-3

从图中可以清晰看到，以 $\lg P = 1.0$ MPa 附近为界限，两侧的 $\lg P$ 和 $\lg(dV/dP)$ 之间的关系出现了明显的变化。因此可以 $\lg P = 1.0$ MPa 为界限把曲线分成两段（低压段和高强段）来进行线性拟合，而且拟合的两条直线的斜率 A 也明显不同。表 3-5 和表 3-6 为统计的不同放电电压及不同放电间隙条件下煤体遭受高强电脉冲致裂前后煤体孔隙体积分形维数 D、拟合直线斜率 A 及拟合度 R^2 等参数。

表 3-5　不同放电电压下压汞法孔隙分形维数的计算结果

煤样编号	放电电压/kV	孔径范围：>124.7 nm			孔径范围：3~124.7 nm		
		斜率 A_1	$D_1 = 4 + A_1$	拟合度 R^2	斜率 A_2	$D_2 = 4 + A_2$	拟合度 R^2
A-0	致裂前	-1.0907	2.9093	0.9600	-0.5025	3.4975	0.7583

续表 3-5

煤样编号	放电电压 /kV	孔径范围：>124.7 nm			孔径范围：3~124.7 nm		
		斜率 A_1	$D_1 = 4 + A_1$	拟合度 R^2	斜率 A_2	$D_2 = 4 + A_2$	拟合度 R^2
A-1	8	−1.1125	2.8875	0.9632	−0.5605	3.4395	0.9114
A-2	10	−1.1625	2.8375	0.9332	−0.7188	3.2812	0.8495
A-3	12	−1.1947	2.8053	0.9355	−0.8682	3.1318	0.8337

表 3-6　不同放电间隙下压汞法孔隙分形维数的计算结果

煤样编号	放电间隙 /mm	孔径范围：>124.7 nm			孔径范围：3~124.7 nm		
		斜率 A_1	$D_1 = 4 + A_1$	拟合度 R^2	斜率 A_2	$D_2 = 4 + A_2$	拟合度 R^2
B-0	致裂前	−1.0172	2.9828	0.9514	−0.0447	3.9553	0.7975
B-1	3	−1.0853	2.9147	0.9539	−0.2597	3.7403	0.7627
B-2	4	−1.1163	2.8837	0.9318	−0.3048	3.6952	0.8049
B-3	5	−1.0721	2.9279	0.9115	−0.1125	3.8875	0.7310

　　由于 $\lg P = 1.0$ MPa 的点所对应的孔径为 124.7 nm，而压汞法所能测到的最小孔径为 3 nm，因此，两段拟合直线所对应的煤样孔径范围分别为 3~124.7 nm（$\lg P > 1.0$ MPa）和 124.7 nm 以上（$\lg P < 1.0$ MPa）。根据 B. B. Ходот 的十进制孔径分类方法，当 $\lg P < 1.0$ 时，所计算得到的分形维数 D_1 主要代表的是煤中中大孔的分形特征，而 $\lg P > 1.0$ 时，所计算得到的分形维数 D_2 主要代表的是煤中微小孔的分形特征。从拟合的结果来看，在低压阶段 $\lg P$ 和 $\lg(\mathrm{d}V/\mathrm{d}P)$ 之间的线性关系比较显著，经计算统计各煤样的分形维数 D_1 均在 2.0~3.0，说明高强电脉冲致裂前后各煤样的中大孔隙具有分形特征；在高强阶段 $\lg P$ 和 $\lg(\mathrm{d}V/\mathrm{d}P)$ 之间的线性关系各煤样存在一定的差异，有些煤样（如 A-1、A-2、A-3、B-2）的线性关系还比较好，拟合度 R^2 在 0.8 甚至 0.9 以上，而个别煤样（如 B-3）的线性关系却很差，拟合度 R^2 在 0.75 以下，经计算统计后发现各煤样的分形维数 D_2 均超过了 3.0，虽失去了分形维数的实际意义，但也表明了高强电脉冲致裂前后各煤样的微小孔隙结构都比较复杂，与煤的实际情况比较符合。

　　结合图 3-27 和表 3-5 对不同放电电压下高强电脉冲致裂前后的各煤样的分形维数进行分析可知，A-0、A-1、A-2 和 A-3 煤样的分形维数 D_1 的拟合度 R^2 都在 0.93 以上，D_1 的值分别为 2.9093、2.8875、2.8375 和 2.8053。由上述分析可知分形维数 D_1 代表着煤中的中大孔的分形特征，D_1 值均介于 2.0~3.0 且拟合度在 0.9 以上说明不同放电电压下高强电脉冲致裂前后煤中的中大孔具有显著的分形特征。电脉冲致裂前后各煤样的 D_1 值都比较接近 3.0，而分形维数越接近 3.0，表明煤中孔隙结构越复杂，说明电脉冲致裂前后各煤样的中大孔隙结构还是比较复杂的，但对比分析发现电脉冲致裂后的煤样的 D_1 值要比致裂前的小，且随着放电电压的升高，D_1 值是逐渐下降的，如图 3-29（a）所示，D_1 值随着放电电压升高相比于致裂前的下降率分别为 0.7%、2.5%、3.6%。

结合图 3-28 和表 3-6 可知，B-0、B-1、B-2 和 B-3 煤样的孔隙分形维数 D_1 的拟合度 R^2 都在 0.9 以上，相关性也非常好，其分形维数 D_1 的值分别为 2.9828、2.9147、2.8837 和 2.9279。D_1 值仍都介于 2.0~3.0，说明不同放电间隙下高强电脉冲致裂前后煤的孔隙结构都具有一定的分形特征。同样，B-1、B-2 和 B-3 煤样的分形维数 D_1 都比 B-0 煤样的要小一些，和 B-1 煤样相比其下降率分别为 2.3%、3.3%和 1.8%。不同的是随着放电间隙的增加，分形维数 D_1 值是先减小后增大，即 B-2 煤样的分形维数 D_1 是最小的，如图 3-29（b）所示，说明 4 mm

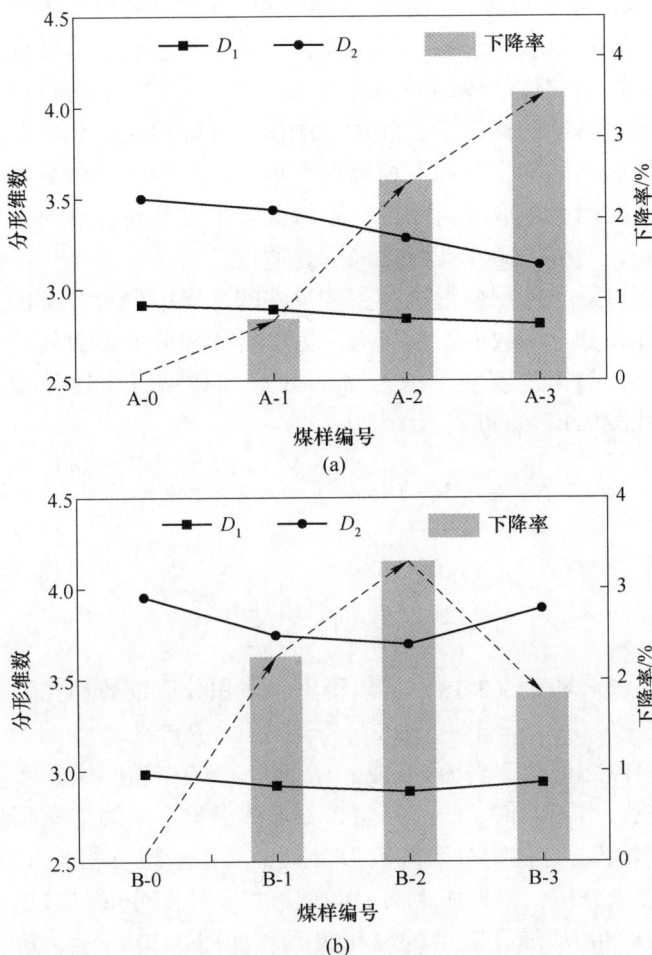

图 3-29 不同放电参量下分形维数的变化规律（压汞法）

（a）不同放电电压；（b）不同放电间隙

的放电间隙有利于高强电脉冲对煤体孔隙结构的破坏。通过以上对不同放电电压和放电间隙条件下高强电脉冲对煤体致裂前后的分形维数的分析可知，分形维数 D_1 减小表明高强电脉冲作用对煤样的中大孔结构产生了影响，使得中大孔的结构变得趋于简单化，而煤中的中大孔隙属于渗流孔隙，渗流孔隙的简单化是有利于煤层中瓦斯的流动和运移的，有助于瓦斯的抽采。

此外，分形维数 D_2 代表着煤中微小孔隙的分形特征，两种放电条件下高强电脉冲致裂前后煤体的孔隙分形维数 D_2 值都在 3.0 以上，说明煤中的微小孔隙是不具有分形特征的或者分形特征不明显。但分析后发现，随着放电电压的升高，分形维数 D_2 是逐渐减小的，而且均比高强电脉冲致裂前的煤样的分形维数 D_2 要小很多；同样，不同放电间隙条件下被高强电脉冲致裂后的煤的分形维数 D_2 也要比致裂前的要小很多，当放电间隙为 4 mm 时达到最小为 3.6952。虽然分形维数 D_2 值在 3.0 以上，已失去分形的物理意义。但上述结果从另一侧面也反映出高强电脉冲致裂前后煤体的微小孔隙虽然均不具有分形特征或者分形特征不明显，但在高强电脉冲的作用下，煤体中的微小孔隙确实受到了一定影响，使得煤中微小孔隙体积结构的复杂性有所降低。可能是因为在高强脉冲的作用下，煤体中原始的一些封闭孔隙或半封闭的孔隙端部发生破裂而逐渐向外张开与周围的裂隙连通在一起，增强了微小孔隙之间的连通性。

由上述分析可知，体积分形维数主要反映的是煤中中大孔隙的分形特征，而煤的孔隙率对体积分形维数的影响较大。为分析体积分形维数随孔隙率的变化规律，根据分形理论的构造模型，基于 Menger 海绵模型可构建孔隙率与体积分形维数的关系，孔隙体积 V_P 可表示为[23]：

$$V_P = R^3 \left[1 - N_{b1}^k \left(1/m^k \right)^3 \right] = R^3 \left[1 - \left(\frac{N_{b1}}{m^3} \right)^k \right] \tag{3-17}$$

则孔隙率 φ 为：

$$\varphi = \frac{V_P}{V} = 1 - \left(\frac{N_{b1}}{m^3} \right)^k \tag{3-18}$$

结合式（3-17）和式（3-18）可以得出，体积分形维数和孔隙率的关系为：

$$\varphi = 1 - (m^{D-3})^k = 1 - (r/R)^{3-D} \tag{3-19}$$

根据式（3-19）可知，当 $D=3$ 或 $r=R$ 时，$\varphi=0$，表明煤是实心体，内部完全没有任何孔隙；当 $r=0$ 时，$\varphi=1$，意味着煤体中整个空间都充满孔隙；当 $r \neq R$ 且 $r \neq 0$ 时，孔隙率 φ 与体积分形维数 D 之间的关系呈现负相关。

基于以上理论分析，根据压汞实验测试数据及孔隙分形维数的计算结果，绘制了分形维数 D_1 和 D_2 随孔隙率的变化关系，如图 3-30 所示。从图中可知，随孔隙率的增大，分形维数 D_1 和 D_2 均有所下降，但下降的幅度有所不同，分形维数 D_2 下降的幅度要大一些。因为 D_2 代表着煤中微小孔隙的分形特征，而煤中微小孔占据着主导孔隙，对孔隙率的贡献最大。因此在高强电脉冲作用下随着孔隙率的增加煤中孔隙的分形维数是降低的，这与上述理论分析相符。这也表明高强电脉冲作用对煤体的孔隙结构特征产生了影响，煤中孔隙结构的变化必然会对煤中瓦斯的吸附解吸、扩散和运移等产生影响，进而对煤层气的抽采产生积极作用。

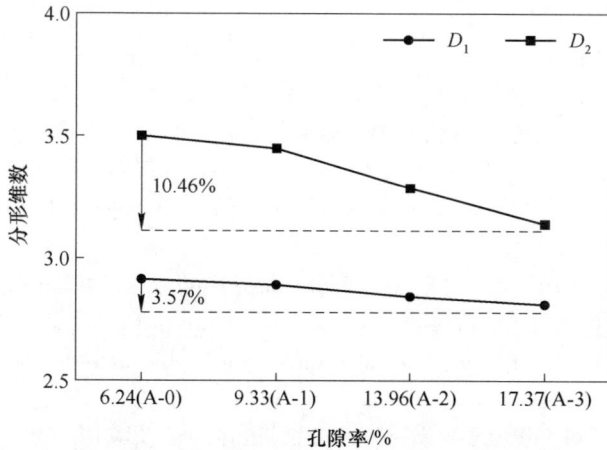

(a)

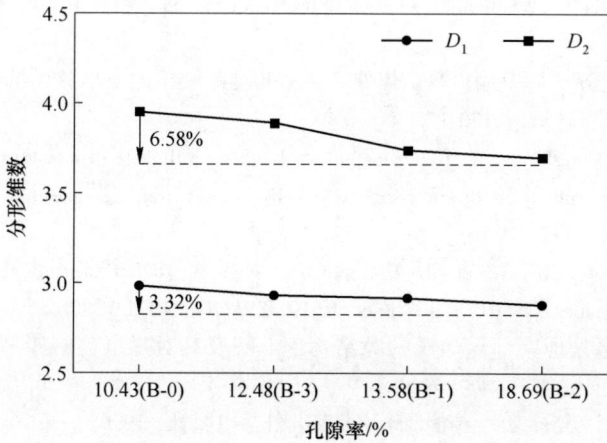

(b)

图 3-30　分形维数随孔隙率的变化规律（压汞法）
（a）不同放电电压；（b）不同放电间隙

参 考 文 献

[1] 张瑜. 华亭煤的微波辅助分级抽提的实验研究［D］. 西安：西安科技大学，2013.

[2] Gan H, Nandi S P, Jr P. Nature of the porosity in American coals [J]. Fuel, 1972, 51 (4): 272-277.

[3] 张慧. 煤孔隙的成因类型及其研究 [J]. 煤炭学报, 2001, 26 (1): 40-44.

[4] 李子文. 低阶煤的微观结构特征及其对瓦斯吸附解吸的控制机理研究 [D]. 徐州: 中国矿业大学, 2015.

[5] 柳先锋. 煤表面微结构特征与电磁辐射机理研究 [D]. 北京: 中国矿业大学 (北京), 2018.

[6] Li Y, Yang J, Pan Z, et al. Nanoscale pore structure and mechanical property analysis of coal: An insight combining AFM and SEM images [J]. Fuel, 2020, 260: 116352.

[7] 冯增朝. 低渗透煤层瓦斯强化抽采理论及应用 [M]. 北京: 科学出版社, 2008.

[8] Jiang J, Yang W, Cheng Y, et al. Pore structure characterization of coal particles via MIP, N_2 and CO_2 adsorption: Effect of coalification on nanopores evolution [J]. Powder Technology, 2019, 354: 136-148.

[9] 谢生荣, 杨波, 张晴, 等. 低透气性煤层顺层密集钻孔抽采及并管提压系统研究 [J]. 矿业科学学报, 2019, 4 (1): 34-40.

[10] Giffin S, Littke R, Klaver J, et al. Application of BIB-SEM technology to characterize macropore morphology in coal [J]. International Journal of Coal Geology, 2013, 114: 85-95.

[11] 聂百胜, 李祥春, 崔永君, 等. 煤体瓦斯运移理论及应用 [M]. 北京: 科学出版社, 2014.

[12] Toda Y, Toyoda S. Application of mercury porosimetry to coal [J]. Fuel, 1972, 51 (3): 199-201.

[13] 谢松彬, 姚艳斌, 陈基瑜, 等. 煤储层微小孔孔隙结构的低场核磁共振研究 [J]. 煤炭学报, 2015, 40 (S1): 170-176.

[14] Li C, Nie B, Feng Z, et al. Experimental study of the influence of moisture content on the pore structure and permeability of anthracite treated by liquid nitrogen freeze-thaw [J]. ACS Omega, 2022, 7 (9): 7777-7790.

[15] Yao Y, Liu D, Che Y, et al. Petrophysical characterization of coals by low-field nuclear magnetic resonance (NMR) [J]. Fuel, 2010, 89 (7): 1371-1380.

[16] 兰天贺. 沁水盆地南部煤储层孔隙结构连通性及其对煤层气解吸–扩散–渗流的影响 [D]. 淮南: 安徽理工大学, 2019.

[17] 谢和平. 分形–岩石力学导论 [M]. 北京: 科学出版社, 1996.

[18] Tan X, Liu J, Li X, et al. A simulation method for permeability of porous media based on multiple fractal model [J]. International Journal of Engineering Science, 2015, 95: 76-84.

[19] 张玉贵, 焦银秋, 雷东记, 等. 煤体纳米级孔隙低温氮吸附特征及分形性研究 [J]. 河南理工大学学报 (自然科学版), 2016, 35 (2): 141-148.

[20] Liu X, Wang L, Kong X, et al. Role of pore irregularity in methane desorption capacity of coking coal [J]. Fuel, 2022, 314: 123037.

[21] Yao Y, Liu D, Tang D, et al. Fractal characterization of adsorption-pores of coals from North China: An investigation on CH_4 adsorption capacity of coals [J]. International Journal of Coal

Geology，2008，73（1）：27-42.

［22］楚亚培. 液氮冷融煤体孔隙裂隙结构损伤演化规律及增渗机制研究 ［D］. 重庆：重庆大学，2020.

［23］李子文，林柏泉，郝志勇，等. 煤体多孔介质孔隙度的分形特征研究 ［J］. 采矿与安全工程学报，2013，30（3）：437-442.

［24］Friesen W I，Mikula R J. Fractal dimensions of coal particles ［J］. Journal of Colloid & Interface Science，1987，120（1）：263-271.

4 高强电脉冲致裂煤体瓦斯运移特征研究

瓦斯在煤层中的运移是一个较为复杂的过程，其中涉及瓦斯吸附、解吸、扩散与渗流等过程。结合前面章节的研究可知，高强电脉冲致裂作用对煤体具有显著的扩孔和增孔作用，一定程度上对煤体的孔隙结构产生了影响，同时在致裂过程中也会导致煤体中产生新的裂隙并促使孔裂隙之间的连通性增强。煤体对瓦斯的吸附、解吸扩散、渗流等特性必然受到煤体孔隙结构改变的影响，而影响煤层中瓦斯运移的关键在于裂隙。因此，本章通过对高强电脉冲致裂前后煤体瓦斯吸附的特性进行对比分析，研究高强电脉冲对煤体瓦斯解吸扩散特征的影响，同时利用煤岩瓦斯渗流实验系统对电脉冲致裂前后煤体的渗透率进行测试，阐述高强电脉冲对煤体渗透率的影响规律，为后续研究高强电脉冲致裂煤体增渗机理提供基础。

4.1 高强电脉冲对煤体瓦斯吸附特性影响研究

在两个不同物相之间的界面处物质浓度发生相互变化的现象叫作吸附。煤体中蕴藏着繁杂多样且数量庞大的孔隙结构，孔隙的表面受到各种不同作用力使得其表面存在着一个力场，但由于各种作用力的合力不为零，该力场为不饱和力场。当瓦斯分子运动到孔隙表面时，煤体会自发吸附瓦斯分子以降低其表面能来平衡该不饱和力场[1]。吸附通常可分为两种：即化学吸附和物理吸附，瓦斯在煤体中的吸附属于物理吸附。影响煤体对瓦斯吸附能力的因素较多，其中两个非常重要的因素分别是煤自身的外界温度和孔隙结构。煤吸附的瓦斯主要储存于其内部孔隙中，通过前文实验结果分析可知煤体经过高强电脉冲致裂后其孔隙结构明显发生了一定程度的改变。另外研究表明，高强电脉冲放电的过程中放电通道内部的温度可达上万开尔文，由空化效应引起的气泡在溃灭的同时也会产生瞬间的高温（5000 K）[2]。而温度对煤体瓦斯吸附的影响较大，温度的变化会改变瓦斯分子的活跃度并使其运动的平均自由程发生改变，最终造成其在煤壁上的吸附作用力的改变。由此可知，煤体在高强电脉冲的作用下其吸附瓦斯的能力必然会发生改变。因此，本节针对煤样在高强电脉冲作用下其吸附瓦斯量发生的变化进行分析，以此来揭示煤体瓦斯吸附能力受高强电脉冲放电作用影响的规律。

4.1.1 实验仪器及方法

本实验所采用的仪器是 BSD-PHD 型全自动高温高强吸附解吸仪，实物图如图 4-1 所示，由贝士德仪器科技（北京）有限公司生产。本部分以不同放电电压和放电间隙条件下的煤样为例进行实验分析。该仪器与实验室常规搭建的瓦斯吸附解吸系统一样需要将待测煤样粉碎成 60~80 目的粉末，因此选取高强电脉冲致裂后放电通道附近的碎块煤，而未经高强电脉冲致裂的煤样制样用锤子敲碎选取小块样即可，然后用粉碎机将制备好的小碎块煤均粉碎成 60~80 目煤粉颗粒，以便用于测试分析高强电脉冲致裂前后煤样吸附瓦斯的变化规律，吸附实验温度设置为室温条件（25 ℃）。

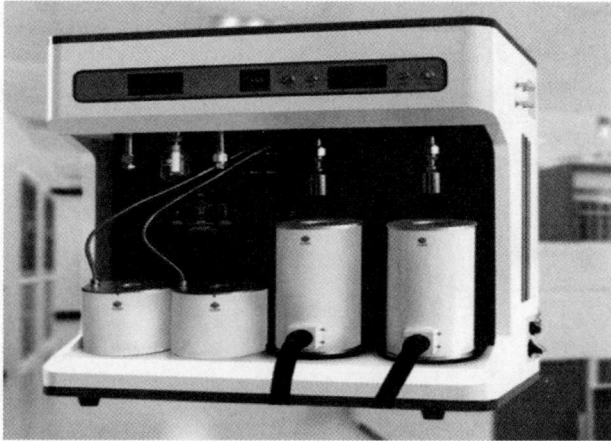

图 4-1 贝士德 BSD-PHD 型全自动高温高强吸附解吸仪

4.1.2 高强电脉冲对瓦斯吸附特性的影响

Langmuir 模型是研究气固两相吸附最常用的理论模型，由 Langmuir 于 1918 年提出，随后该理论迅速被众多学者普遍接受[3-5]。本书吸附模型采用 Langmuir 吸附模型，该模型属于单分子层吸附模型的范畴，认为在气固两相界面处发生的吸附现象是单层气体分子，这是因为固体表面存在着不饱和力场的作用，在力场作用下附近游离态的气体分子被固体表面空缺的吸附点位所吸附从而降低其表面能以达到稳定[6-9]。但是通常一个气体分子或原子只能填充一个吸附点位，同一个吸附点位无法同时被多个气体分子或原子所填充，即气体分子在固体介质表面的吸附为单分子层吸附。在保证平衡压力和吸附时温度恒定不变的条件下，煤体对瓦斯的吸附量随瓦斯压力的变化关系可用下面的方程来进行描述[10-12]：

$$Q = \frac{abP}{1 + bP} \tag{4-1}$$

式中，Q 为平衡压力下的瓦斯吸附量，cm^3/g；a 为煤的极限吸附量，cm^3/g；b 为吸附模型中的常数，能够描述煤在低压阶段吸附瓦斯的速度，MPa^{-1}；P 为吸附平衡时的瓦斯压力，MPa。

图 4-2 绘制了不同放电参量条件下高强电脉冲致裂前后煤样的瓦斯等温吸附量散点图及拟合所对应的 Langmuir 曲线。从图中可以看出，不同放电电压和不同放电间隙条件下煤样的瓦斯等温吸附曲线在高强电脉冲致裂前后其变化趋势是相同的，即随着吸附平衡压力的增大吸附量是逐渐增加的，当瓦斯吸附平衡压力达到 6.0 MPa 以上时，各煤样的瓦斯吸附量均趋于吸附平衡状态。对整个瓦斯吸附平衡压力阶段进行分析可发现，当吸附平衡压力在 0~2.0 MPa 变化时，瓦斯吸附的速度比较快，瓦斯吸附量增加比较显著；当吸附平衡压力在 2.0~7.0 MPa 变

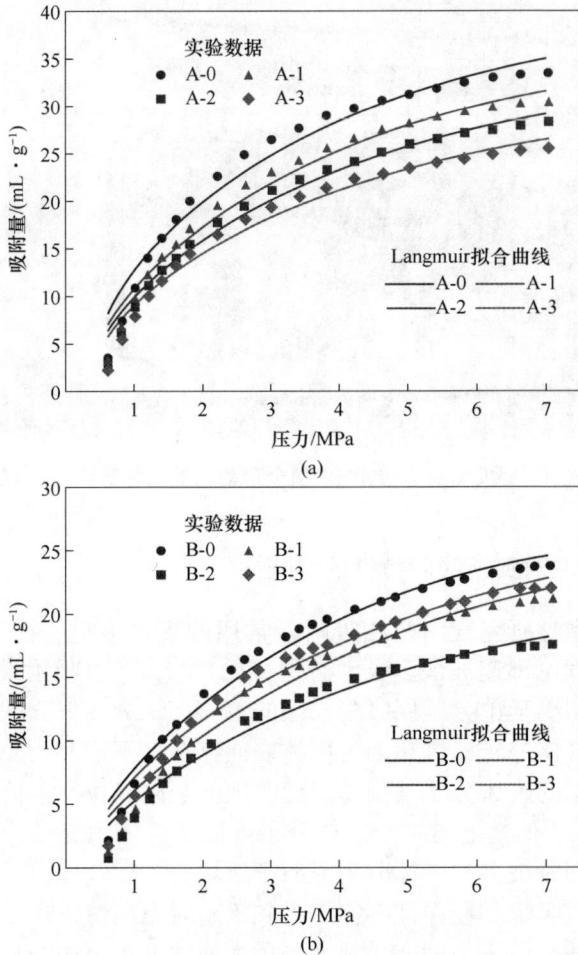

图 4-2　不同放电参量下高强电脉冲致裂前后煤样等温吸附拟合曲线

(a) 不同放电电压；(b) 不同放电间隙

化时，随着吸附平衡压力的增加，瓦斯吸附的速度逐渐变慢，瓦斯吸附量增加开始变慢并逐渐趋于吸附平衡。

表 4-1 为不同放电参量下高强电脉冲致裂前后煤样等温吸附数据拟合结果。从表中结果可知，对各煤样的瓦斯吸附量采用 Langmuir 模型进行拟合的相关系数都在 0.96 以上，拟合度非常高，说明用 Langmuir 模型拟合分析高强电脉冲致裂前后各煤样在吸附平衡压力小于 7.0 MPa 情况下的吸附瓦斯过程是可以的。

表 4-1 不同放电参量下高强电脉冲致裂前后煤样等温吸附数据拟合结果

煤样编号	Langmuir 拟合公式	拟合度 R^2	吸附常数	
			$a/(\mathrm{cm}^3 \cdot \mathrm{g}^{-1})$	b/MPa^{-1}
A-0	$Q=16.4076P/(1+0.33P)$	0.9661	49.72	0.33
A-1	$Q=13.5459P/(1+0.29P)$	0.9770	46.71	0.29
A-2	$Q=12.2668P/(1+0.28P)$	0.9795	43.81	0.28
A-3	$Q=10.5624P/(1+0.27P)$	0.9741	39.12	0.27
B-0	$Q=10.0022P/(1+0.26P)$	0.9743	38.47	0.26
B-1	$Q=7.9794P/(1+0.22P)$	0.9759	36.27	0.22
B-2	$Q=5.9375P/(1+0.19P)$	0.9723	31.25	0.19
B-3	$Q=8.5031P/(1+0.23P)$	0.9692	36.97	0.23

图 4-3 为煤样经高强电脉冲致裂前后的极限瓦斯吸附量和吸附常数 b 的变化规律。结合表 4-1 和图 4-3 分析可知，经高强电脉冲致裂的煤样的极限瓦斯吸附量均比致裂前煤样极限瓦斯吸附量要小，说明高强电脉冲对煤吸附瓦斯是不利的。因为在高强电脉冲冲击致裂作用下，煤体内的孔隙结构发生了改变，总孔隙体积虽然增加了，但平均孔直径增大，孔隙之间的连通性也增强了，在反复振荡冲击波的作用下孔隙表面的粗糙度下降，使得煤孔隙表面吸附瓦斯的作用力减弱；此外放电过程中产生的热能，以及空化效应引起的空化泡溃灭时产生的瞬间高温导致煤样吸附瓦斯的能力下降。通过对比分析可知，随着放电电压的增加，煤样的极限瓦斯吸附量和吸附常数 b 都是不断下降的；而随着放电间隙的增加，煤样的极限瓦斯吸附量和吸附常数 b 是先下降后上升的，在 4 mm 时极限瓦斯吸附量和吸附常数 b 是最小的。吸附常数 b 值的大小反映了煤体瓦斯吸附速度的快慢，数值越小表明在同等条件下煤体瓦斯吸附的速度越慢，而高强电脉冲致裂后煤体吸附常数 b 变小，说明高强电脉冲一定程度上对煤体瓦斯吸附起到抑制作用。

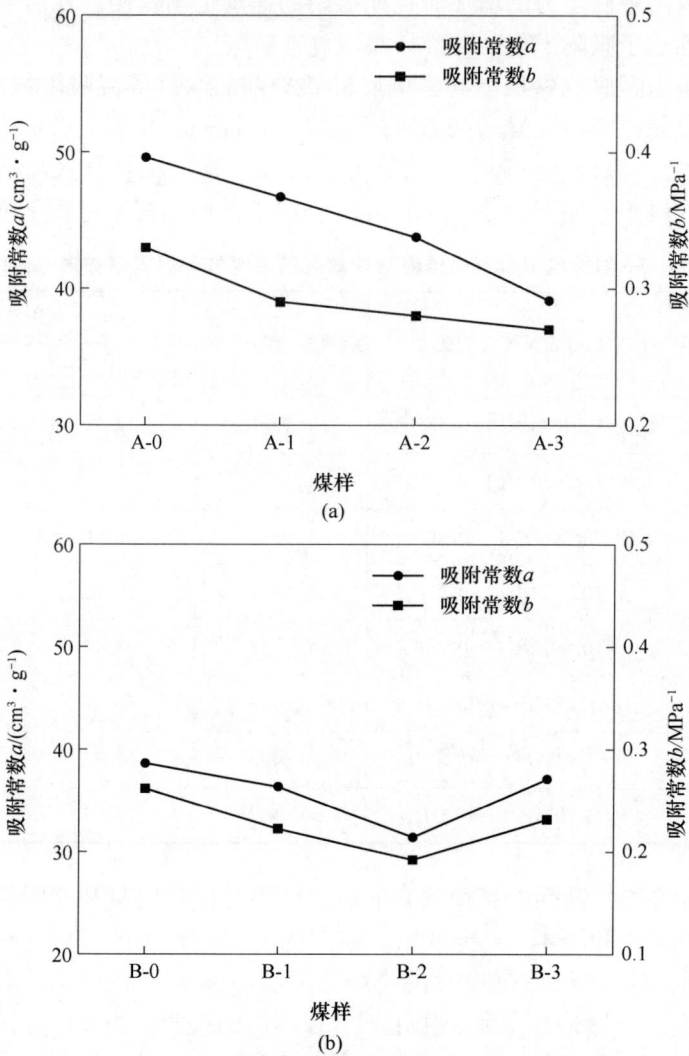

图 4-3　高强电脉冲致裂前后煤样吸附常数 a 和 b 变化情况

（a）不同放电电压；（b）不同放电间隙

4.2　高强电脉冲对煤体瓦斯解吸扩散特性影响研究

对高强电脉冲致裂后煤样瓦斯解吸扩散性能的变化特征进行考察是衡量高强电脉冲致裂煤体效果的关键一环。由上一节的研究可知，高强电脉冲会对煤体瓦斯吸附的性能产生影响，同时煤体的孔隙结构也会遭到电脉冲冲击波的破坏而造成煤体中的裂隙网络相互贯通，从而疏通了煤体内部瓦斯流动的通道，最终导致瓦斯在煤体内的渗透能力增加。而瓦斯解吸与扩散的能力控制着煤体内部瓦斯气体的来源，因此对高强电脉冲致裂后煤样瓦斯解吸扩散性能的变化特征进行研究具有非常重要的意义。本部分的煤样瓦斯解吸实验仍采用贝士德 BSD-PH 型全自动高温高强吸附解吸仪进行测试分析。

4.2.1　高强电脉冲对瓦斯解吸特性的影响

图 4-4 为不同放电参量条件下高强电脉冲致裂前后煤样瓦斯等温解吸曲线。从图中可以看出，高强电脉冲致裂前后各煤样瓦斯解吸量均随解吸时间的增加而增大，在 0~20 min，瓦斯解吸量上升速度较快，而 20 min 后瓦斯解吸量上升速度逐渐变缓并趋于解吸平衡状态。在开始解吸的初始时间阶段，高强电脉冲致裂后的煤样的瓦斯解吸量比致裂前煤样的瓦斯解吸量大，而经过一段时间解吸后，高强电脉冲致裂后的煤样的瓦斯解吸量逐渐变小并小于致裂前煤样的瓦斯解吸量，最终解吸 120 min 时间后致裂前煤样的瓦斯解吸量比经过高强电脉冲致裂后煤样的瓦斯解吸量大，且放电电压越大，瓦斯解吸量反而越小，而放电间隙为4 mm 时，瓦斯解吸量也最小。

出现上述现象的主要原因是：在高强电脉冲的作用下，煤体中孔径尺寸较小的孔隙被冲击波撕裂为尺寸较大的孔隙，孔隙之间的连通性增强；当瓦斯在煤体中向外自由流动时，其所受到的阻力也就越小，如此会使得瓦斯在解吸的初期阶段容易形成浓度差而促进瓦斯的快速解吸，瓦斯解吸量也自然会相对越多。而经过一段时间的解吸后，致裂前的煤样的瓦斯解吸量又高于高强电脉冲致裂后的煤样的瓦斯解吸量，是因为致裂前的煤样的内部存在较多的半封闭孔隙且孔隙的表

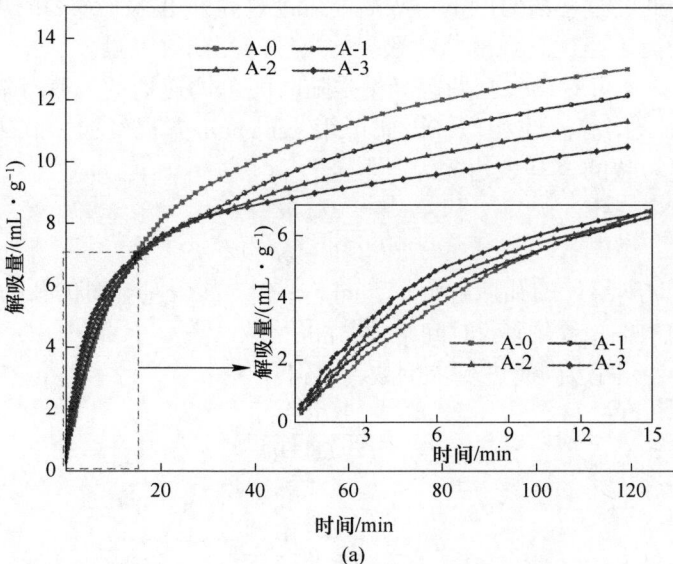

(a)

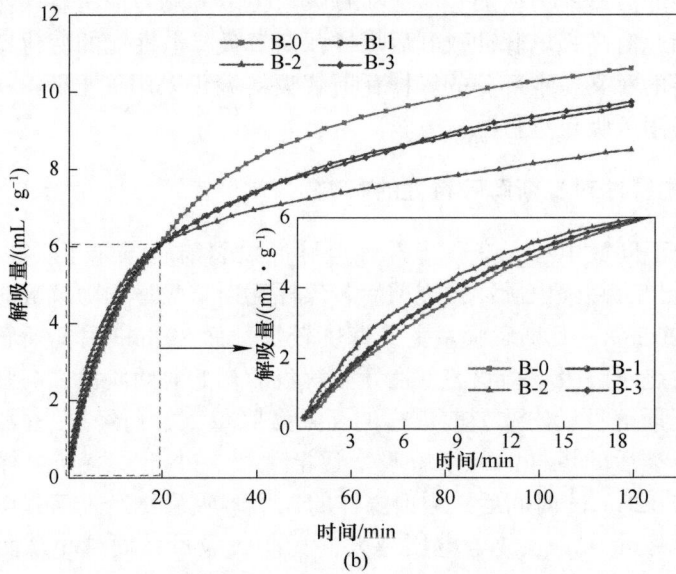

图 4-4　不同放电参量下高强电脉冲致裂前后煤样瓦斯等温解吸曲线

（a）不同放电电压；（b）不同放电间隙

面比较粗糙，相比于高强电脉冲致裂后的煤样，在吸附平衡压力相同的条件下致裂前的煤样可以吸附更多的瓦斯；随着解吸时间的增加，高强电脉冲致裂后的煤样的孔隙中储存的瓦斯逐渐先消耗殆尽，此时不足以提供足量的瓦斯浓度梯度而使得瓦斯解吸逐渐趋于平衡，而致裂前的煤样中仍有足量的瓦斯来提供解吸所需的瓦斯源，因此经过一段时间的解吸后，未经过高强电脉冲致裂的煤样的瓦斯解吸量反而逐渐高于经过高强电脉冲致裂的煤样的瓦斯解吸量。

另外由图 4-4 可看出，瓦斯解吸量是随时间单调递增的，其等温解吸曲线形状与 Langmuir 吸附等温线相似，因此可用 Langmuir 方程经验公式来描述，与前人研究结果是一致的，其表达式为[13-15]：

$$Q_t = \frac{Q_\infty bt}{1 + bt} \qquad (4\text{-}2)$$

式中，Q_t 为 t 时刻累计的瓦斯解吸量，mL/g；Q_∞ 为 $t \to \infty$ 时的瓦斯极限解吸量，mL/g；b 为与解吸速率有关的时间常数，min^{-1}。

将式（4-2）两边同时进行求倒数，可得：

$$\frac{1}{Q_t} = \frac{1}{Q_\infty bt} + \frac{1}{Q_\infty} \qquad (4\text{-}3)$$

其中设定：

$$k = \frac{1}{Q_\infty b}, \quad m = \frac{1}{Q_\infty} \qquad (4\text{-}4)$$

由式（4-3）和式（4-4）可知，以 $1/t$ 和 $1/Q_t$ 分别为横坐标和纵坐标，对瓦斯解吸数据进行线性回归分析，根据回归直线的斜率 k 和截距 m 便可获得瓦斯极限解吸量 Q_∞ 和时间常数 b。根据上述计算过程，对高强电脉冲致裂前后各煤样的解吸数据进行拟合，拟合计算结果如表 4-2 所示。

表 4-2 不同放电参量下高强电脉冲致裂前后煤样解吸数据拟合计算结果

煤样编号	拟合公式	拟合度 R^2	斜率 k	截距 m	Q_∞ /(mL·g^{-1})	b/min^{-1}
A-0	$y=1.1558x+0.0693$	0.9791	1.1558	0.0693	14.42	0.06
A-1	$y=1.1275x+0.0789$	0.9844	1.1275	0.0789	12.67	0.07
A-2	$y=0.8857x+0.0886$	0.9838	0.8857	0.0886	11.29	0.11
A-3	$y=0.6881x+0.0963$	0.9759	0.6881	0.0963	10.38	0.14
B-0	$y=2.0178x+0.0807$	0.9679	2.0178	0.0807	12.39	0.04
B-1	$y=1.3789x+0.0965$	0.9782	1.3789	0.0965	10.36	0.07
B-2	$y=1.0425x+0.1147$	0.9779	1.0425	0.1147	8.72	0.11
B-3	$y=1.3723x+0.0961$	0.9871	1.3723	0.0961	10.41	0.07

从表 4-2 可知，高强电脉冲致裂前后各煤样的解吸数据拟合曲线的拟合度 R^2 均在 0.96 以上，说明可以利用 Langmuir 方程来对瓦斯等温解吸过程进行分析。为了更直观地分析对比高强电脉冲致裂作用对煤体瓦斯解吸特性的影响，根据表 4-2 中的数据，绘制了不同放电参量下煤样瓦斯极限解吸量 Q_∞ 和时间常数 b 的柱状图，如图 4-5 所示。

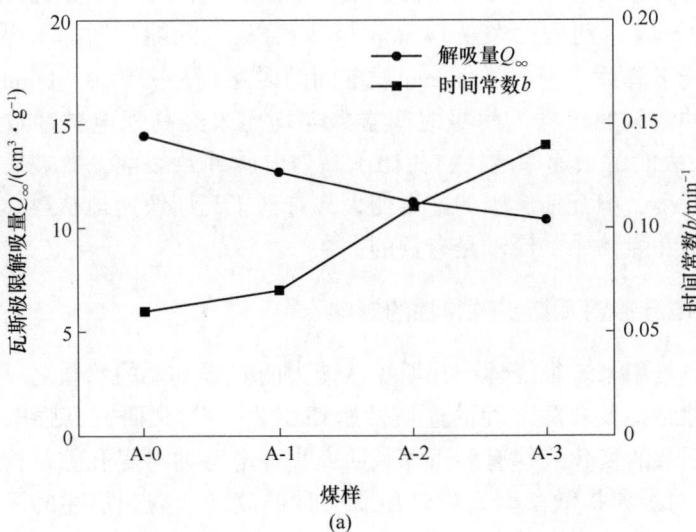

(a)

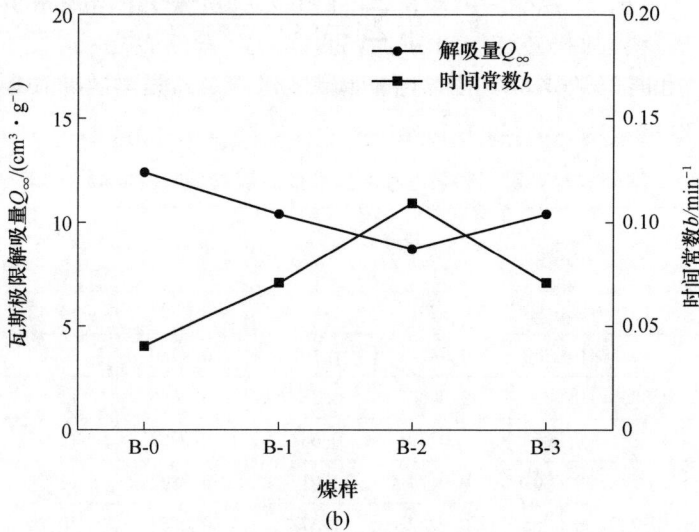

图 4-5　不同放电参量下煤样瓦斯极限解吸量 Q_∞ 和时间常数 b 变化情况

（a）不同放电电压；（b）不同放电间隙

从图 4-5 可看出，经过高强电脉冲致裂的煤样的瓦斯极限解吸量 Q_∞ 均比未经过高强电脉冲致裂的煤样的小，与上述分析结果是一致的。随着放电电压的增加，煤样的瓦斯极限解吸量 Q_∞ 是逐渐下降的，在 12 kV 放电电压时达到最小为 11.29 mL/g；随着放电间隙的增加，煤样的瓦斯极限解吸量 Q_∞ 是先下降后上升，在 4 mm 放电间隙时达到最小为 8.72 mL/g。

另外发现，随着放电电压的增加，煤样的解吸时间常数 b 是逐渐升高的，在 12 kV 放电电压时达到最大为 0.14 min^{-1}；随着放电间隙的增加，煤样的解吸时间常数 b 是先下降后上升，在 4 mm 放电间隙时达到最大为 0.11 min^{-1}；而且经过高强电脉冲致裂的煤样的解吸时间常数 b 均比未经高强电脉冲致裂的煤样的大，b 值越大表明解吸速率越快，相比于高强电脉冲致裂前，致裂后煤样的瓦斯极限解吸量变小，但瓦斯解吸的速率变大，有利于瓦斯快速地从煤体中解吸释放出来，对瓦斯在煤体中的流动是有益的。

4.2.2　高强电脉冲对瓦斯扩散特性的影响

扩散系数是用来表征煤体中瓦斯扩散能力的非常重要的参数之一，其大小与煤体中的孔隙结构及孔隙之间的连通性密切相关[16-18]。研究高强电脉冲致裂前后煤样扩散系数的变化规律有利于深入研究高强电脉冲对煤孔隙结构的影响。李志强等[18]针对经典扩散模型无法对瓦斯全时扩散进行准确描述的问题，提出了煤粒多尺度孔隙的瓦斯动扩散系数扩散模型，其表达式为：

$$\frac{Q_t}{Q_\infty} = 1 - \frac{6}{\pi^2} \sum_{n=1}^{\infty} \frac{1}{n^2} \exp\left(\frac{-Dn^2\pi^2 t}{r_0^2}\right) \qquad (4-5)$$

式中，r_0 为煤粒半径，μm；D 为瓦斯扩散系数，$\mu m^2/min$；t 为解吸时间，min。

聂百胜等[19]提出，当解吸时间 t 值比较小（10 min 内）时，可以将式（4-5）进行简化为：

$$\eta = \frac{Q_t}{Q_\infty} = \frac{6}{r_0}\sqrt{\frac{Dt}{\pi}} \qquad (4-6)$$

此时，令 $K = \frac{6}{r_0}\sqrt{\frac{D}{\pi}}$，则结合式（4-6）可得到扩散系数 D 的表达式为：

$$D = \frac{\pi K^2 r_0^2}{36} \qquad (4-7)$$

Edward D. 等[20]学者提出，当解吸时间小于 10 min 时，可认为 Q_t/Q_∞ 是瓦斯初期解吸率。如此一来，可利用前 10 min 的瓦斯解吸数据计算出 Q_t/Q_∞ 和 $\sqrt{t}$，并对两者之间的关系进行线性拟合，然后根据拟合出来的直线的斜率 K 计算得到瓦斯扩散系数 D（通常也称为瓦斯初始扩散系数）。

根据以上计算过程并结合 4.2.1 节中的瓦斯解吸实验数据，可计算得到不同放电参量条件下高强电脉冲致裂前后煤样的瓦斯扩散系数 D，如表 4-3 所示。从表中可以看出，Q_t/Q_∞ 和 $\sqrt{t}$ 之间存在很好的线性关系，拟合度在 0.93 以上。

表 4-3　不同放电参量下高强电脉冲致裂前后煤样瓦斯扩散系数 D 的计算结果

煤样编号	拟合公式	拟合度 R^2	斜率 K	$D/(\mu m^2 \cdot min^{-1})$
A-0	$\eta = 0.1447t^{0.5}$	0.9576	0.1447	83.678
A-1	$\eta = 0.1686t^{0.5}$	0.9461	0.1686	113.603
A-2	$\eta = 0.1946t^{0.5}$	0.9641	0.1946	151.342
A-3	$\eta = 0.2204t^{0.5}$	0.9338	0.2204	194.132
B-0	$\eta = 0.1301t^{0.5}$	0.9466	0.1301	67.644
B-1	$\eta = 0.1622t^{0.5}$	0.9568	0.1622	105.142
B-2	$\eta = 0.2008t^{0.5}$	0.9771	0.2008	161.140
B-3	$\eta = 0.1614t^{0.5}$	0.9849	0.1614	104.107

图 4-6 为高强电脉冲致裂前后煤样瓦斯扩散系数 D 变化情况。结合表 4-3 和图 4-6 可知，对于同一种煤来说，煤样经高强电脉冲致裂后其瓦斯扩散系数 D 比致裂前的瓦斯扩散系数要大，是因为煤样在高强电脉冲冲击波的作用下内部产生了新生的孔隙和裂隙并相互贯通形成孔隙-裂隙网络，这些孔隙-裂隙网络为瓦斯在煤体中的自由扩散提供了有利的通道，从而使得高强电脉冲致裂的煤样的扩

散系数变大。此外，从图 4-6 中可以看出，随着放电电压的增加，高强电脉冲致裂后煤样的瓦斯扩散系数逐渐增大，放电电压为 8 kV 时，A-1 煤样的瓦斯扩散系数为 113.603 $\mu m^2/min$，增幅最小仅为 35.76%，放电电压为 12 kV 时，A-3 煤样的瓦斯扩散系数增大到 194.32 $\mu m^2/min$，增幅达到最大为 131.99%；随着放电间隙的增加，高强电脉冲致裂后煤样的瓦斯扩散系数变化规律仍是先增大后减小的趋势，放电间隙为 5 mm 时，B-3 煤样的瓦斯扩散系数为 104.107 $\mu m^2/min$，增幅最小为 53.91%，放电间隙为 4 mm 时，B-2 煤样的瓦斯扩散系数增大到 161.14 $\mu m^2/min$，增幅达到最大为 138.22%。高强电脉冲致裂后，煤样瓦斯扩散系数的增大，意味着煤体中瓦斯解吸后在自由扩散的过程中所受到的阻力变小，对瓦斯的运移大有裨益，有利于煤层瓦斯的抽采。

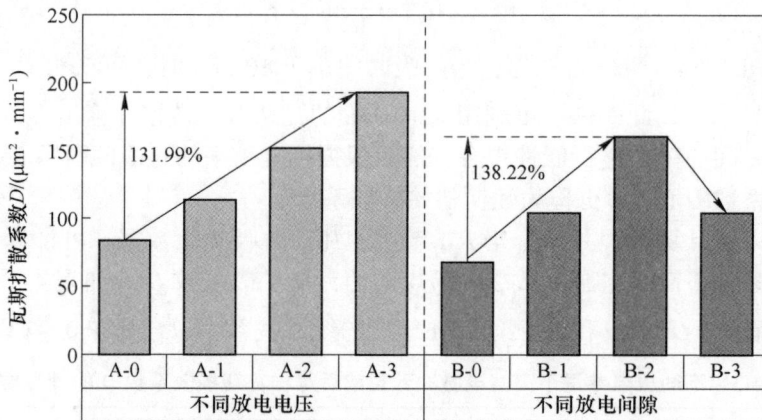

图 4-6   高强电脉冲致裂前后煤样瓦斯扩散系数 D 的变化情况

4.3   高强电脉冲致裂煤体渗透率演化特征研究

煤体的渗透率是评价瓦斯运移难易程度的重要指标[21-23]。由前文研究结果可知高强电脉冲致裂作用能够造成煤体内部孔隙、裂隙结构发生改变，使得煤体的孔隙率和孔隙连通性提高，并促使煤体内部孔隙、裂隙之间相互贯通逐渐形成裂隙网络。煤体孔隙结构的改变势必会对煤体的渗透率产生影响，因此通过渗透率实验对高强电脉冲致裂前后煤体渗透率的变化特征进行分析是非常有必要的。鉴于本书高强电脉冲实验的特殊性，大煤块经高强电脉冲致裂后均出现了一定的破碎，无法实现从致裂后的煤块上再钻取直径为 50 mm、高度为 100 mm 标准圆柱体煤柱来进行渗透率实验。故本书采用另外一种方案进行，即先从采集的大块煤样上钻取加工成直径为 50 mm、高度为 100 mm 标准圆柱体煤柱，然后对加工制作好的煤柱进行高强电脉冲致裂实验（本节以 8 kV、10 kV 和 12 kV 三个电压条件为例)，实验方案按第 2.3.2 节中致裂小尺度原煤块的方法来进行，致裂完成后对其进行渗透率实验。

4.3.1 实验仪器及步骤

4.3.1.1 实验仪器

试验采用的三轴煤岩瓦斯渗流实验系统主要由加载系统、计算机控制系统、抽真空系统、注气系统、数据采集系统和煤样夹持装置等部分构成，其示意图如图 4-7 所示。夹持器用来盛放煤样，由内外两层构成，内层为橡胶套，外层为不锈钢质套筒，煤样放置在内层橡胶套内。实验所需轴压通过伺服压力机进行加载，伺服压力机通过其液压控制系统与电脑连接，由电脑控制其加载数值，加载的范围为 0~2000 kN。实验所需围压可由手动加压泵进行加载，通过平流泵向橡胶套四周注水来实现，注水流量范围为 0~100 mL/min，加压范围为 0~10 MPa。夹持器上留设有对应的进气孔、进水孔和出气孔，进气孔与高强瓦斯气瓶相连用于提供实验所需瓦斯充气压力，出气孔与质量流量计相连用于测量瓦斯流量，整个系统保持气密性完好。

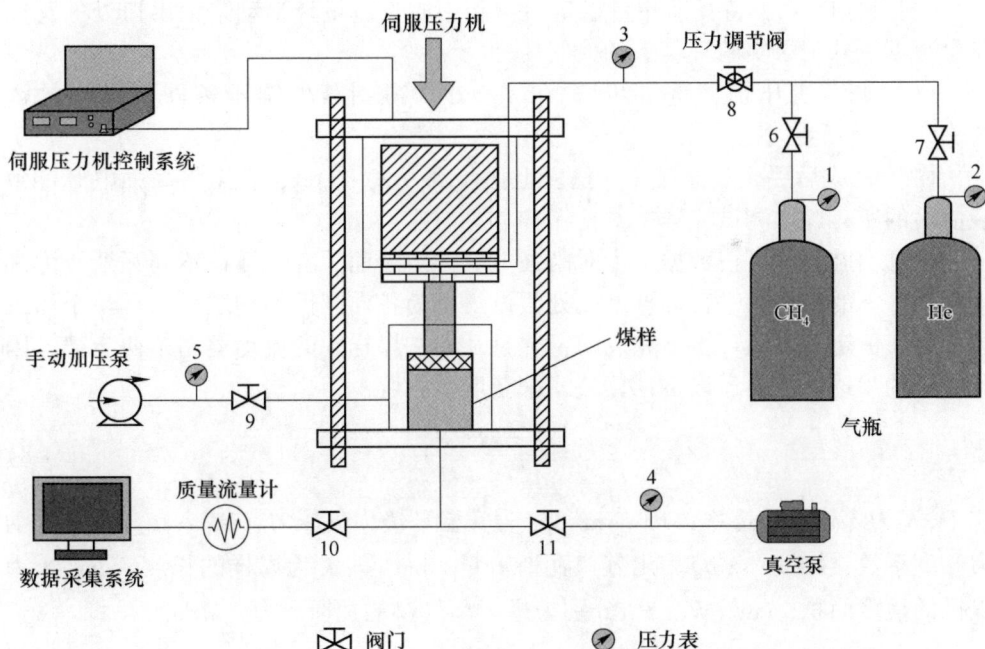

图 4-7　渗流实验系统示意图

4.3.1.2 实验步骤

（1）关闭阀门 6、9、10、11，打开阀 7、8，向系统装置中注入 3 MPa 高纯氮气，以检查系统装置的密封性。然后关闭所有阀门，观察系统装置中的 3 号压力表的读数，如果压力表读数 3 h 内保持稳定，则认为系统装置气密性完好。

（2）在实验煤样的侧壁均匀涂抹适量 704 硅胶，防止瓦斯从侧壁泄漏。待硅胶自然固化后，将实验煤样小心地放入橡胶套中，然后安装其他组件。打开阀门 9，利用手动加压泵对煤样加载大于瓦斯压力的预定围压（实验共设计 2 MPa、3 MPa、4 MPa、5 MPa 四个围压等级）；同时打开伺服压力机控制系统在煤样轴向方向加载 0.5 MPa 左右的轴压，以保证煤样处于一定的轴压环境。

（3）开启阀门 11，关闭阀门 6~10，打开真空泵，从管道系统和煤样中抽取空气，使整个系统处于真空状态后，关闭所有阀门。

（4）连接气瓶与系统，开启阀门 6 并调节控制阀门 8，使瓦斯压力达到预定值并稳定 10 h 以上。关闭阀门 6，观察煤样吸附瓦斯后压力表 3 的压力变化情况，当压力表读数下降时，再次打开阀门 6 以补充瓦斯压力，直到压力表 3 的读数超过 10 min 不再下降，此时认为煤样处于吸附平衡状态。

（5）阀门 6 和 8 保持打开状态，以确保入口端瓦斯压力保持在预定值（实验共设计 0.6 MPa、0.8 MPa、1.0 MPa、1.2 MPa、1.4 MPa 五个等级的瓦斯压力）；打开阀门 10，待瓦斯流量稳定后，利用质量流量计自动采集出口处的瓦斯流量数据，并记录实验环境下的大气压力。

（6）调节围压值，重复步骤（5），分别得到其他围压条件下煤样的渗透率。

（7）完成后更换其他煤样，重复上述步骤（2）~（6），直至将高强电脉冲致裂前后的所有煤样测试完毕。

根据实验测试所得数据，可对高强电脉冲致裂前后各煤样在不同瓦斯压力和围压条件下的渗透率进行计算。此处假设煤样为各向同性的均质材料，整个渗流过程是在恒定的室温环境下完成的，并且瓦斯在煤样中的流动遵循达西定律，因此煤样的渗透率可通过以下计算公式来获取[24-28]：

$$K = \frac{2p_0 \mu q_v L}{A(P_1^2 - P_2^2)} \tag{4-8}$$

式中，K 为煤样的渗透率，10^{-15} m^2；p_0 为实验环境大气压力，MPa；μ 为瓦斯的动力黏度系数，MPa·s；q_v 为出气口瓦斯流量，cm^3/s；L 为煤样的长度，cm；A 为煤样的横截面积，cm^2；P_1、P_2 分别为进、出气口的瓦斯压力，MPa。

4.3.2　不同瓦斯压力下渗透率的变化特征

根据前面所述实验方案，对高强电脉冲致裂前后煤样在不同围压和不同瓦斯压力条件下的渗透率进行了测试，其结果如表 4-4 所示。

表 4-4　高强电脉冲致裂前后煤样渗透率测试结果

电压/kV	瓦斯压力/MPa	围压/MPa				电压/kV	瓦斯压力/MPa	围压/MPa			
		2.0	3.0	4.0	5.0			2.0	3.0	4.0	5.0
未致裂	0.6	0.0340	0.0281	0.0227	0.0211	10	0.6	0.3929	0.3585	0.3434	0.3187
	0.8	0.0277	0.0220	0.0166	0.0131		0.8	0.3272	0.3150	0.3016	0.2801
	1.0	0.0239	0.0188	0.0144	0.0113		1.0	0.3162	0.3019	0.2841	0.2621
	1.2	0.0253	0.0209	0.0158	0.0106		1.2	0.3267	0.3043	0.2858	0.2682
	1.4	0.0271	0.0231	0.0175	0.0132		1.4	0.3345	0.3136	0.2943	0.2809
8	0.6	0.2987	0.2634	0.2355	0.2099	12	0.6	0.5015	0.4321	0.4147	0.3757
	0.8	0.2343	0.1971	0.1657	0.1198		0.8	0.4475	0.3976	0.3562	0.3247
	1.0	0.2096	0.1627	0.1240	0.1036		1.0	0.4253	0.3766	0.3367	0.3102
	1.2	0.2207	0.1697	0.1310	0.1107		1.2	0.4292	0.3836	0.3471	0.3157
	1.4	0.2391	0.1887	0.1450	0.1337		1.4	0.4500	0.3993	0.3633	0.3291

　　为了分析恒定围压条件下高强电脉冲致裂前后煤样不同瓦斯压力条件下的渗透率变化情况，根据渗透率实验测试结果绘制了恒定围压（2.0 MPa、3.0 MPa、4.0 MPa、5.0 MPa）条件下高强电脉冲致裂前后煤样渗透率随瓦斯压力的变化关系，如图 4-8 所示。

　　从图中可知，当围压固定时，高强电脉冲致裂前后煤样的渗透率随瓦斯压力的增大均表现出先减小后增大的趋势，最终形成"V"字形走势。渗透率由逐渐减小到又慢慢升高的拐点处的瓦斯压力约为 1.0 MPa，这种现象是由 Klinkenberg（克林肯伯格）效应引起的[29]。Klinkenberg 效应由克林肯伯格于 1941 年所提出，指气体在材料孔隙通道中自由流动时孔隙通道壁处的分子流动速度不为零，

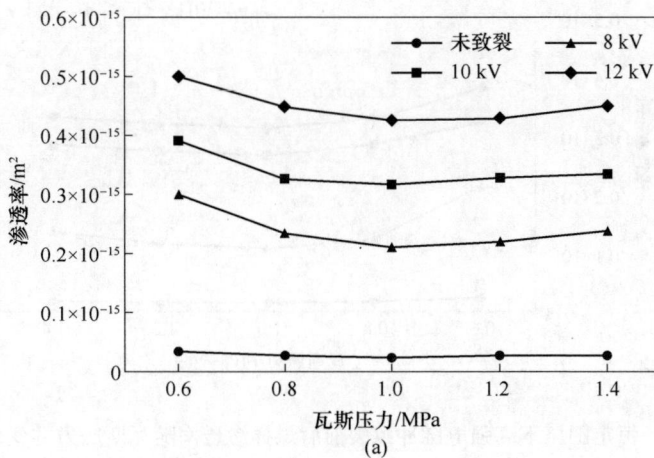

(a)

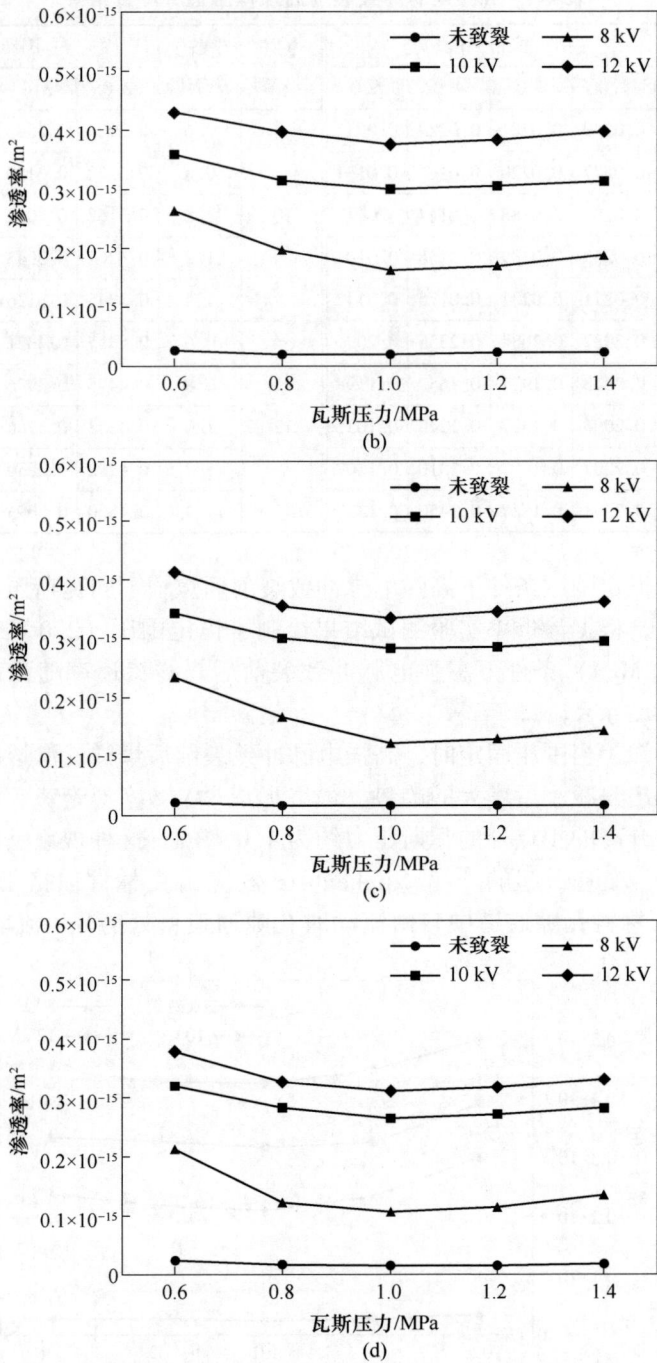

图 4-8　恒定围压下高强电脉冲致裂前后煤样渗透率随瓦斯压力的变化关系

（a）围压 2.0 MPa；（b）围压 3.0 MPa；（c）围压 4.0 MPa；（d）围压 5.0 MPa

气体出现与液体不同的"滑脱",导致气体流量增加,从而造成渗透率增大的现象。随着瓦斯压力从 0.6 MPa 增加到拐点,由于煤样吸附的瓦斯量增加,吸附在煤孔隙表面的瓦斯分子层厚度增加,从而增强了瓦斯分子在煤孔隙中的滑移流动。这也造成瓦斯在煤体中的有效渗流通道减小,瓦斯分子在迁移的过程中所受到的阻力增大,瓦斯流动速度明显减慢,最终导致渗透率下降。当瓦斯压力达到拐点时,瓦斯吸附速度与瓦斯解吸速度相等,达到动态平衡状态。当瓦斯压力超过拐点时,由于瓦斯压力相对于较大,Klinkenberg 效应对煤样渗透率的控制逐渐失去主导地位,渗透率又开始逐渐上升[30]。

另外,从图 4-8 中可看出,当围压固定不变时,高强电脉冲致裂后的煤样的渗透率明显比致裂前的煤样的渗透率大得多,且放电电压越高,高强电脉冲致裂后的煤样的渗透率越大。

图 4-9 为固定围压下高强电脉冲致裂后煤样的渗透率增加倍数随瓦斯压力的变化关系。由图分析可知,当围压为 2.0 MPa 时,随着瓦斯压力的变化,8 kV、10 kV 和 12 kV 下高强电脉冲致裂后煤样的渗透率相比于致裂前煤样的渗透率分别增加 8.45~8.82 倍、11.55~13.25 倍和 14.74~17.83 倍;当围压为 3.0 MPa时,随着瓦斯压力的变化,8 kV、10 kV 和 12 kV 下高强电脉冲致裂后煤样的渗透率相比于致裂前煤样的渗透率分别增加 8.12~9.38 倍、12.76~16.03 倍和 15.38~20.01 倍;当围压为 4.0 MPa 时,随着瓦斯压力的变化,8 kV、10 kV 和 12 kV 下高强电脉冲致裂后煤样的渗透率相比于致裂前煤样的渗透率分别增加 8.28~10.4 倍、15.16~19.75 倍和 18.31~23.42 倍;当围压为 5.0 MPa 时,随着瓦斯压力的变化,8 kV、10 kV 和 12 kV 下高强电脉冲致裂后煤样的渗透率相比于致裂前煤样的渗透率分别增加 9.12~10.44 倍、15.14~16.03 倍和 17.85~29.76 倍。综合以上结果可知,随着围压的增大,总的来讲,高强电脉冲致裂后煤样的渗透率相比于致裂前煤样的渗透率的增加倍数是逐渐增加的,且放电电压

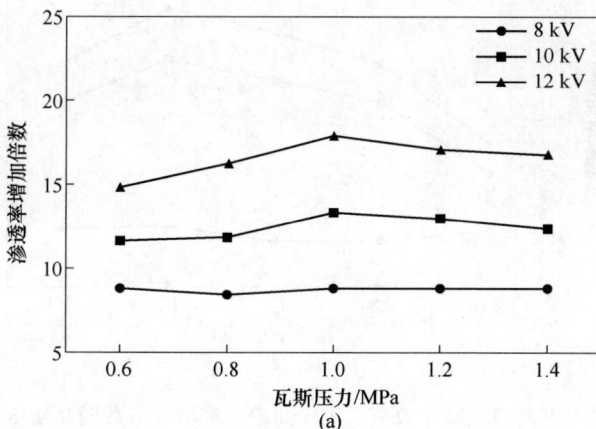

(a)

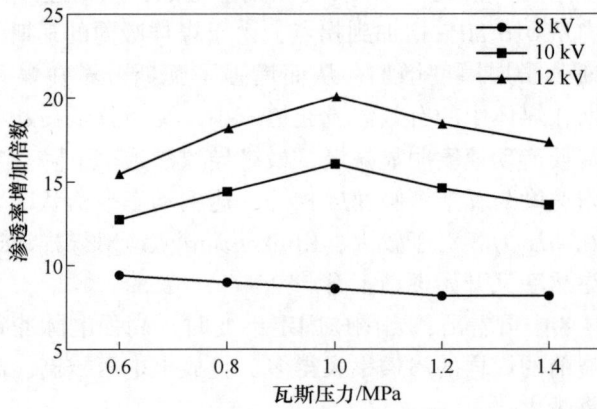

(b)

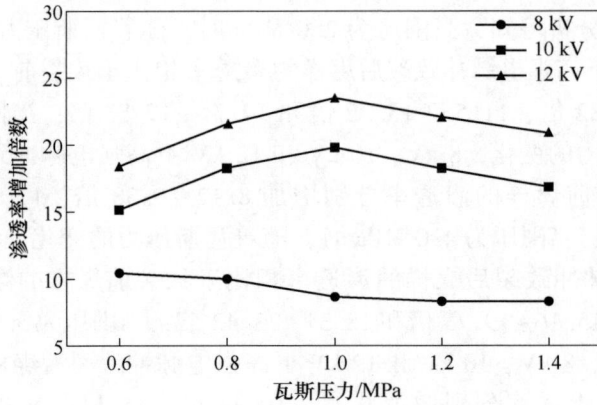

(c)

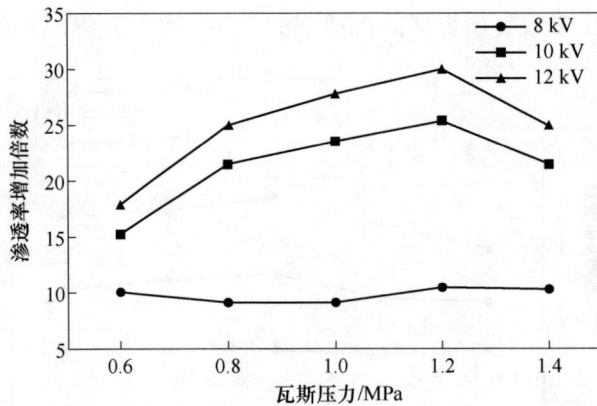

(d)

图 4-9　固定围压下高强电脉冲致裂后煤样的渗透率增加倍数随瓦斯压力的变化关系

（a）围压 2.0 MPa；（b）围压 3.0 MPa；（c）围压 4.0 MPa；（d）围压 5.0 MPa

越高，渗透率增加的倍数越大，表明高强电脉冲致裂作用对煤体的渗透率起到了明显的改善效果。

4.3.3 不同围压下渗透率的变化特征

为了分析围压对高强电脉冲致裂煤体的渗透率变化的影响，根据表4-4渗透率测试结果，绘制了固定瓦斯压力（0.6 MPa、0.8 MPa、1.0 MPa、1.2 MPa、1.4 MPa）下高强电脉冲致裂前后煤样渗透率随围压的变化关系，如图4-10所示。由图可知，当瓦斯压力固定时，高强电脉冲致裂前后煤样的渗透率均是随着围压的增大而呈现出逐渐减小的趋势。出现这种现象是因为随着围压的增大，煤体中的孔隙和裂隙结构发生了一定程度的闭合，孔隙率有所下降，瓦斯在煤体中流通的通道变窄，造成瓦斯在通过煤体时所受到的阻力变大，最终导致煤体的渗透率变小。

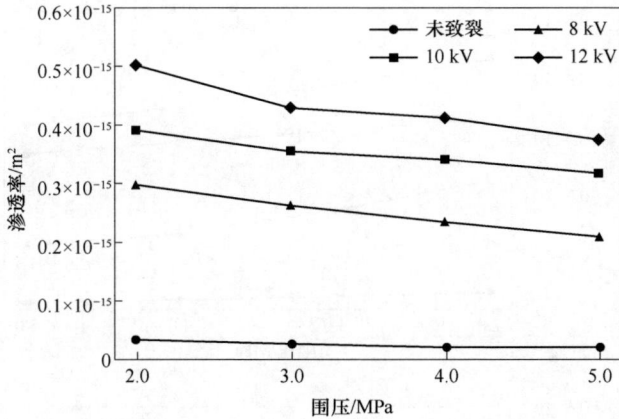

(a)

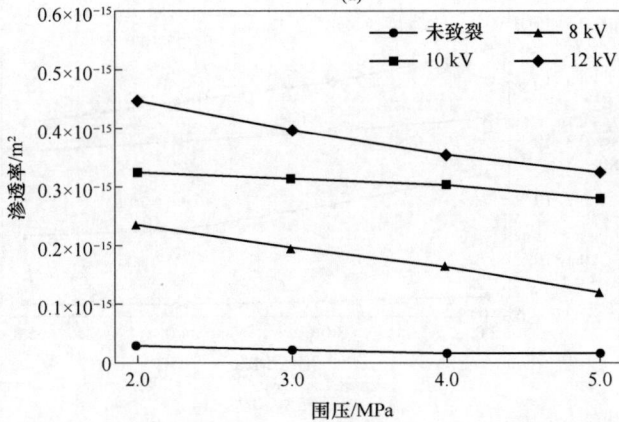

(b)

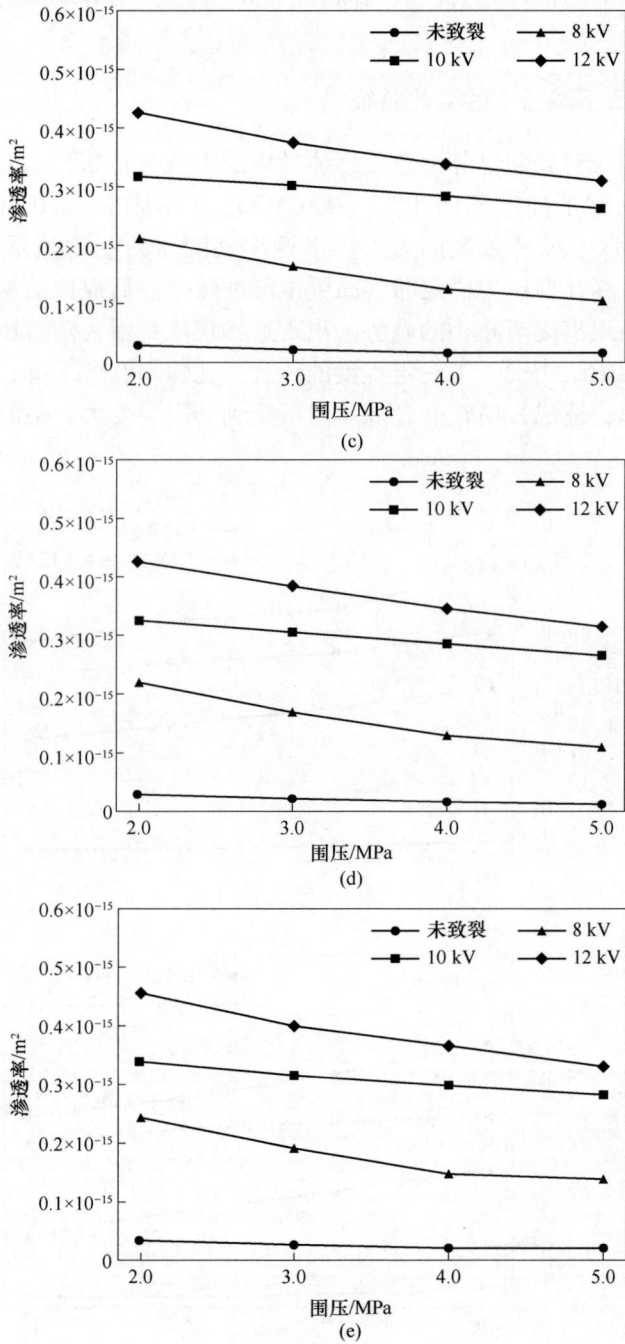

图 4-10　固定瓦斯压力下高强电脉冲致裂前后煤样渗透率随围压的变化关系

（a）瓦斯压力 0.6 MPa；（b）瓦斯压力 0.8 MPa；（c）瓦斯压力 1.0 MPa；

（d）瓦斯压力 1.2 MPa；（e）瓦斯压力 1.4 MPa

根据图 4-10 中的渗透率数据，对固定瓦斯压力下高强电脉冲致裂前后煤样的渗透率与围压之间的关系进行曲线拟合，拟合结果见表 4-5。由表 4-5 可知，高强电脉冲致裂前后煤样的渗透率随着围压的增加均呈现出负指数下降的趋势，这与一些学者的研究结果是一致的。此外，在瓦斯压力固定不变时，同一围压条件下，经过高强电脉冲致裂的煤样的渗透率明显比致裂前的煤样的渗透率大，且放电电压越高，致裂后的煤样的渗透率越大。因为高强电脉冲致裂煤样时，产生的冲击波和热膨胀力等作用使煤体中出现了大量新生的孔隙和裂隙，同时煤体原始孔隙和裂隙也得到一定的扩展和延伸，煤体中的孔隙和裂隙相互贯通形成网络系统，使得瓦斯在煤体中的流通通道变得更加通畅，有利于瓦斯的运移。

表 4-5　不同瓦斯压力下高强电脉冲致裂前后煤样渗透率与围压的拟合关系

瓦斯压力/MPa	放电参数/kV	拟合曲线	拟合度 R^2
0.6	未致裂	$y = 0.0464e-0.166x$	0.9657
	8	$y = 0.3761e-0.117x$	0.9994
	10	$y = 0.4457e-0.067x$	0.9829
	12	$y = 0.5888e-0.091x$	0.9537
0.8	未致裂	$y = 0.0461e-0.252x$	0.9986
	8	$y = 0.374e-0.219x$	0.9719
	10	$y = 0.3652e-0.051x$	0.9733
	12	$y = 0.5512e-0.107x$	0.9971
1.0	未致裂	$y = 0.0397e-0.253x$	0.994
	8	$y = 0.3336e-0.239x$	0.9932
	10	$y = 0.3612e-0.062x$	0.9851
	12	$y = 0.5209e-0.106x$	0.9927
1.2	未致裂	$y = 0.0474e-0.289x$	0.9749
	8	$y = 0.3449e-0.233x$	0.9904
	10	$y = 0.3715e-0.065x$	0.9991
	12	$y = 0.5241e-0.102x$	0.9985
1.4	未致裂	$y = 0.0458e-0.244x$	0.9850
	8	$y = 0.3472e-0.201x$	0.9605
	10	$y = 0.3748e-0.059x$	0.9946
	12	$y = 0.5497e-0.103x$	0.9972

参 考 文 献

[1] Hu B, Cheng Y, He X, et al. Effects of equilibrium time and adsorption models on the

characterization of coal pore structures based on statistical analysis of adsorption equilibrium and disequilibrium data [J]. Fuel, 2020, 281: 118770.

[2] Reichert F, Gonzalez J J, Freton P. Modelling and simulation of radiative energy transfer in high-voltage circuit breakers [J]. Journal of Physics D Applied Physics, 2012, 45 (37): 1-6.

[3] 程远平, 胡彪. 微孔填充-煤中甲烷的主要赋存形式 [J]. 煤炭学报, 2021, 46 (9): 2933-2948.

[4] 张遵国, 李丹丹, 陈毅, 等. 气体压力与粒径对煤 CO_2 动态扩散-吸附特征影响研究 [J]. 矿业科学学报, 2024, 9 (4): 493-503.

[5] 张黎明, 林健云, 司磊磊, 等. 高阶煤吸附孔结构特征及其对甲烷吸附能力的影响 [J]. 工矿自动化, 2024, 50 (7): 147-155.

[6] 李树刚, 周雨璇, 胡彪, 等. 低阶煤吸附孔结构特征及其对甲烷吸附性能影响 [J]. 煤田地质与勘探, 2023, 51 (2): 127-136.

[7] 王思琪, 张瑞林, 周银波. 温度对中等变质程度焦煤中甲烷吸附解吸特征的影响研究 [J]. 矿业安全与环保, 2022, 49 (6): 57-61, 78.

[8] 李帅魁, 姜文忠, 田富超. 不同温度下气体竞争吸附特性对煤微观结构响应研究进展 [J]. 煤矿安全, 2022, 53 (11): 167-175.

[9] 许江涛. 基于分子模拟方法的温度对软硬无烟煤吸附甲烷特性的影响研究 [J]. 煤矿安全, 2022, 53 (7): 158-165.

[10] 梁跃辉, 石必明, 岳基伟, 等. 带压环境下煤体瓦斯解吸特性及模型 [J]. 煤炭学报, 2025, 50 (3): 1569-1582.

[11] 杨科, 王长城, 张寨男, 等. 瓦斯吸附-解吸对饱水煤样力学特性及损伤机理研究 [J/OL]. 工程地质学报, 1-15.

[12] 刘军, 杨通, 王立国, 等. 煤层水锁效应的消除及其对甲烷解吸特性的影响 [J]. 煤炭科学技术, 2022, 50 (9): 82-92.

[13] 张雪洁, 陈明义, 张同浩, 等. 表面活性剂水溶液抑制煤体瓦斯解吸作用的研究进展 [J]. 矿业科学学报, 2022, 7 (6): 738-751.

[14] 司莎莎, 王兆丰, 刘帅强, 等. 冷冻取芯过程煤芯瓦斯解吸特性试验研究 [J]. 中国安全生产科学技术, 2022, 18 (5): 122-128.

[15] 赵方钰, 邓泽, 王海超, 等. 煤体结构与宏观煤岩类型对煤体吸附/解吸瓦斯的影响 [J]. 煤炭科学技术, 2022, 50 (12): 170-184.

[16] 姚栋, 袁梅, 王玉丽, 等. 温度-粒径耦合作用下煤粒瓦斯动扩散系数影响研究 [J]. 矿业研究与开发, 2024, 44 (10): 159-166.

[17] 张迪, 丰程涛, 李鹏, 等. 煤粒瓦斯解吸-扩散数值模型适用性及参数敏感性研究 [J]. 煤炭工程, 2024, 56 (10): 281-288.

[18] 李志强, 刘勇, 许彦鹏, 等. 煤粒多尺度孔隙中瓦斯扩散机理及动扩散系数新模型 [J]. 煤炭学报, 2016, 41 (3): 633-643.

[19] 聂百胜, 柳先锋, 郭建华, 等. 水分对煤体瓦斯解吸扩散的影响 [J]. 中国矿业大学学报, 2015, 44 (5): 781-787.

[20] Thimons E D, Kissell F N. Diffusion of methane through coal [J]. Fuel, 1973, 52 (4):

274-280.

[21] Pan Z, Connell L D. Modelling permeability for coal reservoirs：A review of analytical models and testing data [J]. International Journal of Coal Geology, 2012, 92：1-44.

[22] 荣腾龙, 刘克柳, 周宏伟, 等. 采动应力下深部煤体渗透率演化规律研究 [J]. 岩土工程学报, 2022, 44 (6)：1106-1114.

[23] 王登科, 田晓瑞, 魏建平, 等. 基于工业 CT 扫描和 LBM 方法的含瓦斯煤裂隙演化与渗流特性研究 [J]. 采矿与安全工程学报, 2022, 39 (2)：387-395.

[24] 张磊, 阚梓豪, 薛俊华, 等. 循环加卸载作用下完整和裂隙煤体渗透性演变规律研究 [J]. 岩石力学与工程学报, 2021, 40 (12)：2487-2499.

[25] 苏士龙, 李丽兵, 郭晓阳, 等. 胶结剂和粒度配比对型煤吸附与渗透性的影响 [J]. 煤矿安全, 2020, 51 (12)：8-11.

[26] 刘杰, 张永利, 崔余岩. 热力耦合作用下含瓦斯煤层渗透特性试验研究 [J]. 辽宁工程技术大学学报 (自然科学版), 2017, 36 (12)：1270-1274.

[27] 田坤云. 应力加卸载作用下软硬原煤瓦斯渗透规律 [J]. 西安科技大学学报, 2017, 37 (6)：790-794.

[28] 蒋长宝, 俞欢, 段敏克, 等. 基于加卸载速度影响下的含瓦斯煤力学及渗透特性实验研究 [J]. 采矿与安全工程学报, 2017, 34 (6)：1216-1222.

[29] 王登科, 刘建, 尹光志, 等. 突出危险煤渗透性变化的影响因素探讨 [J]. 岩土力学, 2010, 31 (11)：3469-3474.

[30] 曹树刚, 郭平, 李勇, 等. 瓦斯压力对原煤渗透特性的影响 [J]. 煤炭学报, 2010, 35 (4)：595-599.

5 高强电脉冲致裂煤体增渗机理研究

结合前述章节内容可知，高强电脉冲在对煤体进行致裂的过程中，煤体的裂隙结构和孔隙结构均会受到一定程度的损伤，裂隙是影响煤体中瓦斯运移的关键，而孔隙结构是影响煤体中瓦斯吸附解吸的关键。本章在高强电脉冲致裂煤体孔隙结构演化及瓦斯运移特征研究的基础上，结合理论分析及实验研究结果，研究高强电脉冲在液体中的放电作用机制，建立高强电脉冲冲击波能量"水-煤水分界面-煤"三级传播衰减模型，分析冲击波的频域和能量分布特征，提出高强电脉冲冲击波致裂煤体的破坏机制，揭示高强电脉冲致裂煤体增渗的机理。

5.1 高强电脉冲液体中的放电作用机制

高强电脉冲放电击穿水间隙的瞬间，放电通道内电流瞬间增高，电容器组储存的电能通过高强电极迅速释放，在匹配回路较好的情况下，储存电能可以在极短的时间内通过放电通道在水中产生高强放电冲击波。在液相放电通道中，高强电脉冲放电过程中所产生的巨大热量和高强力汽化膨胀作用是造成冲击波形成的重要原因。因为水中放电过程中放电通道内产生的等离子体的密度和温度远比空气中的大，所以其温度和能量储存能力非常强，而且具有很高的膨胀作用。高强电脉冲在水中放电爆炸和基于空气环境的放电爆炸相比具有自身的特点：（1）水一定程度上具有不可压缩性，受到外界作用后其自身变形能损失有限，致使其传递压力能力非常强。故高强电脉冲水中放电产生的冲击波初始压力要比空气中放电爆炸的大得多，且冲击波衰减的速度及能量的耗散速度都相对较慢。（2）由于水的惯性比空气大，高强电脉冲在水中放电时放电通道的膨胀过程要比在空气环境中放电时慢很多，但因放电通道反复膨胀和压缩而产生的气泡脉动次数要比空气中多。（3）高强电脉冲放电过程中放电间隙附近冲击波传播速度远大于水中声速的传播速度，而水中声速的传播速度（约为 1500 m/s）又比空气中声速的传播速度（约为 334 m/s）大得多。因此，在相同放电条件下，高强电脉冲水中放电产生的冲击波对负载的作用时间比在空气中放电产生的冲击波的作用时间短。

从高强电脉冲放电的过程及对煤体产生的致裂破坏实验结果分析来看，高强电脉冲在液体中的放电作用机制主要表现为液电效应、声学效应、光学效应、热效应、空化效应及电磁辐射效应等[1]。其中液电效应、空化效应和热效应在致裂煤体的过程中起主要作用，而液电效应又是最为关键的，下面对这三种效应作简要分析。

5.1.1 液电效应

所谓的液电效应[2-3]其实是指处于电极间隙中的水等液体介质被高功率脉动电源放电瞬间击穿的过程中所产生的强烈的声能、光能、热能、机械能和电磁能等综合物理化学效应，而对煤体等负载产生致裂作用的冲击波效应（又称机械效应或力学效应）在其中扮演着最为关键的作用，因此有时也特指冲击波效应。液电效应是将储能电容器中储存的高功率高密度电能转换为机械能的重要方式，通过液电效应由电能转换成的机械能可用以下方程来表示：

$$W = \eta \int_0^t RI^2 \mathrm{d}t \tag{5-1}$$

式中，W 为转化的机械能能量，J；η 为转化效率值，取值 0~1；R 为放电通道内电弧电阻，Ω；I 为放电通道内电弧电流，A；t 为放电持续时间，s。

在液电效应过程中，要想提高电脉冲对煤体的致裂效果，最方便实用的途径就是提高放电过程中产生的冲击波压力，可通过减小放电持续时间、提高放电脉冲功率、压缩液体介质和蒸汽层及提升脉冲冲击波的波前陡峭度等方法实现，这需要对放电过程参数及电路结构进行合理的调整设计来实现。在放电的过程中，放电通道周围往往形成放电间隙区、破坏区、硬化区、弹性作用区和压缩区等几个扩展区域，如图5-1所示[2,4]。在放电间隙区主要产生液化膨胀作用而形成向

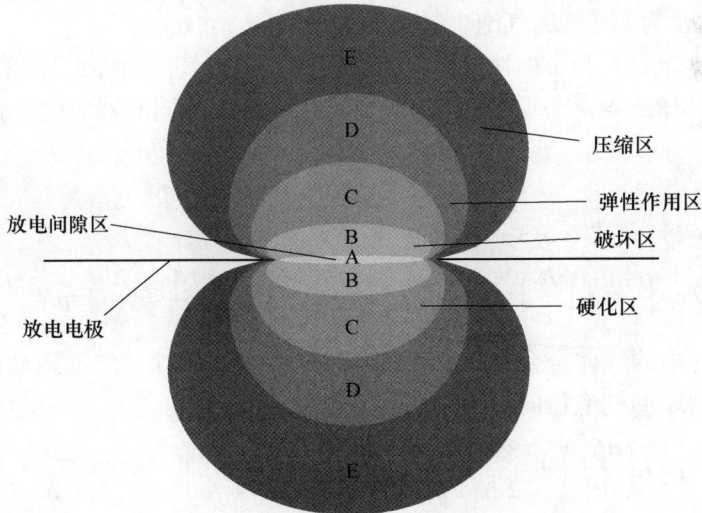

图 5-1　液电效应产生的冲击波空间分布

外释放的冲击波。由于冲击波的衰减速度很快，冲击波在传播的过程中其所携带的能量也会快速消耗，因此距离电极间隙越近的区域，冲击波的能量和压力越大，对煤体的破坏能力也越强。之前的学者研究发现，冲击波对处在破坏区和硬化区的煤体才会产生破坏作用，而对处在弹性破坏区和压缩区的煤体往往无法造成致裂作用，但可以诱导该区域的煤体中的瓦斯产生扰动而发生改变。

5.1.2 空化效应

空化效应是高强电脉冲液体介质中放电过程产生的一种非常独殊又重要的现象，空化效应的发生离不开液体介质，其产生的基本条件就是气泡（空化核）的存在[5-6]。煤层中由于水的存在通常会含有大量的气泡，当高功率高能量的脉冲冲击波作用于煤体时，这些气泡在强大的拉应力作用下会瞬间向外膨胀扩张，膨胀的过程中气泡内压力不断降低，受到周围介质强烈压缩后又会迅速缩小、溃灭，溃灭时将泡内的高温高强气体以冲击波的形式向外辐射，对周围煤体产生致裂破坏作用，同时也会生成大量新的气泡进一步参与下一次的空化效应。

高强电脉冲水中放电产生的空化效应可分为稳定空化和瞬态空化[7]。瞬态空化是对外产生冲击致裂作用的关键，是指气泡在极强冲击压力下瞬间膨胀扩张后又迅速突然溃灭。外加正弦压力波的作用形式可用 $p = p_{\mathrm{m}} \sin\omega t$ 来表示，当施加外加场强时，液体移向气泡时，气泡发生回缩，所获得的动能为：

$$E_{\mathrm{k}} = \frac{1}{2} m v^2 = \int_R^\infty \frac{1}{2} \rho (4\pi r^2) \mathrm{d}r \left(\frac{\mathrm{d}r}{\mathrm{d}t}\right)^2 \tag{5-2}$$

式中，m 为气泡的质量；v 为气泡的运动速度；ρ 为液体介质的密度；r 为气泡初始时刻的半径；R 为 t 时刻的气泡半径。

由于液体介质的弱压缩性，假设其充填的体积与气泡回缩的体积大致是相同的，即：$4\pi R^2 \mathrm{d}R = 4\pi r^2 \mathrm{d}r$，于是有 $R^2 \mathrm{d}R = r^2 \mathrm{d}r$，两边同时对时间 t 求导可得出：

$$\frac{\mathrm{d}r}{\mathrm{d}t} = \left(\frac{R}{r}\right)^2 \frac{\mathrm{d}R}{\mathrm{d}t} \tag{5-3}$$

由式（5-2）和式（5-3）联合可得：

$$E_{\mathrm{k}} = 2\pi\rho \int_R^\infty r^2 \mathrm{d}r \left(\frac{R}{r}\right)^4 \left(\frac{\mathrm{d}R}{\mathrm{d}t}\right)^2 = 2\pi\rho R^4 \left(\frac{\mathrm{d}R}{\mathrm{d}t}\right)^2 \int_R^\infty \frac{1}{r^2} \mathrm{d}r = 2\pi\rho R^3 \left(\frac{\mathrm{d}R}{\mathrm{d}t}\right)^2 \tag{5-4}$$

假设气泡内的气体符合理想状态且蒸气压可忽略不计，气泡运动的过程又为绝热运动，则球形气泡径向等温运动的方程可表示如下：

$$\rho \left[R\left(\frac{\mathrm{d}R^2}{\mathrm{d}t^2}\right) + \frac{3}{2}\left(\frac{\mathrm{d}R}{\mathrm{d}t}\right)^2 \right] = -P_{\mathrm{v}} + \frac{2\gamma}{R_0}\left(\frac{R_0}{R}\right)^{3n} - P - \frac{2\gamma}{R} \tag{5-5}$$

式中，R 为气泡在 t 时刻的半径；R_0 为气泡的初始半径；P_{v} 为蒸气压力；γ 为与气体状态和种类有关的比热容比，煤层瓦斯可近似取 1.2；n 为热力学指数，取值范

围为 $1 \leqslant n \leqslant \lambda$ 。

当气泡的初始半径小于气泡的共振半径时，气泡因惯性扩张到最大半径后会瞬间回缩、溃灭，产生瞬态空化效应，此时气泡的闭合速率为[8]：

$$U = \left\{ \frac{2P}{3\rho} \left[\left(\frac{R_{\mathrm{m}}}{R} \right)^3 - 1 \right] - \frac{2Q}{3\rho(\gamma - 1)} \left(\frac{R_{\mathrm{m}}^{3\gamma}}{R^{3\gamma}} - \frac{R_{\mathrm{m}}^3}{R^3} \right) \right\}^{0.5} \tag{5-6}$$

式中，P 为气泡外部压力；Q 为气泡内部压力；R_{m} 为气泡扩张的极值半径。

结合欧拉方程和连续性方程，可得到气泡溃灭时向外辐射的冲击波压力为：

$$P(r) = P + \frac{R_{\mathrm{m}}}{3Z\gamma} \left[\frac{Z^\gamma Q}{\gamma - 1} (3\gamma - 4) + \frac{ZQ}{\gamma - 1} + (Z - 4)P \right] -$$

$$\frac{R_{\mathrm{m}}^4}{3Z^4 \gamma^4} \left[P(Z - 1) - \frac{Q}{\gamma - 1} (Z^\gamma - Z) \right] \tag{5-7}$$

式中，$Z = \left(\dfrac{R_{\mathrm{m}}}{R} \right)^3$ 。

从式（5-7）可看出，气泡溃灭时向外辐射的冲击波压力与气泡向外膨胀扩张的极值半径呈正相关关系。气泡扩张的极值半径越大，气泡溃灭后的半径就越小，即 Z 值越小，气泡内部的气体压力也就越小，相应地气泡闭合速率也就越大，最终气泡溃灭时向外辐射的冲击波压力也就越大，反之亦然。气泡内蓄积的能量在气泡完全破灭时会以高强冲击波的形式向外辐射爆发出来，同时也会释放出大量热量，共同对周围煤体内部结构产生冲击、弱化及破坏作用。这种破坏作用一方面打破了煤体中瓦斯原有的吸附平衡状态，诱导瓦斯从煤体表面脱附释放，促进瓦斯在煤体中快速解吸扩散；另一方面对煤体内部孔隙-裂隙网络进行改善，增强煤体内部孔隙-裂隙网络的连通性，疏通瓦斯在煤层中流通的通道，改善煤体的渗透率，从而提高瓦斯在煤层中的快速运移和产出。

5.1.3 热效应

高强电脉冲液体在放电过程中会产生强烈的热效应，热效应明显会引起煤体温度升高，进而造成煤体发生相应的变化。分析可知，产生热效应的热源主要来源于三个方面：第一，放电过程中部分电能的直接转化；第二，冲击波在煤体中传播时衰减释放；第三，空化作用瞬间释放的高温热能。

高强电脉冲在液体中放电本身就是一个电能释放和转换的过程，在这个过程中电能并非全部转换为机械能，部分电能也会转换为热能、光能、声能等向外释放。其中转换的热能会以热辐射的方式使放电通道周围的煤体温度瞬间升高，当然由于液态水存在的作用，这个升温持续的时间也相应地非常短暂，但足以对煤体产生一定的作用。由于煤体本身各向异性且非均质的特点，高端电脉冲产生的冲击波在煤体中传播时会发生衰减现象，而冲击波本身就是一种携带能量的波，在煤体中衰减时会将其所携带的能量传递给煤体介质，煤体介质吸收这部分能量后会转化为热能并产生一定的热量，产生的热量会导致煤体部分区域温度升高。同时由于波阻抗的差异，冲击波在煤体内部不同介面处质点发生相对运动而产生摩擦效应，从而引起煤体局部区域温度升高。另外，空化作用产生的气泡在溃灭的瞬间会将泡内的高温气体喷出而释放出大量的热量，高强电脉冲放电冲击波越强烈，空化作用就会越剧烈，产生的热效应也就越强，对煤体的影响也就越显著。

在上述热源引起的热效应作用下，煤体温度会上升。温度是控制煤体瓦斯吸附解吸动态平衡状态的重要因素，温度升高会打破这个动态平衡状态，为煤体中瓦斯解吸提供了持续的能量。当瓦斯分子获取足够能量后其活性会增强，引起其分子热运动加速，从而导致其从煤体表面脱附释放转变为游离态，最终形成新的吸附平衡状态。同时在温差的作用下，煤体中不同矿物成分的性质发生改变，在热膨胀应力的作用下，煤体内部出现不同程度的变形，诱发煤体内部产生裂隙网络，最终促进煤体中瓦斯的扩散和运移。

5.2 高强电脉冲冲击波传播衰减机制及特征

5.2.1 高强电脉冲冲击波传播衰减机制

高强电脉冲冲击波传播的特征主要取决于水、煤体等传播介质的物理化学性质等，其中水介质的存在直接影响到冲击波能量的传播和范围，它对冲击波的形成和发展起到助推作用。图 5-2 为高强电脉冲冲击波的传播示意图，由图可知，由液电效应诱导而产生的冲击波可分为弹性波和塑性波两种，在向周围传播的过程中两种波均呈现出球形波的形式，而且弹性波影响区域主要集中在放电通道周

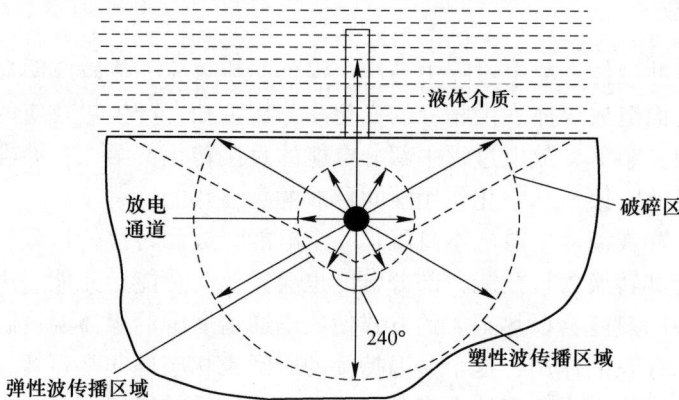

图 5-2　高强电脉冲水中放电冲击波传播示意图

围，扩散区域远小于塑性波的[9]。当放电冲击波从水介质中传入煤体介质中后，由于煤体自身复杂的多孔、非均质属性，大量原始孔隙、裂隙等结构分布于其内部，因此煤体中冲击波的传播特征更加复杂，明显有别于水中的传播特征。

研究认为，高强电脉冲水中放电与炸药水中爆炸产生的冲击波有很多相似之处，因此可借鉴炸药在水中爆炸时冲击波的传播特征来研究高强电脉冲冲击波传播特征。但高强电脉冲冲击波是靠电能注入转化为焦耳热能驱使放电通道对外膨胀形成的，而炸药水中爆炸产生的冲击波是依靠化学物质发生反应生成的爆生气体膨胀形成的，两者能量来源有所不同，此外高强电脉冲水中放电的通道通常比炸药的炮孔孔径小很多，因此，两者之间又存在一些差异。当高强电脉冲在水中放电产生向外膨胀的爆炸冲击波时，水介质和煤体介质等对冲击波能量的阻挡作用，使得冲击波在传播的过程中部分能量损耗，导致冲击波距离爆源（放电间隙）从近及远逐渐衰减形成应力波和地震波，如图 5-3 所示。

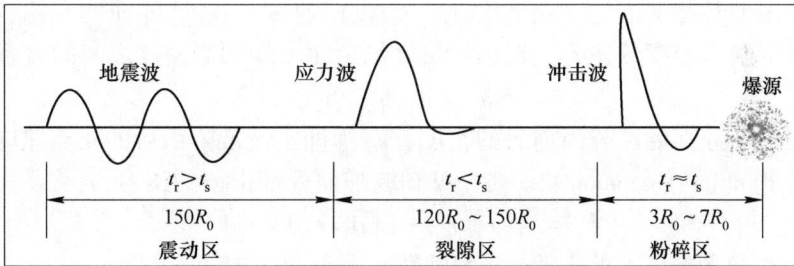

图 5-3　高强电脉冲冲击波衰减示意图

在这三个不同类型的波中，冲击波的传播速度最快，所携带的能量最大，压力最强，其强度远高于煤体的抗压和抗拉强度，使其作用区域的煤体往往形成粉碎区；冲击波经过粉碎区的传播后，粉碎区内煤体波阻抗差异较大，使得冲击波在该区域传播过程中其所携带的能量及波速以指数形式急剧衰减为应力波，而在应力波影响的区域煤体的强度仍小于波的压力，但差别不是那么明显，因此煤体往往会在径向上形成大小和尺度不一的裂隙，即裂隙区；当应力波经过裂隙区的进一步衰减后再向煤体深部传播时，其能量和波速已经很小，此时已变成了地震波，无法对煤体造成破坏，但仍可以对该波所影响的区域产生震动而形成震动区。

由以上分析可知，高强电脉冲放电过程中产生的冲击波在向外传播时，其波速、压力及所携带的能量是逐渐衰减的，这种衰减主要是因为冲击波在通过水介质、煤体介质及不同介质界面处时会有一定的能量损耗，表现为"水-煤水分界面-煤"三级传播衰减特征，具体分析如下：

（1）水介质中的衰减。高强电脉冲在水中放电过程中会使水产生汽化膨胀，导致水介质不同区域处的密度有所差异，因此产生的冲击波在水介质中传播时会发生折射和反射现象。研究发现，高强电脉冲冲击波波速、压力及能量在水介质中以指数形式快速衰减，其衰减时间和速度与电源结构及电容储能有关。同时，由于水的阻尼作用，冲击波在传播的过程中所携带的能量会不断损耗，冲击波的强度呈现出逐渐下降的趋势。

通常来说，高强电脉冲水中放电的正负电极间的间距都比较小，因此可以把放电过程中所产生的冲击波简化为是由点震源向四周扩散的球面波，其冲击波强度随着传播距离的增大呈现出快速衰减的趋势，放电过程中放电通道周围空间任意点位置的压力大小 P_r 与离点震源的距离 r 和冲击波峰值压力 P_m 有关[3]，即：

$$P_r = P_m \cdot e^{-k \cdot r/c_0} = A \cdot E_0^\alpha \cdot e^{-k \cdot r/c_0} \tag{5-8}$$

式中，c_0 为冲击波波速；k 为指数衰减系数；A 为由压力传感器的距离决定的常数；α 为与电极结构有关的常数。

当冲击波传播到任意一界面处时，假设以速度 v_1 从波阵面的一侧进入到另一侧，由于两侧密度的差异，根据质量守恒定律可知两侧密度之间的关系为：

$$\rho_0 v_1 = \rho_1 (v_1 - v_0) \tag{5-9}$$

式中，ρ_0、ρ_1 分别为波阵面前后的密度；v_0 为冲击波波阵面后的质点速度。

根据 Rankine-Hugoniot 关系式，可知波阵面处冲击波的压力为：

$$P_1 = (\rho_0 c_1^2/n) \cdot [(\rho_1/\rho_0)^n - 1] \tag{5-10}$$

式中，c_1 为静水条件下的声速；n 为常数，一般取 7.15。

如此，则球面波的能量 E_s 可用下式来表示：

$$E_s = \frac{4\pi R_q^2}{c_1 \rho_0} \cdot \int_0^\tau P_1^2 \mathrm{d}t \tag{5-11}$$

式中，R_q 为球面波的半径；τ 为放电冲击波持续时间。

对式（5-11）进行简化并假设冲击波压力波形为方波，同时结合式（5-8）、式（5-9）和式（5-10），则可得到冲击波能量的表达式为：

$$E_s = 4\pi R_q^2 c_1^3 \rho_0 \left(\frac{v_0}{v_1 - v_0} \right)^2 \cdot \tau \tag{5-12}$$

从式（5-12）可以看出，冲击波能量的大小与冲击波持续时间、波阵面后的质点速度及冲击波扩散的半径有关。冲击波的能量直接与波阵面的压力有关，因此冲击波能量越高对煤岩体的致裂破碎效果越有利。

（2）固液分界面处的衰减。高强电脉冲水中放电产生的冲击波最先是在水介质中传播的，当从水介质中传播进入煤体中时，由于水和煤体两种介质的密度及波阻抗是不同的，冲击波在两介质分界面处传播时会发生反射和折射现象。冲击波在折射和反射的过程中，其传播方向和波速均会发生改变，此时冲击波所携带的能量转换为入射能量和反射能量，在该过程中由于部分能量的损耗，在水介质中和煤体中形成了反射应力波和透射应力波。依据弹性应力波相关理论可知，两种应力波的能量分别为：

$$\sigma_R = -\frac{\rho_2 c_2 - \rho_1 c_1}{\rho_2 c_2 + \rho_1 c_1}\sigma_I, \quad \sigma_T = \frac{2\rho_2 c_2}{\rho_2 c_2 + \rho_1 c_1}\sigma_I \tag{5-13}$$

式中，σ_R、σ_T、σ_I 分别为反射、透射和入射应力波的能量；ρ_1、ρ_2 分别为水介质和煤体的密度；c_1、c_2 分别为水介质和煤体的波速。

σ_T 为穿过分界面进入煤体的透射应力波的能量，根据能量守恒定律可得：

$$\sigma_I + \sigma_R = \sigma_T \tag{5-14}$$

由式（5-13）、式（5-14）并根据波的反射、入射和透射相应知识可知：

$$\sigma_T = T\sigma_I, \quad \sigma_R = F\sigma_I, \quad T = \frac{2}{1+n}, \quad F = \frac{1-n}{1+n}, \quad n = \frac{\rho_2 c_2}{\rho_1 c_1} \tag{5-15}$$

式中，F、T 分别为冲击波反射系数和应力波透射系数；n 为波阻抗比。

从式（5-15）可知，应力波的传播特征与传播介质自身属性有关，但两种介质的波阻抗比对其也有显著影响，两介质波阻抗比越大，应力波传播衰减程度就越高。

（3）煤体中的衰减。煤体的结构特征和物理力学性质对应力波在煤体中的传播特征有重要影响，当把煤体假设视为理想的弹性介质时，弹性应力波传播到煤体时引起煤体质点产生运动的方程为[10]：

$$(\lambda + G)\frac{\partial\theta}{\partial x_i} + G\,\nabla^2 u_i = \rho\frac{\partial u_i}{\partial t^2} \quad (i = 1, \ 2, \ 3) \tag{5-16}$$

式中，u_i 为煤体质点运动的位移；∇^2 为 Laplace（拉普拉斯）算子；λ、G 为 Lame（拉梅）常数；ρ 为煤体的密度；θ 为煤体质点的体积应变；t 为时间。

而应力波在煤岩等矿石材料介质中传播时其应力衰减如下：

$$\sigma_r = \sigma_0 / \bar{r}^\alpha \tag{5-17}$$

式中，σ_r 为煤岩体中某质点的切向应力；σ_0 为钻孔周围煤体所受到的压力；α 为与煤岩性质有关的衰减系数；$\bar{r}$ 为煤岩体中某一点的比例距离。

而针对煤体而言，衰减系数 α 可用煤的泊松比 μ 来进行换算，如下：

$$\alpha = \frac{3-\mu}{1-\mu} \tag{5-18}$$

煤是一种非均质多孔介质，内部含有一定的孔隙、裂隙等原始损伤及不同类型的杂质介质。煤体中的这些初始损伤会对应力波的传播产生反射、折射等干扰，导致应力波的波速、方向、压力等发生改变，在这一过程中应力波所携带的部分能量 e_r 也会被煤体介质所吸收而逐渐发生衰减，其能量衰减表达式可表示如下：

$$e_r = \frac{1}{\rho c_p}\int_0^t \sigma^2(r)\,dr \tag{5-19}$$

式中，ρ 为煤体的密度；c_p 为冲击波在煤体中的传播速度。

5.2.2　高强电脉冲冲击波频域和能量分布特征

5.2.2.1　冲击波频域分布特征

频谱分析可以将复杂的振动冲击信号转换为由多个简单的不同频率的振动信号组成，找出信号在不同频率段下的特征信息（如强度、相位、幅度或功率等）[11]。冲击波振动信号的时域转频域的分析方法多种多样，常用的有小波变换法和傅里叶变换法（FT）等，本节采用快速傅里叶变换法（FFT）将 2.4.1 节的高强电脉冲冲击波振动速度时域信号转换为频域信号，以分析其频谱变化特征。

A　快速傅里叶变换法

时域分析与频域分析是对模拟信号的两个观察面。时域分析是以时间为 X 坐标轴，振幅为 Y 坐标轴来表示冲击波振动信号的动态变化关系；频域分析则是把冲击波振动信号变为以频率 X 坐标轴，振幅为 Y 坐标轴来表示信号的变化特征。时域对信号的描述比较直观与形象，而频域分析对信号的剖析更深入且表示更简练。目前，爆破振动信号处理分析的趋势是倾向于从时域向频域发展。对于冲击波振动时域信号 $f(t)$ 来说，可通过 FT 将其转换为频域信号 $F(\omega)$，如式（5-20）所示：

$$F(\omega) = \mathcal{F}[f(t)] = \int_{-\infty}^{\infty} f(t) e^{-i\omega t} dt \qquad (5-20)$$

式中，t 为时域时间采样点；i 为虚数单位，$i^2 = -1$；ω 为频率，Hz。

同理，也可将 $F(\omega)$ 通过傅里叶逆变换转变为时域信号 $f(t)$，如式（5-21）所示：

$$f(t) = \mathcal{F}[F(\omega)] = \frac{1}{2\pi} \int_{-\infty}^{\infty} F(\omega) e^{i\omega t} d\omega \qquad (5-21)$$

从式（5-20）、式（5-21）的函数形式可知，两式互为可逆的傅里叶变换，而且时域信号与频域信号互为单一对应。因此采用 FT 可以将高强电脉冲冲击波振动的时域信号转换为频域信号。时域数据经过 FT 变换后可得到其傅里叶谱的幅值谱，其中幅值谱反映了频域中各谐波分量的单峰幅值随频率的线性分布[12]。傅里叶变换本身是连续的，无法使用计算机计算。此外，高强电脉冲作用过程中采用爆破测振仪测量时需要设置采样频率，即采集到的信号数据一般为离散的时域信号。离散傅里叶变换的运算量通常很大，为提高运算速度通常使用 FFT 来进行时域转频域的变换，该方法在工程应用上非常广泛，其变化方法如式（5-22）所示。

$$F(k) = \Delta \times \sum_{n=0}^{N-1} f(t) \cdot e^{-i2\pi k dt \Delta} \quad (k = 0, 1, \cdots, N-1) \qquad (5-22)$$

式中，$f(t)$ 为振动信号时域信号；Δ 为采样点间隔时间；t、N 分别为时域时间采样点及离散点总数；k、d 为频域的采样点和基频。

B　结果与分析

依据上节式（5-20）、式（5-21）函数关系，利用 MATLAB 软件编制计算程序对爆破测振仪测试的时域信号进行解算，可得到不同放电条件下的冲击波频域分布特征图。由于测试数据较多，本节仅以不同放电电压（8 kV、10 kV 和 12 kV）条件下的高强电脉冲冲击波频域分布结果为例来进行分析。图 5-4 ～图 5-6 分别为 8 kV、10 kV 和 12 kV 条件下的爆破测振仪所测得的冲击波振动信号的频域分布图。从图中可以看出，三种电压条件下冲击波的频域基本都分布在 2000 Hz 以内，超过 2000 Hz 的基本很少出现，说明高强电脉冲水中放电的过程，其产生的冲击波振动的频率基本属于中低频段范围，而高频段很少出现。

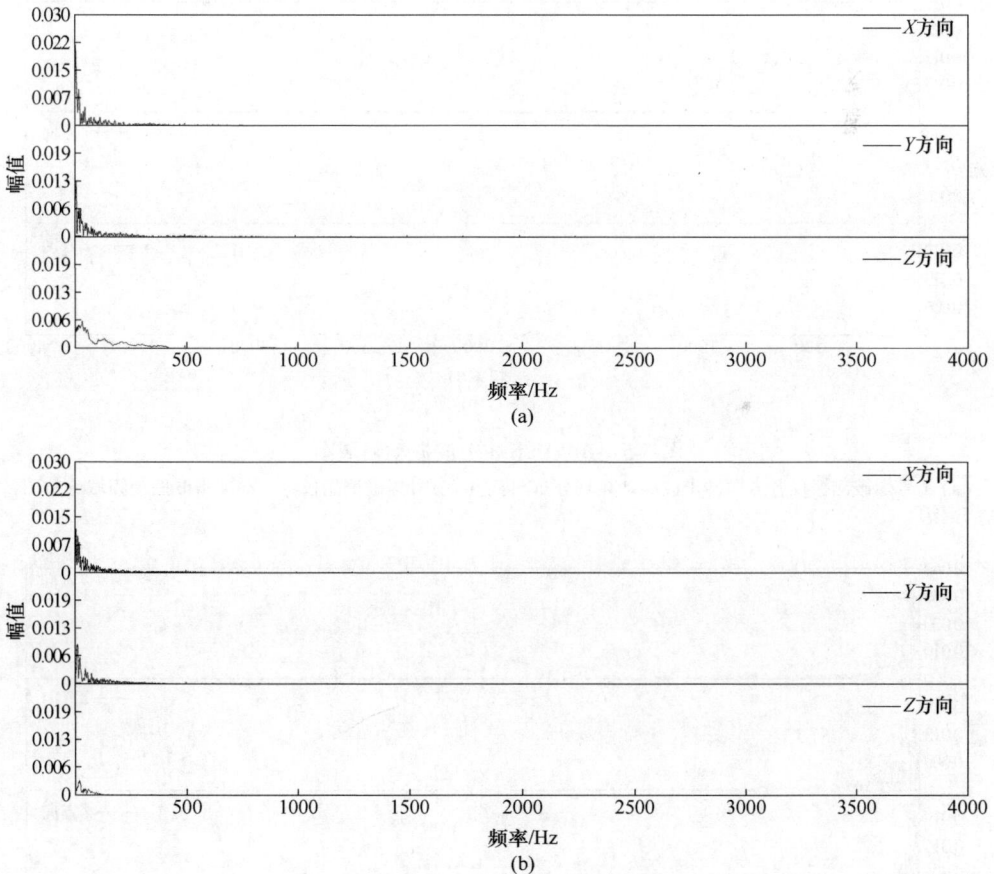

图 5-4　8 kV 下冲击波振动频域图

（a）1 号爆破测振仪各方向冲击波振动频域分布图；（b）2 号爆破测振仪各方向冲击波振动频域分布图

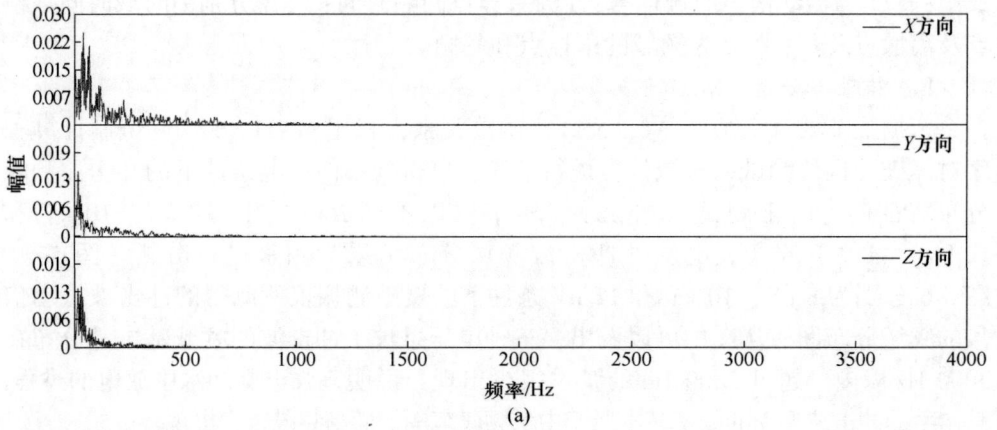

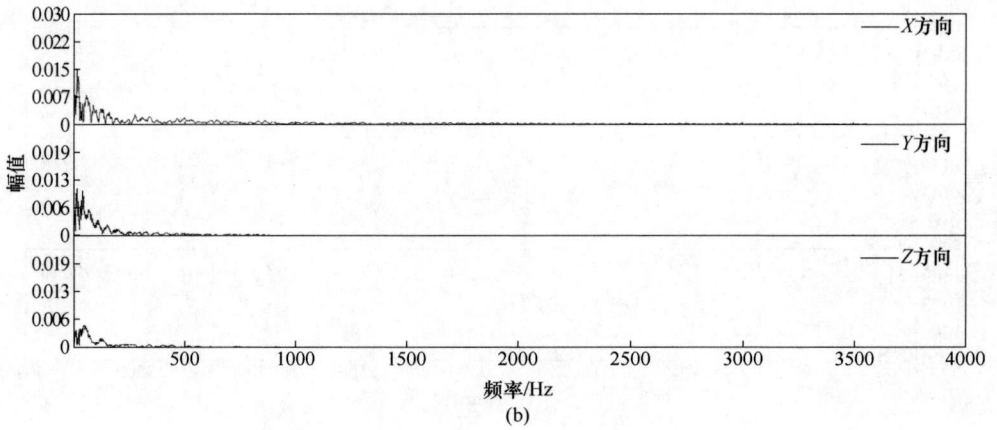

图 5-5 10 kV 下冲击波振动频域图

（a）1号爆破测振仪各方向冲击波振动频域分布图；（b）2号爆破测振仪各方向冲击波振动频域分布图

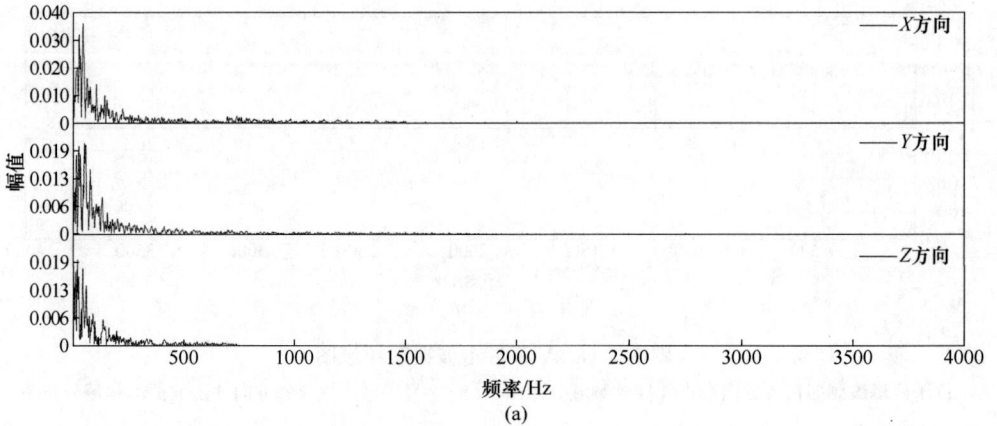

（a）

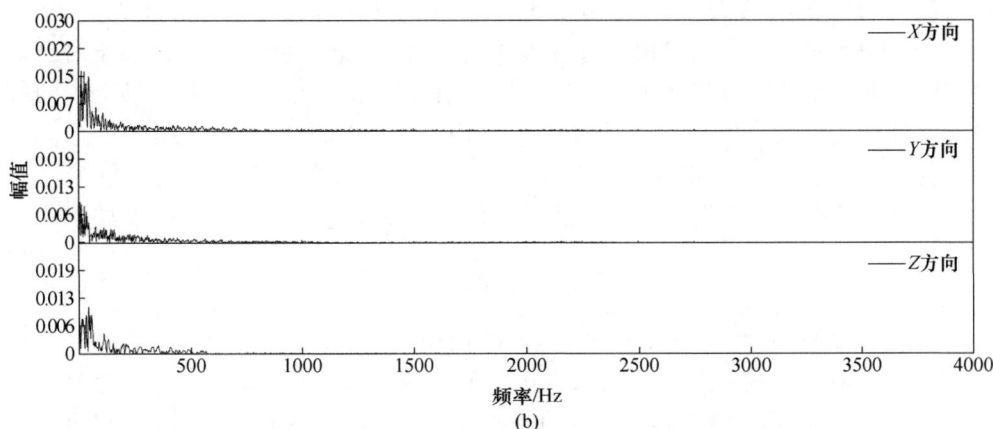

图 5-6 12 kV 下冲击波振动频域图

(a) 1 号爆破测振仪各方向冲击波振动频域分布图；(b) 2 号爆破测振仪各方向冲击波振动频域分布图

从图 5-4 中可以看出，1 号和 2 号爆破测振仪测得的各方向冲击波作用频率均主要集中分布在 0~1000 Hz 频段，尤其是在 0~500 Hz 最为集中。1 号爆破测振仪测得的冲击波频率范围要比 2 号爆破测振仪测得的冲击波频率范围更大，说明相同条件下，离电极放电中心位置越近，其冲击波频率范围越大。另外，对比各方向冲击波频率分布特征，可看出，X 方向冲击波频率范围要比 Y 方向和 Z 方向的稍微宽泛一些，且在较低频段（0~100 Hz）的幅值也更大些，表明正对爆心方向的冲击波频率更集中于低频段。从图 5-5 中可以看出，10 kV 条件下 1 号和 2 号爆破测振仪测得的各方向冲击波作用频率均主要集中分布在 0~1500 Hz 频段，最为集中的频段仍是在 0~500 Hz，但 500~1000 Hz 频段范围的冲击波频率所占比例有所上升。从图 5-6 中可以看出，12 kV 电压条件下 1 号和 2 号爆破测振仪测得的各方向冲击波作用频率均主要集中分布在 0~2000 Hz 频段，最为集中的频段还是在 0~500 Hz，但 500~1500 Hz 频段范围的冲击波频率所占比例有所上升，尤其是 500~1000 Hz 频段所占比例上升比较明显。对比各方向冲击波频率分布特征，可以看出，X 方向的冲击波频率范围仍是要比 Y 方向和 Z 方向的更宽一些，低频阶段的幅值也更大，与 8 kV 电压条件下变化规律相同。

通过以上分析可知，随着放电电压的增加，冲击波的频率范围逐渐扩宽，但低频阶段（0~500 Hz）冲击波所占比例仍最大，表明高强电脉冲冲击波的振动频率属于中低频，一般来说，中低频冲击波能量衰减速度较慢，容易引起材料内部结构的损伤破坏。

5.2.2.2 冲击波能量分布特征

A EEMD 分解方法

高强电脉冲产生的冲击波是一种典型的非稳态信号，而 FT 和 FFT 都只能描

述爆破振动冲击波频域的整体分布特征，无法对局部进行频域分析。Huang
等[13]于 1998 年提出了经验模态分解方法（EMD），该方法可以不利用任何已设
定好的函数为基底即可将非平稳、非线性的信号自适应地分解成多组具有不同频
段的本证模式函数（IMF）。后添加了白噪声作为辅助进行改进，提出了总体平
均经验模态分解法（EEMD）。该方法可以自适应地将爆破振动冲击波信号分解
成若干个彼此间无模态混叠、频率从高到低的 IMF 分量，用函数可表示如下[14]：

$$x_i(t) = \sum_{j=1}^{N} imf_{j,i}(t) + R_{j,i}(t) \tag{5-23}$$

式中，$x_i(t)$ 为向原始信号 $x(t)$ 加入 i 次白噪声后的信号，$i = 1, 2, \cdots, N$；
$R_{j,i}(t)$ 为分解后的残余项，$j = 1, 2, \cdots, N$ 为 $imf_{j,i}(t)$ 分量的序号。

通常加入的 i 次白噪声序列是随机且不相关的，需将全部 $imf_{j,i}(t)$ 分量进行求
平均值，如此可加入的白噪声信号抵消而分解得到真实信号，最终分解结果为：

$$imf_j(t) = \frac{1}{N} \sum_{i=1}^{N} imf_{j,i}(t) \tag{5-24}$$

如此可将原始信号 $x(t)$ 分解为由多个 $imf_j(t)$ 分量和残余项 $R_j(t)$ 构成的多
项式：

$$x(t) = imf_1(t) + imf_2(t) + \cdots + R_j(t) \tag{5-25}$$

B　Hilbert 变换方法

信号能量的大小可以反映信号向外传播的能力及对外做功的大小。在 EEMD
分解的基础上，Norden E. Huang 进一步提出了希尔伯特-黄变换（HHT），可以
对 EEMD 分解出的各个 IMF 分量进行 Hilbert 变换，从而得到各 IMF 分量的瞬时
频率以及能量大小[15]。IMF 分量信号 $c(t)$ 进行 Hilbert 变换的表达式如下[16]：

$$H[c(t)] = \frac{1}{\pi} PV \int_{-\infty}^{\infty} \frac{c(t')}{t - t'} dt' \tag{5-26}$$

式中，PV 表示柯西主值。于是，可构造解析信号 $z(t)$：

$$z(t) = c(t) + jH[c(t)] = a(t)e^{j\phi(t)} \tag{5-27}$$

式中，$a(t)$ 为幅值函数；$\phi(t)$ 为相位函数。

$$a(t) = \sqrt{c_i^2(t) + H_i^2[c(t)]}, \quad \phi(t) = \arctan \frac{H[c_i(t)]}{c_i(t)} \tag{5-28}$$

因此，瞬时频率的函数关系式可用下式来表达：

$$f(t) = \frac{1}{2\pi} \times \frac{d[\phi(t)]}{d(t)} \tag{5-29}$$

Hilbert 变换中瞬时频率描述的是表示特定时刻信号的局部频率特征，各个
IMF 分量经过 Hilbert 变换后，原冲击波信号可以表示为：

$$x(t) = \mathrm{Re} \sum_{i=1}^{n} a_i(t)e^{j\phi_i(t)} = \mathrm{Re} \sum_{i=1}^{n} a_i(t)e^{j\int \omega_i(t)} \tag{5-30}$$

而 Hilbert 谱的表达式为：

$$H(\omega, t) = \text{Re} \sum_{i=1}^{n} a_i(t) e^{j \int \omega_i(t)} \tag{5-31}$$

将 $H(\omega, t)$ 的平方对时间 t 进行积分，可得 Hilbert 能量谱为：

$$ES(\omega) = \int_{0}^{T} H^2(\omega, t) \, dt \tag{5-32}$$

C 结果与分析

限于篇幅，以 10 kV 条件下 1 号爆破测振仪的分解结果为例进行分析说明。图 5-7 为 10 kV 下高强电脉冲冲击波振动信号经 EEMD 分解后各 IMF 分量及其对应的频域分布图。从图 5-7 中可以看出，在 10 kV 条件下，X、Y 和 Z 三个方向的冲击波振动信号均被分解为 11 个 IMF 分量（从高频到低频）和一个残余量 r。其中，X 方向振动信号分解的各 IMF 分量中，IMF4～IMF6 的振幅较大，为优势频段，其频率范围为 50～300 Hz；Y 方向振动信号分解的各 IMF 分量中，IMF2～IMF7 的振幅较大，为优势频段，其频率范围为 30～1000 Hz；Z 方向振动信号分解的各 IMF 分量中，IMF3～IMF7 的振幅较大，为优势频段，其频率范围为 30～500 Hz。从三个方向振动信号的优势频段可知，X 方向的频域相对更窄一些，且频率在 50～200 Hz 最为集中。

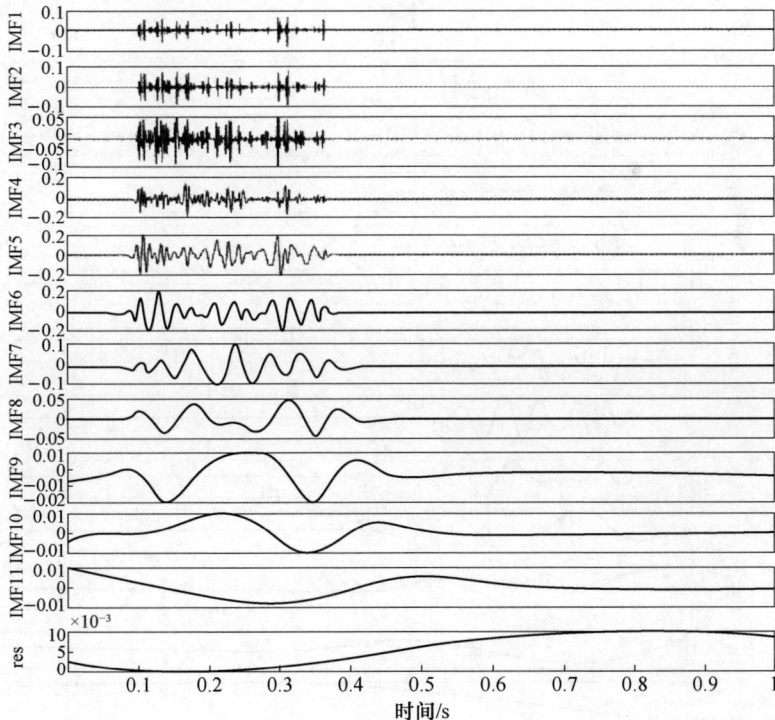

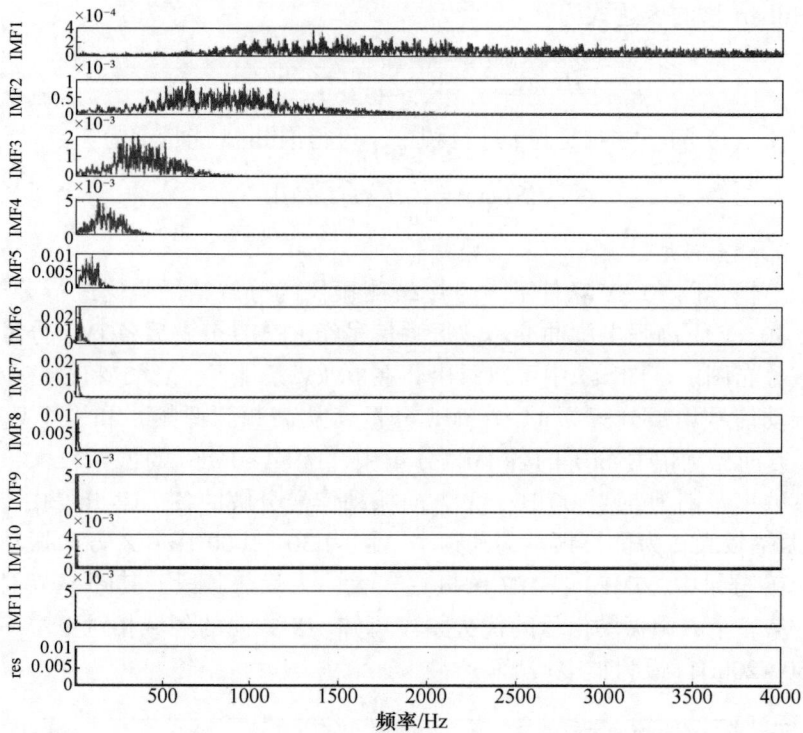

(a)

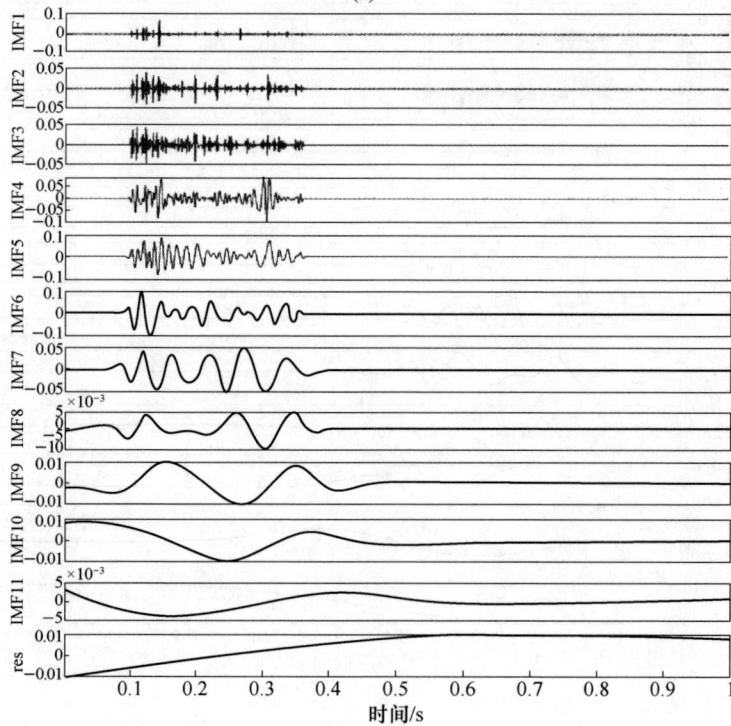

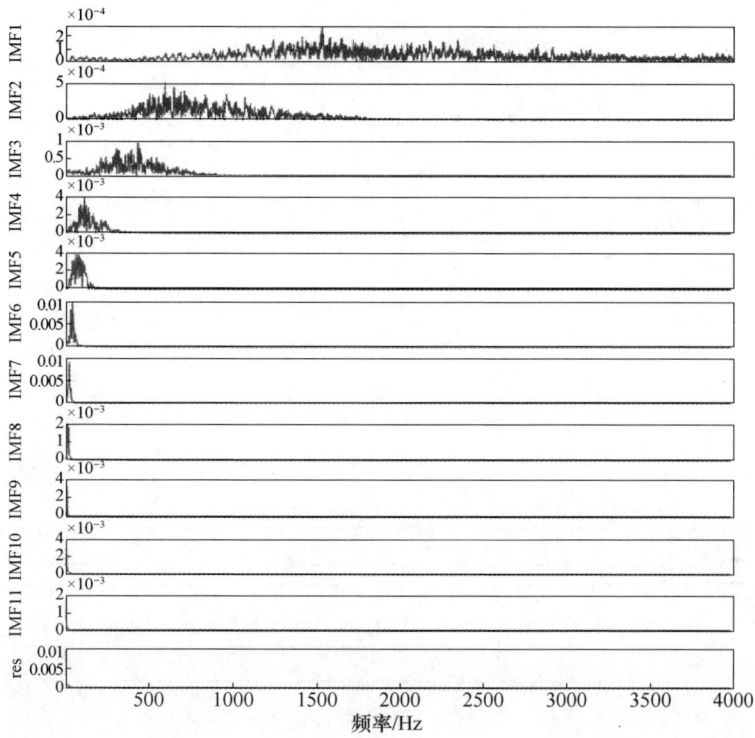

(b)

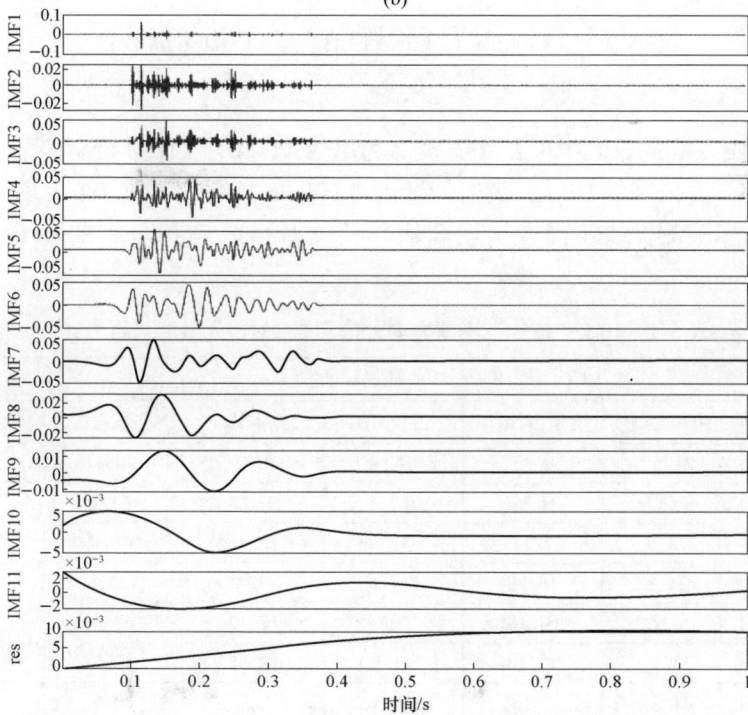

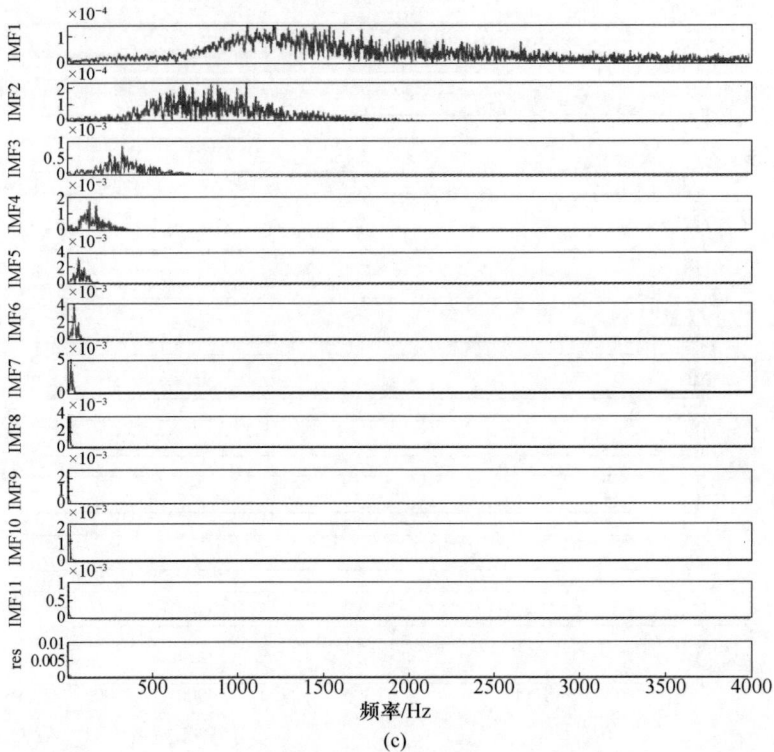

图 5-7　10 kV 电压下冲击波振动信号 EEMD 分解结果

(a) X 方向；(b) Y 方向；(c) Z 方向

　　根据上述 Hilbert 变换方法及步骤，利用 MATLAB 程序进行解算，可得到高强电脉冲冲击波信号的 Hilbert 瞬时能量谱与 Hilbert 能量谱。表 5-1 为统计的 10 kV 条件下 1 号爆破测振仪不同方向振动信号经过 Hilbert 变换分解的各 IMF 分量能量分布情况。

表 5-1　10 kV 条件下不同方向分解后各 IMF 分量能量百分比

IMF 分量	X 方向		Y 方向		Z 方向	
	主频/Hz	能量占比/%	主频/Hz	能量占比/%	主频/Hz	能量占比/%
IMF1	2126	0.23	1474	0.41	1491	0.54
IMF2	878.3	0.76	707.8	1.05	741.6	3.28
IMF3	473.9	2.53	412.9	15.46	314.4	15.31
IMF4	124.8	16.28	137.5	45.75	123.8	39.73
IMF5	76.7	64.18	71.6	17.12	67.6	14.18
IMF6	38.3	11.18	44.1	12.82	43.7	12.83
IMF7	27.7	1.13	23.3	3.27	20.6	9.42

IMF 分量	X 方向		Y 方向		Z 方向	
	主频/Hz	能量占比/%	主频/Hz	能量占比/%	主频/Hz	能量占比/%
IMF8	11.2	2.79	10.9	1.94	11.8	1.88
IMF9	3.1	0.25	2.7	1.42	4.6	1.61
IMF10	1.3	0.64	1.6	0.59	1.2	0.87
IMF11	0.65	0.03	0.86	0.17	0.71	0.35

　　从表 5-1 中可看出，10 kV 条件下，X 方向冲击波振动信号 IMF4 至 IMF6 分量的能量占比分别为 16.28%、64.18% 和 11.18%，三个分量累计能量占信号总能量比例达到 91.64%，为优势频段；Y 方向冲击波振动信号 IMF3 至 IMF6 分量的能量占比分别为 15.46%、45.75%、17.12% 和 12.82%，4 个分量累计能量占信号总能量比例达到 91.15%，为优势频段；Z 方向冲击波振动信号 IMF3 至 IMF6 分量的能量占比分别为 15.31%、39.73%、14.18% 和 12.83%，4 个分量累计能量占信号总能量比例达到 82.05%，为优势频段。对三个方向振动信号经 Hilbert 变换后各 IMF 分量能量分布情况进行对比发现，X、Y 和 Z 方向能量最为集中的分量分别为 IMF5、IMF4 和 IMF4，尤其是 X 方向的 IMF5 分量，其能量占比超过了 60%，如图 5-8 所示。三个分量所对应的主频分别为 76.7 Hz、137.5 Hz 和 123.8 Hz，表明 X 方向信号能量主要集中的频段比 Y 方向和 Z 方向的低。此外，Y 和 Z 方向信号能量集中的频段范围要比 X 方向的范围宽，能量较为分散。

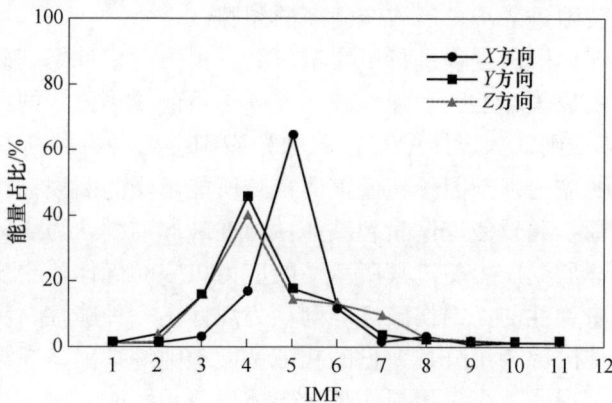

图 5-8　10 kV 下 IMF 分量能量占比图

　　上述结果表明冲击波振动信号的频率更多集中在较低频段范围，低频段的信号分量携带了原始信号的绝大部分能量，在传播的过程中衰减较慢，容易穿透煤体向深部进行传播并产生致裂作用。

5.3　高强电脉冲冲击波致裂煤体破坏机制

　　高强电脉冲水中放电技术和炸药等爆炸物质在液体介质中爆炸具有类似的爆炸特点，其放电过程中产生的高温、高强和高密度能量等流体动力学参数及冲击爆炸力与炸药等爆炸物质爆炸产生的结果接近，因此也被称为液电爆炸（或液体中的电爆炸)[17]。炸药爆炸是将化学能转化为热能和机械能对煤体进行破坏，而高强电脉冲水中放电是将电能通过负载转换为热能和机械能对煤体进行破坏，两者之间能量来源虽有区别，但其最终都是转化为以冲击波和热膨胀效应的形式对周围煤体进行破坏。

　　煤体作为一种特殊的有机岩体，其内部存在着大量的孔隙和微裂隙等原始缺陷（即初始损伤）且随机分布。因此，可基于岩石爆破理论和岩石损伤力学理论分析高强电脉冲致裂煤体的破坏机制。高强电脉冲放电击穿水间隙后，放电通道内液体介质汽化膨胀向外迅速扩张对通道壁周围煤体产生放电冲击波作用，放电冲击波在向煤体内部传播时逐渐衰减为应力波。在放电冲击波和应力波的作用下，放电通道壁周围煤体在径向方向上由内到外形成三个区域：放电冲击波引起的煤体粉碎区、应力波导致的煤体裂隙区和应力波最终衰减而成的地震波所诱发的煤体弹性震动区。在煤体粉碎区和煤体裂隙区，放电冲击波和应力波产生的应力强度高于煤体的动态抗拉、抗剪强度，导致煤体的应力场发生失稳并打破煤体内部初始孔裂隙中瓦斯的动态平衡状态，促使煤体中的瓦斯发生解吸扩散，从而诱导煤体内初始裂隙进一步扩展或产生新的裂隙。

　　研究学者对煤体爆破过程进行了大量研究，提出了多种爆破破坏准则，其中损伤破坏准则、断裂破坏准则和弹性破坏准则是目前较为公认的三种爆破破坏准则[18]。断裂破坏准则认为煤体中存在着原始裂隙，当各种载荷在原始裂隙尖端区域集中所形成的应力强度因子超过煤体自身所能承受的断裂韧性时，煤体中原始裂隙便发生失稳扩展致使煤体断裂破坏；弹性破坏准则认为煤体是各向同性的均匀介质，当煤体所受应力超过其所承受的应力极限时煤体才会发生破坏，而在破坏前煤体是具有弹性的；损伤破坏准则认为煤体是一种脆性材料，其本身存在初始损伤，即煤体内部随机分布大量的孔隙和微裂隙等缺陷，在循环荷载作用下煤体不断遭受疲劳损伤，当累积损伤超过煤体自身承载能力时，煤体发生断裂破坏。根据高强电脉冲对煤体的破坏特征及煤体自身材料的脆性属性，损伤破坏准则能够更真实地反映出高强电脉冲放电过程中煤体的破坏机制。高强电脉冲致裂煤体是一个动态过程，在这一过程中煤体受到的破坏荷载在不同位置和不同作用阶段是不同的，而煤体的动态强度与静态强度存在很大差异。因此，应根据同种荷载不同位置处的荷载特点及不同作用阶段的特征来对高强电脉冲作用下煤体的损伤破坏准则进行分析。可依照以下准则对煤体在高强电脉冲致裂过程中的破坏特征进行判断：

（1）高强电脉冲冲击波作用下粉碎区煤体破坏准则。高强电脉冲放电瞬间产生的高温作用促使放电间隙内部的液体汽化膨胀而产生高强冲击波作用，高温高强冲击波向钻孔周围煤体传播时由于其拉伸强度大于煤体的动态抗拉强度，煤体骨架受到放电冲击波拉应力的作用发生失稳变形破坏。由于冲击波拉伸强度与煤体动态抗拉强度的差值过大，煤体破坏程度较彻底，发生粉碎性破坏而形成粉碎区。因此，粉碎区可以用煤体的动态抗拉强度来作为判断煤体失稳破裂的破坏准则，同时也需要考虑煤体自身内部的初始损伤对放电冲击波作用下煤体破坏的影响。

钻孔周围孔壁煤体受到的轴向拉应力为：

$$\sigma_Z = \nu_d(\sigma_r + \sigma_\theta) = \nu_d(1 - \lambda)\sigma_r \tag{5-33}$$

式中，σ_Z 为孔壁周围煤体受到的轴向拉应力，Pa；ν_d 为煤体的动态泊松比；σ_r 为孔壁周围煤体受到的径向压应力；σ_θ 为孔壁周围煤体受到的切向应力；λ 为侧向应力系数，$\lambda = \dfrac{\nu_d}{1 - \nu_d}$。

钻孔周围孔壁煤体受到的径向压应力 σ_r 可用以下方程表示：

$$\sigma_r = \frac{p_0}{\bar{r}^3} = \frac{p_0 r_b^3}{r^3} \tag{5-34}$$

式中，p_0 为高强电脉冲放电冲击波初始压力，Pa；$\bar{r}$ 为等效距离；r 为煤体距放电间隙中心位置的距离；r_b 为钻孔的半径。

高强电脉冲冲击波在径向对煤体介质产生压缩的同时，必然也会在切向上产生拉张作用，导致煤体内部产生裂隙的主要原因就是切向拉应力，而钻孔周围孔壁煤体受到的切向拉应力 σ_θ 可用以下方程表示：

$$\sigma_\theta = -\lambda\sigma_r \tag{5-35}$$

钻孔周围孔壁煤体受到的等效应力强度 σ_d 为：

$$\sigma_d = \frac{1}{\sqrt{2}}\sqrt{(\sigma_r - \sigma_\theta)^2 + (\sigma_\theta - \sigma_Z)^2 + (\sigma_r - \sigma_Z)^2} \tag{5-36}$$

因此，煤体粉碎区的破坏准则可以用煤体的动态抗拉强度来进行判断，即

$$\sigma_d \geqslant S_T \tag{5-37}$$

式中，σ_d 为高强电脉冲放电冲击波对煤体产生的等效应力强度，Pa；S_T 为煤体动态抗拉强度，Pa。

当高强电脉冲冲击波对煤体产生的等效应力强度大于煤体的动态抗拉强度时，煤体便产生失稳变形破坏现象。

（2）高强电脉冲应力波作用下裂隙区煤体破坏准则。高强电脉冲放电冲击

波越过粉碎区向煤体内部继续向前传播时，由于冲击波能量在粉碎区得到一定的损耗，冲击波在边界处会逐渐转变为能量较小的应力波，并向煤体内部以弹性波的形式传播；虽然应力波的压力强度比煤体的动态极限抗压强度小，无法对煤体造成直接破坏，但应力波所形成的拉应力强度仍大于煤体的动态抗拉强度，粉碎区外一定区域的煤体的原始裂隙在拉张应力波的叠加作用下，使煤体产生切向的拉张破坏，如图 5-9 所示。同时在应力波的反复压缩下，煤体在径向也会产生强烈的压缩变形，当这种拉张破坏和压缩变形作用超过煤体的抗拉和抗压强度时，大量的切向和径向裂隙在煤体中产生。此外，应力波在反复压缩煤体过程中，其中一部分弹性变形能便会被保存其中，这部分保存的弹性变形能在应力波从煤体中传播出去或消失后便会得以释放，从而产生与应力波压缩方向相反的向心拉张应力，导致煤体中出现周向裂隙，切向裂隙、径向裂隙和周向裂隙三者之间相互交错形成了煤体裂隙区。

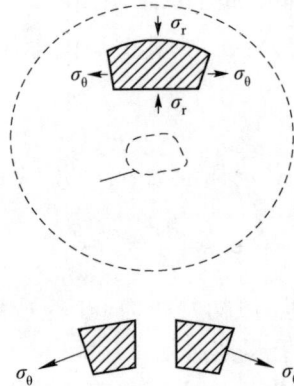

图 5-9　高强电脉冲应力波拉伸作用示意图

在应力波的作用下煤体的脆性是有所增强的，因此，在煤体裂隙区内可采用纯脆性材料损伤断裂准则作为判断电脉冲应力波作用下煤体的损伤破坏准则去描述煤体的破坏特征[19]。

根据泊松效应，高强电脉冲应力波在煤体裂隙区传播时其产生的等效拉伸应力 $\sigma_{\theta max}$ 可表示为：

$$\sigma_{\theta max} = P_m \left[\frac{\mu}{1-\mu} \left(\frac{r_b}{r} \right)^{\alpha} \right] \tag{5-38}$$

式中，P_m 为煤壁位置处的压力峰值，Pa；μ 为煤体的泊松比；α 为高强电脉冲应力波在煤体中的衰减系数。

根据 Lematire 提出的等效应力的观点，当等效拉伸应力 $\sigma_{\theta max}$ 达到煤体的动态断裂应力 σ_u 时，煤体的损伤便达到其临界值 D_c，此时煤体会发生断裂破坏。

因此，裂隙区煤体的损伤断裂准则可用下面的方程式来表示：

$$\sigma_{\theta\max} \geqslant \frac{\sigma}{1 - D_c}\sigma_u \qquad (5-39)$$

（3）高强电脉冲作用远区的煤体爆破振动。随着应力波越过裂隙区向煤体深处进一步传播，由于其所携带的能量经过粉碎区和裂隙区的传播作用会被大量消耗，于是逐渐衰减为周期性的但强度小于煤体强度的振动波。此时产生的振动波无法对煤体产生破坏作用，只能在煤体深部端产生一爆破振动区，使得该区域内煤体中瓦斯赋存的动态平衡状态被打破，大量吸附态瓦斯发生解吸转化为游离态瓦斯，最终导致煤体中的瓦斯压力场发生失稳改变。在瓦斯压力场和振动波引起的压力场的双重叠加作用下，煤体中会出现新的裂隙，并且原始裂隙也将得到进一步的扩张和贯通。

5.4 高强电脉冲致裂煤体增渗机理分析

结合前述章节的实验研究和理论分析可知，高强电脉冲对煤体具有显著的致裂作用。高强电脉冲致裂后煤体的孔隙和裂隙结构发生非常明显的变化，如图 5-10 所示，煤体孔隙-裂隙结构的改善抑制了瓦斯在煤体中的吸附储存，促进了瓦斯在煤体中的解吸和扩散，加快了瓦斯在煤体孔隙-裂隙网络中的渗流流速，最终提高了瓦斯渗流量和煤体的渗透率。究其原因，是因为高强电脉冲致裂煤体的过程对煤体介质表面及内部产生了一系列的破坏作用，主要表现为机械造缝作用、空化振荡作用和热膨胀作用三个方面，图 5-11 为高强电脉冲致裂煤体增渗技术原理示意图。下面分别对机械造缝作用、空化振荡作用和热膨胀作用在高强电脉冲致裂煤体过程中的增渗机制进行分析和探讨。

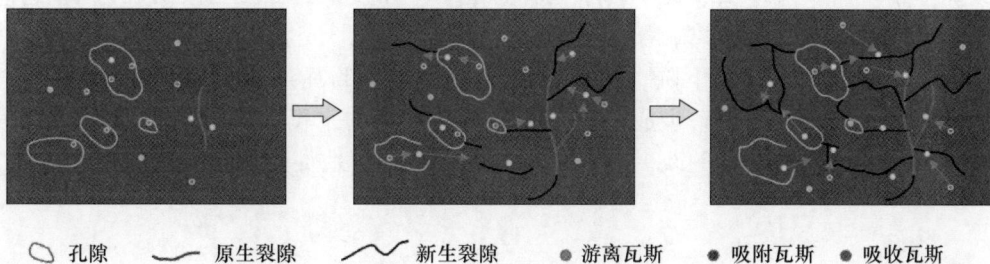

◌ 孔隙 ──── 原生裂隙 ∿∿ 新生裂隙 ● 游离瓦斯 ● 吸附瓦斯 ● 吸收瓦斯

图 5-10 高强电脉冲致裂煤体瓦斯运移示意图

图 5-10 彩图

5.4.1 机械造缝作用对高强电脉冲致裂煤体的增渗机制

经过高强电脉冲致裂后，煤样的表面出现了明显的微观孔隙和宏观裂隙，说明高强电脉冲对煤体具有明显的致裂造缝作用。因为高强电脉冲形成

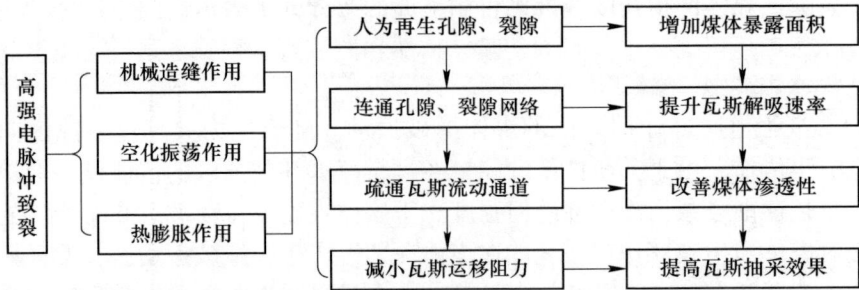

图 5-11　高强电脉冲致裂煤体增渗技术原理示意图

的冲击波压力大于煤的强度，使煤体表面受到致裂破坏。当冲击波穿过煤体表面进入煤体向内部传播时，冲击波横波的方向与引起的煤体质点的振动方向相垂直，导致煤体介质质点受到垂向剪切应力作用，在交替的剪切应力作用下，煤体会产生交替的剪切变形；而冲击波纵波的方向与煤体质点的振动方向是一致的，因此煤体介质会受到连续不断的拉应力和压应力的作用，使得煤体产生周期性的拉伸和压缩变形。在交变载荷应力作用下，煤体经过多次冲击作用后会出现累积疲劳损伤，其强度会逐渐降低。当这些破坏应力大于煤体强度所能承受的能力时，煤体中的孔隙和裂隙结构遭到破坏，导致煤体中的孔隙直径、裂隙宽度和长度扩大。

　　此外，应力波通过致裂作用所形成的孔隙和裂隙传播进入煤体后，往往会在原始孔隙和裂隙末端产生应力集中现象，致使原始孔隙和裂隙在宽度和长度上得到扩展，并在其周围产生形成新的孔隙和裂隙。在周期性的剪切应力、拉伸应力和压应力的共同作用下，煤体骨架基质及煤体裂隙中的瓦斯和水会产生周期性的波动作用。由于煤基质、瓦斯和水三者的密度差异较大，在应力波的加载下三者之间会产生不同的加速度，于是在气-固-液界面处形成了相对运动，瓦斯在煤基质表面的吸附黏着力下降，进而打破煤体中原有的瓦斯吸附解吸动态平衡状态，诱发瓦斯由吸附态解吸成游离态而重新形成新的平衡状态（图 5-12）。与此同时，煤体中孔隙结构的改变及裂隙网络的扩展有力地促进了解吸出的瓦斯向外

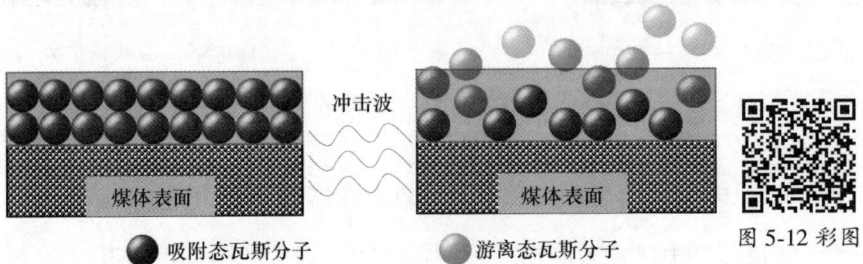

图 5-12 彩图

●吸附态瓦斯分子　　●游离态瓦斯分子

图 5-12　冲击波诱导煤体瓦斯解吸释放示意图

进行扩散和运移，使得煤体渗透率得到极大的改善。因此，高强电脉冲冲击波的机械造缝作用使得煤体中瓦斯的解吸、扩散和渗流过程得到加强，有益于煤层中瓦斯的运移和产出。

5.4.2　空化振荡作用对高强电脉冲致裂煤体的增渗机制

空化作用的产生需要同时满足外加场和空化核两个条件。高强电脉冲水中放电主要会在两个方面形成空化作用。

一方面，在外加电场的作用下，高强电脉冲击穿水间隙的过程中，电能被瞬间释放到放电通道中，使得放电通道的液体介质被极速汽化成气泡，气泡在向外膨胀的过程中，泡内压力不断下降，当与周围液体介质压力相同时，气泡膨胀的速度变缓，但由于气泡自身惯性的作用，气泡的体积仍会不断增大，直至气泡的膨胀势能完全转化为气泡的位能，气泡的体积停止扩大，其半径达到最大。此时，气泡内的压力小于周围液体介质压力，在压力差的作用下，液体开始反向向气泡移动而促使气泡体积收缩变小；同样由于惯性作用的存在，当气泡收缩的动能完全转换为气泡位能时，气泡的半径达到最小，此时气泡的压力又比周围液体介质的压力高，从而会再次进行膨胀，如此反复地膨胀收缩直至气泡崩塌溃灭，于是在放电通道及周围液体介质中形成了许多不断膨胀收缩的气泡过程，气泡在反复膨胀和收缩的过程中会形成巨大的冲击波向外进行传播。

另一方面，高强电脉冲水中放电时产生液电效应的同时也会伴随着巨大的声响，表明高强电脉冲作用过程中一部分电能会转换为声能向外释放。此时，放电通道成为声源向外辐射的传播途径。在高强电脉冲作用过程中不仅仅产生人耳可听到的声波，还产生了向外传播能量很强的超声波。超声波在液体介质中传播的过程中，液体介质分子间的平均距离会因为超声波的加载作用而发生改变，当越过其临界分子间距时，液体介质便发生撕裂而产生气泡，这些气泡在超声波的作用下会迅速膨胀并很快闭合，气泡闭合的瞬间会产生巨大的冲击波，直至最终气泡崩溃。这一系列气泡的产生、膨胀、闭合到最后破裂的过程即为空化作用，如图 5-13 所示。

不管是超声波引起的空化作用还是放电通道内液体汽化膨胀收缩引起的空化作用，在空化气泡崩塌的瞬间都会向外辐射高强冲击波并释放出巨大的热量，产生的冲击波会对煤体内部结构进行弱化甚至破坏。同时，由于煤层中有水的存在而使得煤体中有大量的空化核产生，而在空化作用下大量的空化核被聚集在一起而变成大气泡，从而使得裂隙尤其是微裂隙的密封性得以降低，导致瓦斯在煤层中运移的阻力减小。此外，由空化效应产生过程中所辐射出的高温高强效应会产生周期性振荡作用，形成周期性振荡波，从而导致煤体的承压强度降低并产生疲劳损伤。在实际煤系地层中，一些矿物颗粒或其他杂质通常会造成煤层内的裂隙

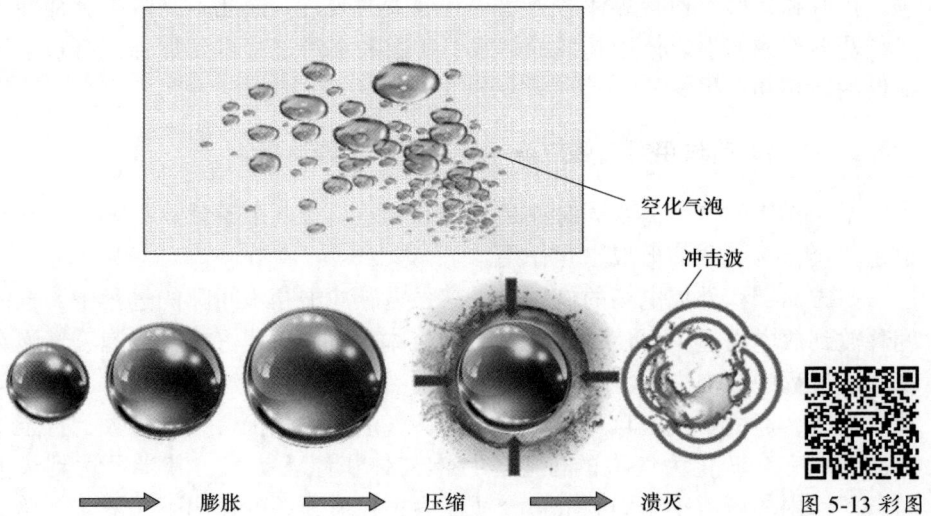

图 5-13　空化作用过程示意图

通道中的堵塞现象，高强电脉冲所引起的空化作用产生的振荡波会形成明显的谐振现象而能够破坏煤体裂隙通道中堵塞的有机质，导致其与煤体之间的黏聚力降低，从而达到疏通瓦斯运移通道的功能。煤体中不同物质的接触面也会在振荡作用过程中形成不规则的错动，从而使煤体中产生更多的裂隙。上述这些对煤体的作用一方面增强了煤体内部孔隙及裂隙间的连通性，提高了煤体的孔隙率，加速了煤体内部瓦斯的扩散和运移速度，进而改善煤体的渗透特性；另一方面，对煤体产生的振荡碰撞不仅使得煤体瓦斯解吸扩散的路径缩短，其产生的反复冲击振荡作用还有助于促进煤体中瓦斯的大量解吸释放。

5.4.3　热膨胀作用对高强电脉冲致裂煤体的增渗机制

煤是由有机质和不同矿物颗粒（即矿物质）组成的非均质、各向异性体。在高强电脉冲放电过程中，一部分电能转化为热能瞬间释放给放电通道周围的水介质，使之受热膨胀汽化，产生高温高强水蒸气。此外，空化作用形成的空化泡在急剧崩塌的瞬间向外辐射产生冲击波的同时也会产生局部高温（5000 K）作用。当高温水蒸气和空化泡溃灭产生的高温与煤体接触时，煤体的温度急剧上升。由于煤中不同的矿物颗粒具有不同的热膨胀系数和变形系数，同时，煤体又是一个连续的统一体，矿物颗粒在变形过程中会相互制约，产生不同的热膨胀应力，小变形矿物颗粒被拉伸，大变形矿物颗粒被压缩，造成煤的不均匀变形。在高强电脉冲冲击波的反复作用下，煤体受到周期性的热膨胀应力，煤基质颗粒发生不同程度的膨胀变形，最终导致煤体的强度降低并产生疲劳损伤。

当应变应力大于煤体抗拉抗压强度时，煤体发生破裂作用，孔隙结构发生改变，原始孔隙和裂隙逐渐连通并向四周扩展发育，形成相互贯通的裂隙网络，从而促进瓦斯在煤体裂隙通道中顺畅运移的效果。此外，高温作用能够增加煤体中瓦斯分子的活性，使瓦斯分子难以被煤体所吸附，已被煤体吸附的瓦斯分子动能突然增大，布朗运动有所增强，也很容易从煤体表面脱附释放出来，即提升了瓦斯在煤体中的解吸速率。这打破了煤体中原有的瓦斯吸附解吸动态平衡状态，使煤体中瓦斯的解吸量增加并通过裂隙网络通道快速从煤体向外扩散和运移，从而建立新的瓦斯吸附解吸动态平衡状态，造成煤体中瓦斯含量的降低，有利于促进瓦斯抽采；高温同时也会导致通道内阻碍瓦斯运移的蜡质和沥青质等有机杂质发生溶解，使瓦斯在通道内运移时受到的阻力减小，有益于瓦斯的解吸扩散和运移。

从以上分析可知，高强电脉冲致裂煤体增渗技术是一个非常复杂的过程。高强电脉冲致裂煤体增渗是在各种效应耦合下综合作用的结果，在机械造缝、空化振荡和热膨胀作用等的共同影响下，煤体内部形成了新的孔隙和裂隙，原有孔隙和裂隙也会得到进一步的扩展，在高强电脉冲冲击波的反复冲击作用下煤体中的孔隙和裂缝之间的连通性逐渐增强，强化了瓦斯在煤中解吸扩散和运移的能力，从而提高了煤层的渗透率，最终促进低透煤层瓦斯的高效抽采。

参 考 文 献

[1] 冯锟. 浅析液电效应原理及应用 [J]. 电子制作, 2014 (8): 228-229.

[2] 尤特金. 液电效应 [M]. 北京: 科学出版社, 1962.

[3] 张雷, 邓琦林, 周锦进. 液电效应除垢机理分析与试验研究 [J]. 大连理工大学学报, 1998, 38 (2): 87-91.

[4] Burkin V V, Kuznetsova N S, Lopatin V V. Wave dynamics of electric explosion in solids [J]. Technical Physics, 2009, 54 (5): 644-650.

[5] 何学秋. 交变电磁场对煤吸附瓦斯特性的影响 [J]. 煤炭学报, 1996, 21 (1): 63-67.

[6] 杨永超, 陈定柱, 王延海. 井下低频电脉冲采油技术的应用 [J]. 油气井测试, 2001, 10 (1/2): 60-62, 93.

[7] 赵丽娟. 煤岩波动致裂增渗物理模拟 [D]. 徐州: 中国矿业大学, 2014.

[8] 于永江, 张春会, 王来贵. 超声波干扰提高煤层气抽放率的机理 [J]. 辽宁工程技术大学学报 (自然科学版), 2008, 27 (6): 805-808.

[9] 卢红奇. 高强电脉冲对煤体致裂作用实验研究 [D]. 北京: 中国矿业大学 (北京), 2015.

[10] 褚怀保. 煤体爆破作用机理及试验研究 [D]. 焦作: 河南理工大学, 2011.

[11] 饶运章, 王柳, 邵亚建. 基于 EEMD 的爆破振动能量安全分析 [J]. 科技导报, 2015, 33 (4): 61-65.

[12] 陈玮任, 张文斌, 王立哲, 等. 基于快速傅里叶变换的 VFTO 实测波形分析 [J]. 电子科技, 2021, 34 (3): 65-70.

[13] Huang N, Shen Z, Long S, et al. The empirical mode decomposition and the Hilbert spectrum

for nonlinear and non-stationary time series analysis [J]. Proceedings of the Royal Society A: Mathematical, Physical and Engineering Sciences, 1998, 454: 903-995.

[14] 张春棋. 爆炸场冲击波信号处理方法及传播特性研究 [D]. 南京: 南京理工大学, 2016.

[15] 孙新建. 基于 Hilbert 能量分析的岩体爆破震动损伤研究 [D]. 天津: 天津大学, 2012.

[16] 张义平. 爆破震动信号的 HHT 分析与应用研究 [D]. 长沙: 中南大学, 2006.

[17] 张春喜. 水中丝爆引发的推进效应 [D]. 哈尔滨: 哈尔滨理工大学, 2005.

[18] 褚怀保, 杨小林, 侯爱军, 等. 煤体中爆炸应力波传播与衰减规律模拟实验研究 [J]. 爆炸与冲击, 2012, 32 (2): 185-189.

[19] 杨小林. 岩石爆破损伤机理及对围岩损伤作用 [M]. 北京: 科学出版社, 2015.

6 高强电脉冲致裂煤体数值
模拟及工程应用探讨

数值模拟可以用来分析通过理论分析和物理实验难以实现的内容，具有不受实验条件限制的优势。通过前述章节非受载条件下高强电脉冲对煤体的致裂实验，基本验证了高强电脉冲煤体致裂增渗的可行性和有效性。目前，高强电脉冲在现场实际地层条件下对煤层的致裂效果及其影响因素尚不清楚。因此，本章利用非线性动力分析有限元软件 LS-DYNA 对影响高强电脉冲致裂煤体效果的放电参数（放电电压和放电次数）、地层条件（地应力）和煤体物理力学参数（煤体硬度）等因素进行了数值模拟研究，同时提出高强电脉冲技术在煤矿地面和井下煤层增透的工程应用技术方法，为进一步完善高强电脉冲致裂煤体增透技术理论、优化放电作业参数、改善高强电脉冲致裂煤体增渗效果提供技术支撑。

6.1　LS-DYNA 数值模拟方法简介

高强电脉冲致裂煤体是个复杂的动态过程，对其研究的关键在于对煤体在冲击波的作用下裂隙扩展规律的研究。目前，电脉冲冲击波对实际地层条件下煤体的致裂效果、裂隙的扩展规律及其影响因素的研究还无法通过实验室物理实验来完成。随着冲击动力学、爆炸力学、损伤力学、断裂动力学及岩石力学等理论的日趋完善和先进计算机技术的快速发展，以及有限差分法的逐步成熟，高强电脉冲放电致裂煤岩体的数值模拟研究得到了快速的发展，对其致裂作用过程中煤体应力应变规律及裂隙扩展特征有了一定的认识。

LS-DYNA 是一种世界上著名的基于显示的大型非线性有限元程序，最初称为 DYNA 程序，由 J. O. Hallquist 博士于 1976 年在美国 Lawrence Livermore 国家实验室主持开发完成，当时主要是为北约组织的武器结构设计提供分析工具[1-3]。作为最流行的显示动力有限元分析程序，该软件不仅有 Euler 算法和 ALE 算法，还有隐式求解和流–固结构耦合分析，同时还具备热分析及静力分析的功能（如动力分析前的预应力计算和薄板冲压成型后的回弹计算）[4-6]。LS-DYNA 程序是一种通用结构分析非线性有限元程序，可以将民用和军用相结合，是显式动力学程序的起源和先导程序，同时也是目前所有显式求解程序（包括显式板成型程序）的基础代码，能够模拟真实世界的各种复杂问题[7-10]。

6.2　数值模拟计算方案

6.2.1　数值模型建立及网格划分

　　高强电脉冲水中放电致裂煤体是一个超动态作用的过程，虽然可借鉴水中炸药爆破来进行模拟，但爆破过程中煤体的力学变化特征用弹性模型难以进行描述，另外建立的数值模型也不可能完全符合实际情况，一定程度上限制了对高强电脉冲致裂煤体进行数值模拟的应用[11]。考虑到现场高强电脉冲水中放电致裂深部煤体的特殊条件，建立合适的数值计算模型是确保模拟出来的结果符合现场实际情况的关键所在。因此，为了方便进行数值模拟研究，需要对模型进行一些简化并作适当而合理的假设：（1）假定煤体为各向同性的均质线弹塑性体，不考虑原生裂隙的影响；（2）作用过程中不考虑热辐射效应、声波效应和空化效应的影响，也不考虑煤层瓦斯压力和地应力耦合对致裂效果的影响；（3）煤体的破裂满足最大拉应力准则和莫尔-库仑强度准则，破裂主要发生在接触单元上。

　　为了实现模拟高强电脉冲水中放电冲击波对煤体的致裂效果，所建立的数值计算模型需在符合模型设计原则的基础上，尽可能与现场实际情况相匹配。根据上面的假设，可将煤体内的电脉冲冲击波致裂过程看作平面应变过程。兼顾考虑三维数值计算模型在建模和计算运力上的复杂性及实际模拟裂隙扩展的效果需要，本文建立边长为 20 m×20 m 的二维数值计算模型，同时在模型的中心开挖一圆形钻孔，钻孔的周围布置不锈钢套管。套管尺寸按阳泉矿区七元煤矿现场煤层气井的实际参数设定，直径为 139.7 mm，壁厚为 7.72 mm，并且在套管壁上开有两两对称共计 16 个小孔（模拟对套管进行射孔），数值计算模型示意图如图 6-1 所示。

　　模型建立后需进行网格划分，考虑到煤体、炸药、套管及钻孔中的水介质分属不同的材料模型，需对数值模型中钻孔周围一定区域进行网格细化处理，钻孔往外网格尺寸逐渐增大，整个模型共计划分 877200 个单元，网格划分的结果如图 6-2 所示。炸药采用中心单点积分 ALE 多物质算法，煤体和套管采用常应力实体单元 LAGRANGE 算法，炸药和煤体及套管之间采用共节点的方式传力。

6.2.2　模型材料状态方程及参数选取

6.2.2.1　煤体材料参数及破坏准则

　　根据高强电脉冲冲击波致裂煤体的技术特点，在冲击波作用下煤体具有明显的应变率效应。因此，在数值模拟的过程中，煤体材料采用包含应变率效应的随动硬化弹塑性材料本构模型 MAT PLASTIC KINEMATIC 来进行定义。由于需要模拟煤体不同力学参数条件下电脉冲冲击波致裂煤体的效果，因此煤体的弹性模量、

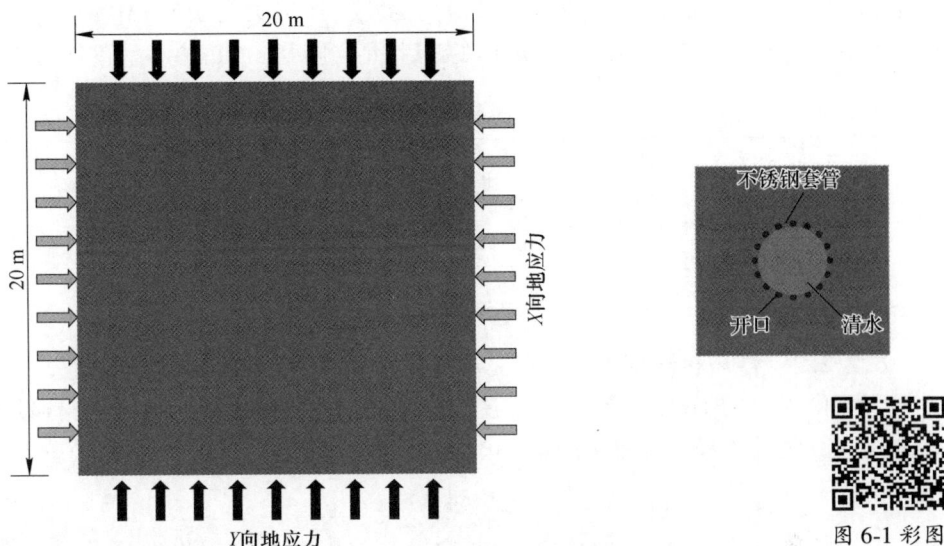

图 6-1 数值计算模型示意图

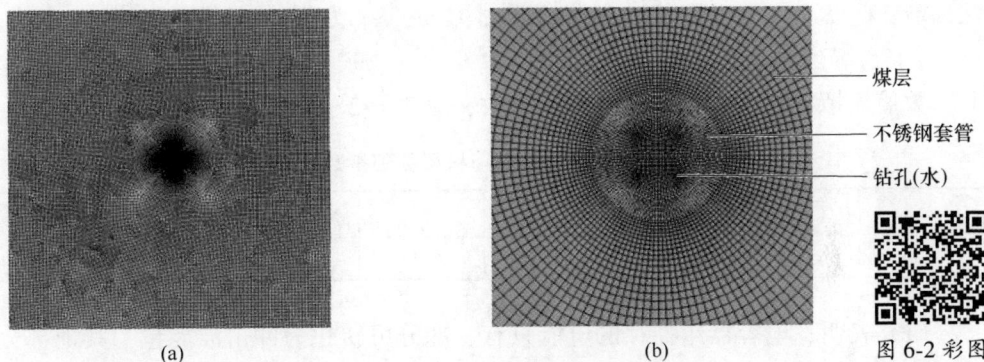

图 6-2 数值计算模型网格划分

（a）全局模型网格划分；（b）钻孔周围区域网格划分

抗拉强度、抗压强度等参数不是固定值，而是在一定范围内变动，需根据具体模拟的条件进行设定，煤的密度、泊松比和内聚力按阳泉矿区七元煤矿 15 号煤的参数设定，而整个模拟过程中套管的参数是保持固定不变的。煤体和套管的具体物理力学参数如表 6-1 所示。冲击波载荷作用下，拉应力破坏和压剪破坏是煤岩体破坏的两种主要形式，因此数值计算过程中煤体材料破坏失效的准则为拉应力失效和压剪失效，即满足以下关系：

$$\begin{cases} P \leqslant P_{max} \\ P \geqslant P_{min} \end{cases} \tag{6-1}$$

式中，P 为煤体所受的拉、压应力（拉应力为正，压应力为负），MPa；P_{max} 为煤体的最大抗压强度，MPa；P_{min} 为煤体的最小抗拉强度，MPa。

表 6-1　煤和套管的物理力学参数

材料	密度 /(t·m^{-3})	弹性模量 /GPa	泊松比	抗拉强度 /MPa	抗压强度 /MPa	内聚力 /MPa	内摩擦角 /(°)
煤	1.43	0.5~15	0.35	0.1~3.0	1~10	0.4	30
套管	8.3	196	0.26	378	460	0	0

6.2.2.2　炸药材料模型及参数

程序中提供的 JWL 状态方程能够对爆轰产物膨胀驱动的全过程进行较为精确地描述，因此本模拟中采用 JWL 状态方程对炸药进行描述，JWL 状态方程中的 P-V 关系如下[12]：

$$P = A\left(1 - \frac{\omega}{R_1 V}\right) e^{-R_1 V} + B\left(1 - \frac{\omega}{R_2 V}\right) e^{-R_2 V} + \frac{\omega E_0}{V} \tag{6-2}$$

式中，P 为 TNT 炸药爆炸时爆轰压力，MPa；ω、R_1、R_2 为 TNT 炸药的无量纲特性参数；A、B 为 TNT 炸药的特性参数，GPa；E_0 为爆炸产物的初始比内能，J/m^3；V 为爆炸产物的相对比容，m^3。

数值模拟计算中炸药的各项基础参数，见表 6-2。

表 6-2　TNT 炸药材料基础参数

ρ/(kg·m^{-3})	D/(m·s^{-1})	PCJ/GPa	ω	R_1	R_2	A/GPa	B/GPa
1.53	4520	4.3	0.21	4.26	0.95	468	5.36

研究表明，电容器组储存的电能只有一部分可转化为冲击波能量，其他部分能量是以声辐射、热辐射和气泡脉动能量等形式释放出去的。根据相关学者的研究，电容器组储存的能量 E 与 TNT 炸药的能量等效关系可用下式来描述[13]：

$$\eta_1 \times \frac{1}{2} CU^2 = \eta_2 \times \lambda M Q_V \tag{6-3}$$

式中，U 为电容器组充电电压，V；C 为电容器组电容，F；η_1 为电能转化效率，与电源及电路结构有关，一般取值 0.2~0.6；η_2 为炸药能量转化系数，与炸药自身参数及装药结构等有关，一般取值 0.25~0.4；λ 为等效系数，通常取 0.75；M 为炸药的质量，kg；Q_V 为炸药爆炸的热值，取 4.18×10^6 J/kg。

当电容值固定为 5000 μF（本套研发系统的最大值）时，由式（6-3）可计算出不同放电（充电）电压条件下对应的等效 TNT 炸药的质量，如表 6-3 所示。

表 6-3 不同放电电压对应的 TNT 炸药等效药量

序号	放电电压 U/kV	TNT 等效药量 M/kg	序号	放电电压 U/kV	TNT 等效药量 M/kg
1	8	0.0703	5	16	0.2472
2	10	0.1099	6	18	0.3559
3	12	0.1582	7	20	0.4394
4	14	0.2153			

放电爆炸力是指巨大的电能量在极短时间向微小空间介质中释放过程所产生的爆炸冲击力，式 (2-2) 已给出其表达式，而式 (2-2) 中 W_L 可用下式表示：

$$W_L = \frac{W_0}{L} = \frac{\int_0^{t_f} U_0(t) I(t)\,\mathrm{d}t}{L} \tag{6-4}$$

式中，W_0 为单次脉冲放电能量，J；U_0 为瞬间放电电压，V；I 为瞬间放电电流，A；L 为放电间隙的长度，mm。

结合式 (2-2)、式 (6-3) 和式 (6-4)，便可得到高强电脉冲水中放电产生的冲击波峰值压力与 TNT 炸药爆炸时的爆轰压力等效关系式，如式 (6-5) 所示。如此，可实现利用 TNT 炸药爆炸来等效模拟高强电脉冲水中放电冲击波致裂煤体。通过调节相应变量参数对不同高强电脉冲放电参数下的致裂效果进行数值模拟。

$$\beta \sqrt{\frac{\rho \int_0^{t_f} U_0(t) I(t)\,\mathrm{d}t}{L t_r t_f}} = A\left(1 - \frac{\omega}{R_1 V}\right) \mathrm{e}^{-R_1 V} + B\left(1 - \frac{\omega}{R_2 V}\right) \mathrm{e}^{-R_2 V} + \frac{\omega E_0}{V} \tag{6-5}$$

6.2.2.3 水介质材料模型及参数

水介质材料选用 * MAT_NULL 模型，本书模拟中截止压力值设定为 -15 MPa，水的动力黏度系数选用 15 ℃时的值。由于现场钻孔中的水含有一定的杂质，故水的密度设定值比清水的稍微大一些。水的状态方程选用线性多项式 * EOS_LINEAR_POLYNOMIAL_TITLE 进行描述，其具体参数见表 6-4。

$$P = C_0 + C_1\mu + C_2\mu^2 + C_3\mu^3 + (C_4 + C_5\mu + C_6\mu^2)E \tag{6-6}$$

式中，P 为爆轰压力，MPa；$C_0 \sim C_6$ 为多项式系数，一般为常数；μ 为比体积；E 为单位体积内能，J/m³。

表 6-4 水介质状态方程参数

密度 ρ /(kg·m⁻³)	动力黏度系数 μ /(MPa·s)	C_0	C_1	C_2	C_3	C_4	C_5	C_6	V_0	E_0
1.15×10^3	1.14	0	2.25× 10⁻²	0	0	0.3	0.3	0	0	0

6.2.3 煤体致裂程度分析方法

为了能够更直观地对高强电脉冲致裂煤体的效果进行描述，通常在数值模拟分析中采用定量化的表征方法。对高强电脉冲冲击煤体致裂数值模拟结果进行量化描述的指标主要有两种，分别为破裂半径和破裂度。破裂度是评价煤岩等地质体破裂程度的重要参考指标[14-15]。在进行数值模拟研究时，煤体的破裂面和煤体总界面均与失效网格数量有关。为更准确地表征高强电脉冲致裂煤体的效果，借鉴相关学者研究，引入一个无量纲–破裂度。在二维数值模拟分析中，破裂度即为失效单元的界面数与所有单元界面数的比值。本书采用破裂度和破裂半径来对高强电脉冲致裂煤体的程度分别进行表征。破裂半径是指模型中煤体破碎区和裂隙区的扩展半径之和，破裂度是指数值模型中煤体破裂区占整个煤体区域的比例，其中破裂度可用下面的公式来表达：

$$I_b = 100 \times N_S / N_{SM} \tag{6-7}$$

式中，I_b 为煤体破裂度，其数值范围在 $0 \sim 100$，$I_b = 100$ 表示煤体完全破裂，$I_b = 0$ 表示煤体结构完整无破裂；N_S 为破裂的界面数；N_{SM} 为模型中的总界面数。

6.3 数值模拟结果与分析

6.3.1 放电参数对致裂效果的影响

6.3.1.1 放电电压对致裂效果的影响

放电电压是高强电脉冲作用过程中一个非常重要的电学参数，也是影响煤体致裂效果非常关键的因素之一。从前述章节可知，在不同放电电压条件下，高强电脉冲致裂煤体后，煤体的孔隙结构、煤对瓦斯的吸附解吸扩散及煤体的渗透率均发生了不同程度地改变，总的来看，随着放电电压的增大，高强电脉冲对煤体的致裂效果是逐渐变好的。

为了进一步分析实际现场条件下放电电压与高强电脉冲致裂煤体效果之间的关系，分别对 8 kV、10 kV、12 kV、14 kV、16 kV、18 kV、20 kV 共计 7 个电压条件下高强电脉冲致裂煤体的效果进行了数值模拟，煤体的裂隙扩展分布结果如图 6-3 所示。从图中可看出，随着放电电压的升高，煤体粉碎区、裂隙区及煤体的破裂面积和破裂半径都呈现出逐渐增加的趋势。为进一步分析放电电压对煤体破裂程度的影响，统计并绘制了煤体破裂半径和破裂度与放电电压之间的关系，如图 6-4 所示。由图可知，煤体破裂半径和破裂度随着放电电压的增加，呈现出 3 个发展阶段：在第一个阶段（8~12 kV），煤体破裂半径和破裂度随放电电压的增加呈现出快速上升的趋势；在第二个阶段（12~16 kV），煤体破裂半径和破裂度随放电电压的增加呈现出缓慢增加的趋势；在第三个阶段（16~20 kV），煤体破裂半径和破裂度随放电电压的增加又呈现出快速上升的趋势。出现上述变化特征可能与高强电脉冲本身系统的放电电路结构有关，因此，在现场实施操作时需根据实际情况选择合适的放电电压，这样才能使高强电脉冲对煤体的致裂效果发挥到最佳。

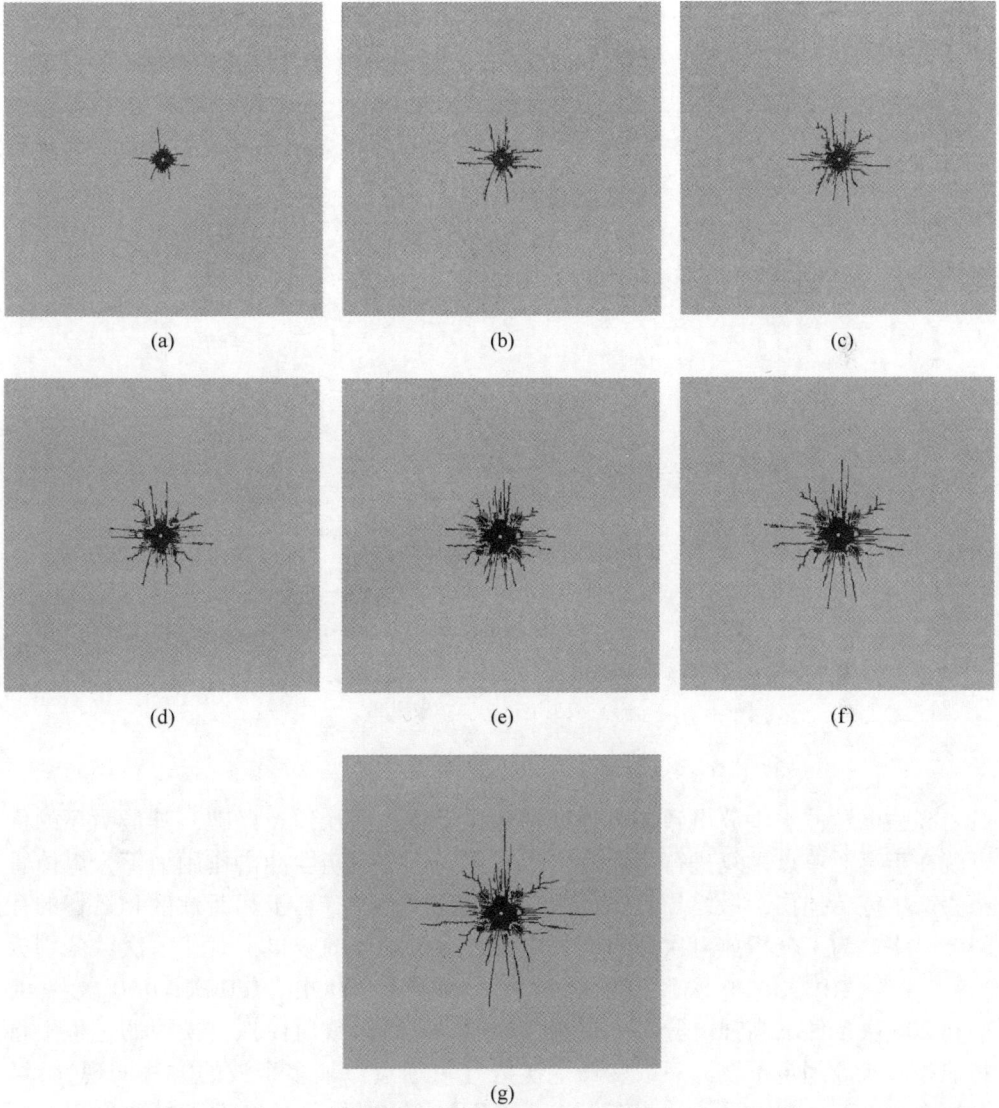

图 6-3 不同放电电压下高强电脉冲致裂裂隙扩展分布

（a）电压 8 kV；（b）电压 10 kV；（c）电压 12 kV；（d）电压 14 kV；（e）电压 16 kV；

（f）电压 18 kV；（g）电压 20 kV

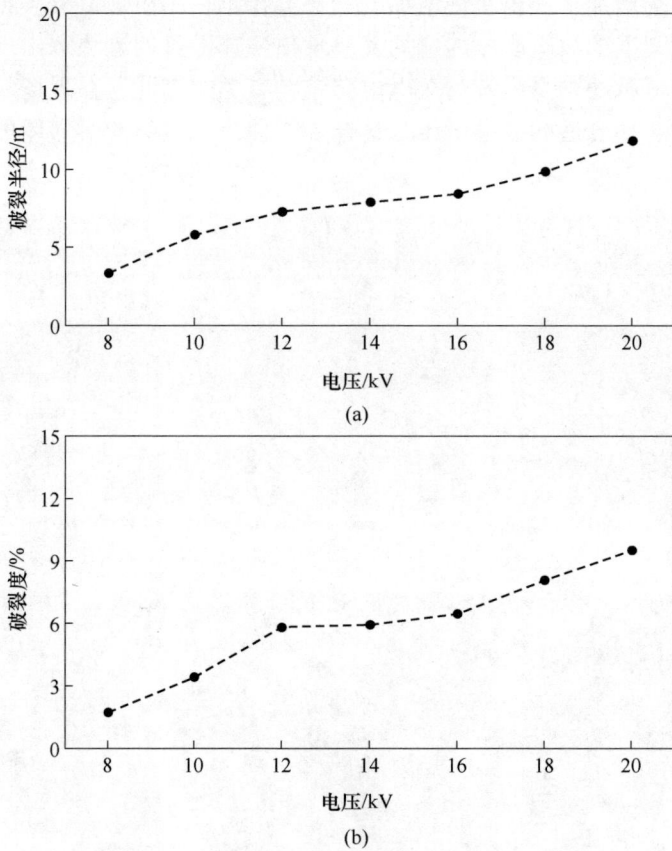

(a)

(b)

图 6-4 不同放电电压下煤体破裂程度变化

(a) 破裂半径；(b) 破裂度

6.3.1.2 放电次数对致裂效果的影响

高强电脉冲水中放电致裂煤体增透相比于炸药深孔预裂爆破，其最明显的优点就在于可对单点重复进行多次冲击致裂作用。在周期性冲击作用力下，煤体骨架会产生疲劳损伤，最终导致煤体内部发生破裂形成有利于瓦斯扩散和运移的孔裂隙网络。为了分析放电次数对高强电脉冲致裂煤体的效果，对放电次数分别为3 次、5 次、10 次、20 次、30 次、50 次、80 次、100 次、120 次、150 次、180次和 200 次条件下高强电脉冲致裂煤体的效果进行了数值模拟，模拟的过程中将其他相应参数固定不变，只改变放电次数（可通过添加多个波的方法实现），结果如图 6-5 所示。从图 6-5 中可看出，高强电脉冲对煤体放电致裂单次作用范围有限，随着放电次数的逐渐增加，煤体破裂的范围逐渐增大，裂隙的扩展半径及煤体破碎面积也逐渐增大。

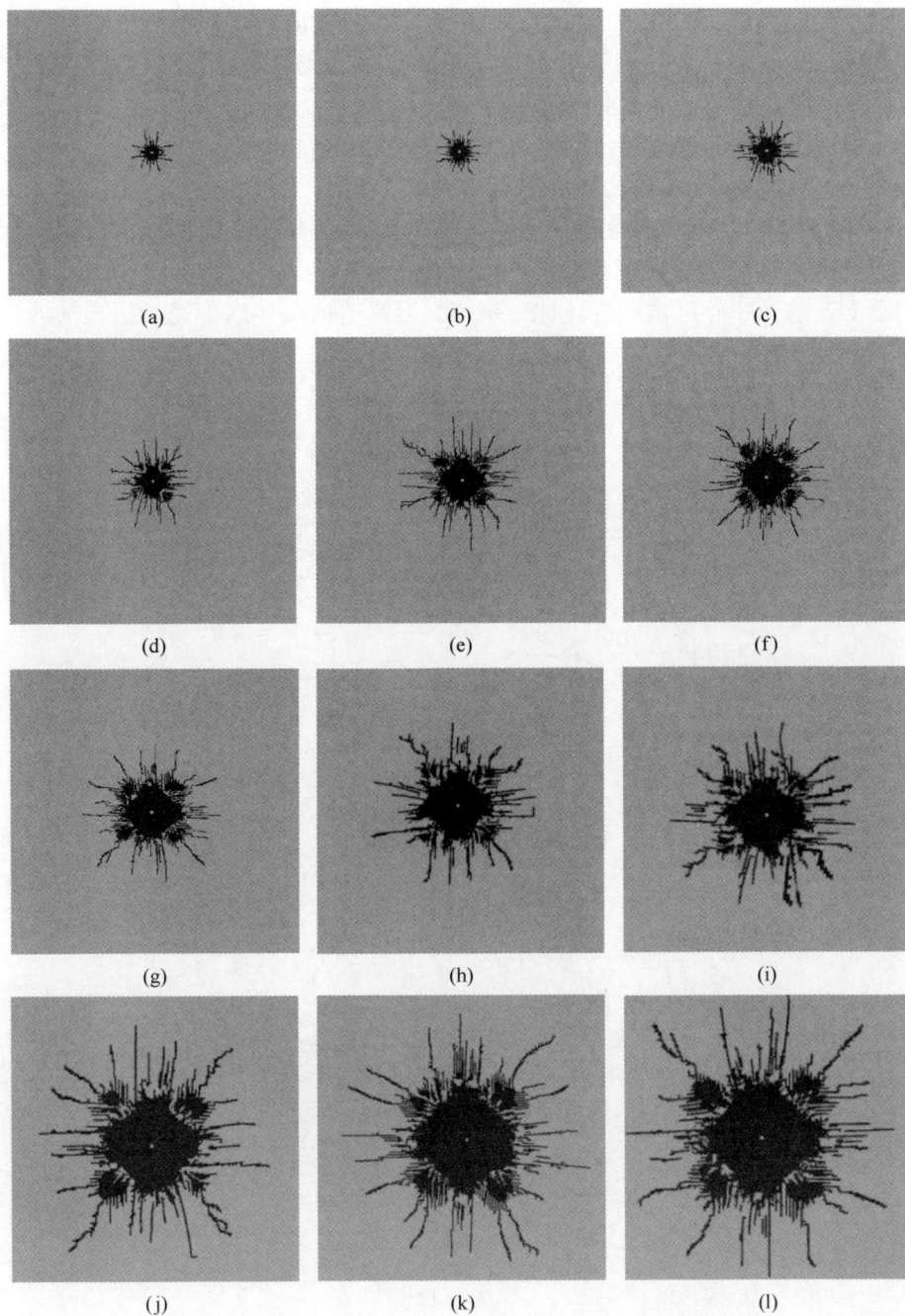

图 6-5 不同放电次数下高强电脉冲致裂裂隙扩展分布

（a）放电 3 次；（b）放电 5 次；（c）放电 10 次；（d）放电 20 次；（e）放电 30 次；（f）放电 50 次；

（g）放电 80 次；（h）放电 100 次；（i）放电 120 次；（j）放电 150 次；（k）放电 180 次；（l）放电 200 次

　　但对比后发现，随着放电次数由 3 次增加到 30 次，煤体裂隙区宽度、煤体的破裂范围呈明显增加的趋势；当放电次数从 30 次增加到 80 次，煤体裂隙区宽度的扩展变化不大，只是煤体粉碎区稍微有所增大；而当放电次数由 80 次增加到 200 次时，煤体的粉碎区和裂隙区又均呈现逐渐增加的趋势。

　　图 6-6 为统计并绘制的煤体破裂半径和破裂度与放电次数之间的关系。由图 6-6 可知，破裂半径和破裂度随放电次数均呈现出快速上升–缓慢增长–快速增长的趋势。整体来看，当放电次数从 30 次增加到 200 次，煤体粉碎区的宽度一直是明显上升的，粉碎区内的煤体比较破碎，容易造成煤体内部瓦斯运移的通道受阻而影响瓦斯的自由流动，不利于瓦斯的抽采。因此，在煤储层地层条件和放电参数一定时，煤体的致裂效果并非与放电次数成正相关，而是存在一个最优的作

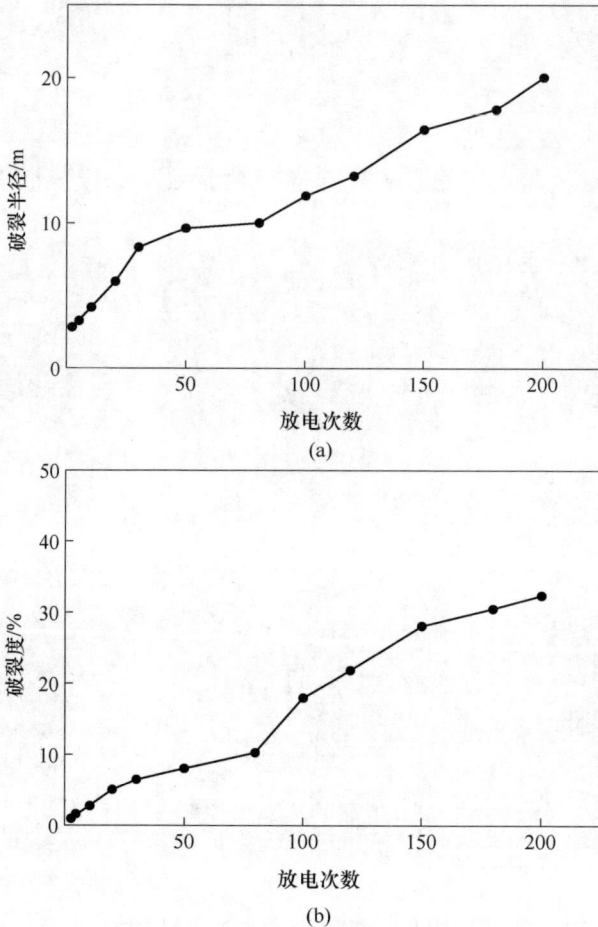

(a)

(b)

图 6-6　不同放电次数下煤体破裂程度变化

(a) 破裂半径；(b) 破裂度

业次数范围。低于该放电次数范围值，煤体中裂隙还有一定的扩展空间可增加，高强电脉冲致裂煤体增渗的最佳效果无法发挥出来；高于该放电次数范围值，致裂增渗的效果也并非最佳，瓦斯流动的通道容易因粉碎区煤体的严重破碎而受阻，且会消耗大量的电能量，造成资源成本的浪费，对提升煤体的致裂效果及瓦斯抽采效率是无益的。

6.3.2　煤的物理力学性质对致裂效果的影响

煤体的物理力学参数主要包括有弹性模量、抗拉强度、抗压强度、黏聚力、泊松比、剪胀角、内摩擦角及密度等，在数值模拟的过程中，这些参数须根据模拟需要进行相应地设定或转换。由于煤的力学参数较多，限于篇幅，无法进行每一种参数对高强电脉冲致裂煤体效果影响的数值模拟分析。而煤体的硬度能综合反映出煤体的力学性质，因此，参考第2章中相似试样的硬度，对高强电脉冲致裂不同硬度煤体的裂隙扩展规律进行数值模拟。

本书共设置了三种不同硬度的煤体，分别为软煤、中硬煤和硬煤，图6-7为三种硬度的煤体分别在10 kV、12 kV、14 kV、16 kV电压条件下高强电脉冲致裂作用下其裂隙扩展的模拟结果。由图6-7可知，三种硬度的煤体在高强电脉冲致裂冲击作用下，其裂隙区和粉碎区均随放电电压的增大而逐渐扩宽。相比之下，对于粉碎区而言，软煤粉碎区随电压升高扩宽的趋势最显著，中硬煤次之，硬煤最小；而对于裂隙区，硬煤裂隙区随电压升高扩宽的趋势最显著，中硬煤次之，软煤煤最小。因为软煤的硬度低、强度小，在高强电脉冲冲击波致裂作用下煤体抗冲击能力差，容易在井筒附近形成粉碎区，随着放电电压及放电次数的增加，粉碎区扩宽且煤体破碎程度增加，导致粉碎区的煤体的弹性增大，对冲击波的缓冲和稀释能力上升，使得煤体中裂隙的扩展严重受阻，主要集中在粉碎区边缘附近；而随着煤体硬度的增强，煤体的脆性增加，在高强电脉冲冲击波致裂作用下煤体的破碎程度减弱，粉碎区的宽度减小，使得越过粉碎区后的冲击波能量衰减速度变慢，冲击波所携带的能量足够强，较易在裂隙区形成大而宽的裂隙，裂隙区的扩展宽度变大。

6.3.3　地应力对致裂效果的影响

煤体是一种特殊的固体可燃有机地质体，赋存于由构造应力和上覆盖层岩体自重应力等地球动力作用引起的初始地应力地质环境中。煤体所处的初始地应力可分为水平主应力和垂直主应力 σ_v，而水平主应力又可分为最小水平主应力 σ_h 和最大水平主应力 σ_H。垂直主应力是由上覆盖层岩体自身重量所引起的，与盖层岩体的深度和密度呈正相关，而水平主应力主要取决于岩性的特点和区域构造应力，通常具有较大的分散性。

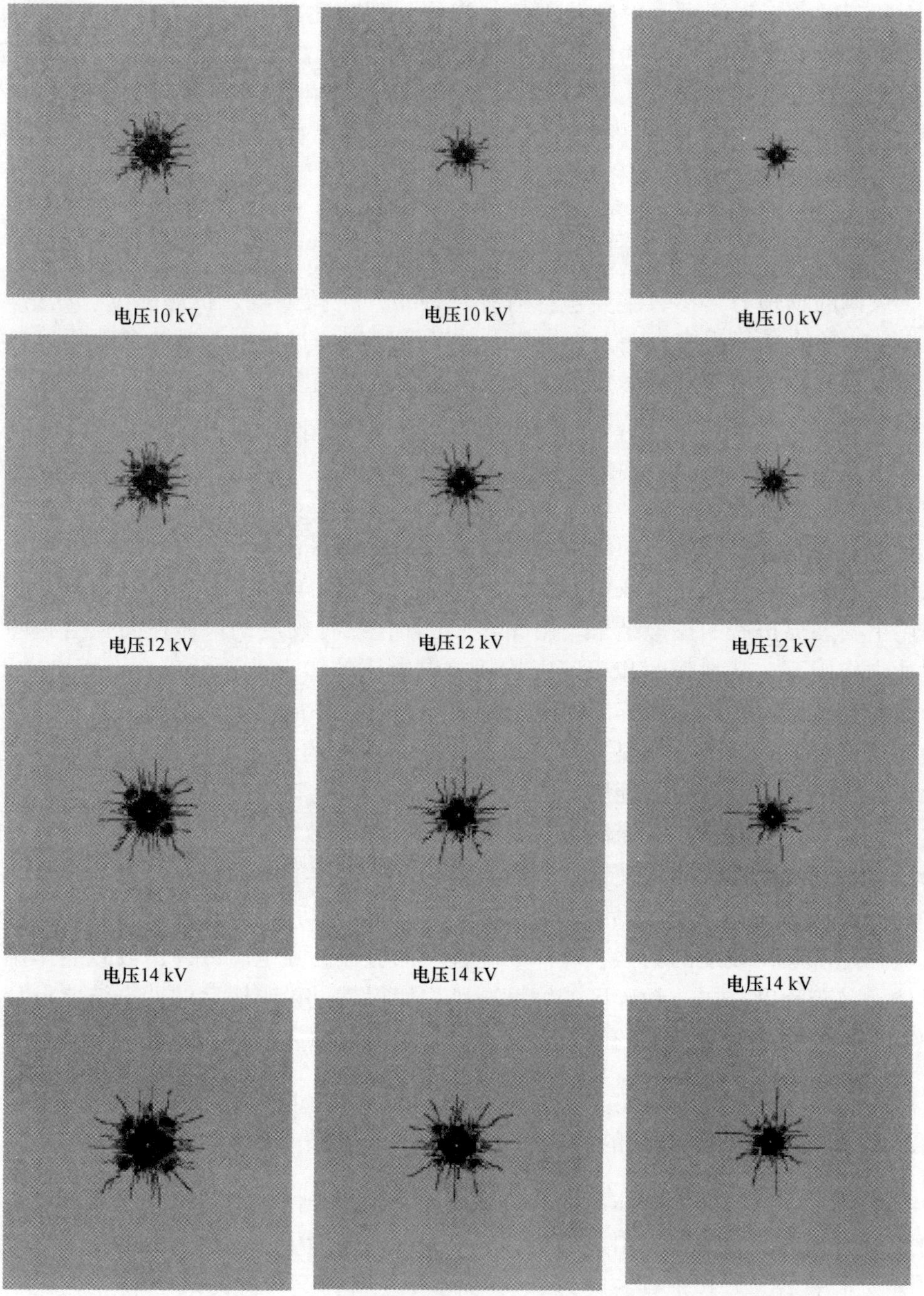

图 6-7　不同硬度煤体高强电脉冲致裂裂隙扩展分布

（a）软煤；（b）中硬煤；（c）硬煤

　　众多学者在对水力压裂进行研究时发现，煤体裂隙的开裂方向和起裂位置不仅与地应力的大小有关，而且受地应力方向的影响也很显著[16-17]。当最小主应力为最小水平主应力 σ_h 时，煤体中裂隙的开裂方向容易朝垂直方向进行；当最小主应力为垂直主应力 σ_v 时，煤体中裂隙的开裂方向优先朝水平方向进行扩展。水力压裂致裂增渗技术利用的是通过高强水泵组将高强液体连续不断地以一定的压力注入煤层中，当注入的液体压力高于煤层的破裂压力时，煤层发生开裂在其内部形成多条形状不同的交织裂隙。高强电脉冲致裂增渗技术与水力压裂致裂增渗技术有许多相似之处，但也有一定的差异，其利用的是高强电脉冲放电产生的冲击波对煤体进行致裂起缝，该冲击波通常为球形波，且单次放电持续时间一般非常短暂，因此，其致裂过程中，煤体裂隙的开裂方向是否也与地应力方向和大小有关尚需进一步研究。

　　由于阳泉矿区七元煤矿 15 号煤层的埋藏深度为 700 m，依据高建理等[18]建立的华北地区垂向地应力 σ_v 与埋深 h 的关系式 $\sigma_v = 0.0215h$，可知煤层位置处的垂向地应力应固定为 15.05 MPa。由于本书建立的是二维数值模型，故不再考虑垂向地应力的影响，仅针对 $\sigma_h < \sigma_H$（双向不等压）和 $\sigma_h = \sigma_H$（双向等压）两种水平地应力条件下高强电脉冲致裂煤体的裂隙扩展特征进行数值模拟分析。

6.3.3.1　双向不等压地应力情况：$\sigma_h < \sigma_H$

　　为了分析双向不等压地应力情况下高强电脉冲致裂过程中煤层内裂隙的扩展规律，分别对水平主应力差值 $\Delta\sigma = \sigma_H - \sigma_h$ 为 1 MPa、3 MPa、5 MPa 和 8 MPa 下煤体中裂隙的扩展变化进行了数值模拟研究，模拟结果如图 6-8 所示。由图 6-8 可知，裂隙区的形状随着水平主应力差值由小变大的过程中逐渐从近似圆形变成近似椭圆状，即具有朝着最小主应力方向发展的趋势。在水平主应力差比较小的情况下，煤体中高强电脉冲致裂形成的裂隙容易和煤体中原始的天然裂隙沟通并沿着原始裂隙逐渐扩大，其扩展形式以径向网状裂隙为主；在水平主应力差比较大的情况下，高强电脉冲致裂煤体产生的裂隙在井筒壁往往沿垂直于最小主应力方向起裂并延伸，其扩展形式以平直的主裂隙为主。说明高强电脉冲致裂增渗技术虽然与水力压力致裂增渗技术有所差异，但致裂过程中煤体中裂隙的扩展特征受水平地应力的影响是一致的。即在水平主应力差较小的情况下，有利于产生径向网状裂隙，而在水平主应力差较大的情况下，有利于产生垂直于最小主应力方向的平直主裂隙。

6.3.3.2　双向等压地应力情况：$\sigma_h = \sigma_H$

　　图 6-9 分别是水平主应力 $\sigma_h = \sigma_H$ 为 1 MPa、5 MPa、10 MPa 和 20 MPa 的情况下高强电脉冲致裂煤层裂隙扩展特征的数值模拟结果。分析模拟结果可知，随着水平地应力的逐渐增加，煤体中裂隙区的范围逐渐变窄，且裂隙的长度也逐渐缩短。另外发现，煤体的粉碎区随水平主应力的增大变化不明显。为了更进一步分析水平主应力对煤体中裂隙扩展的影响，统计绘制了煤体破裂半径和破裂度与

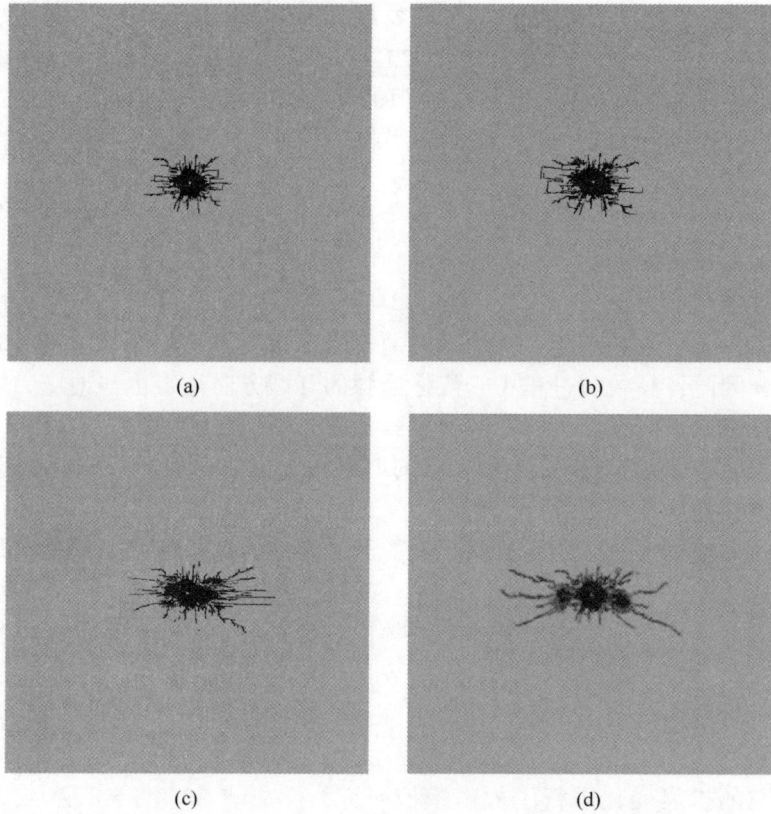

图 6-8　双向不等压地应力情况下裂隙扩展分布

（a）$\Delta\sigma = 1$ MPa；（b）$\Delta\sigma = 3$ MPa；（c）$\Delta\sigma = 5$ MPa；（d）$\Delta\sigma = 8$ MPa

水平地应力之间的关系，如图 6-10 所示。由图可知，随着水平地应力的逐渐增加，煤体的破裂半径和破裂度均是逐渐下降的。以上结果说明水平地应力对裂隙的扩展起到了显著的抑制作用。

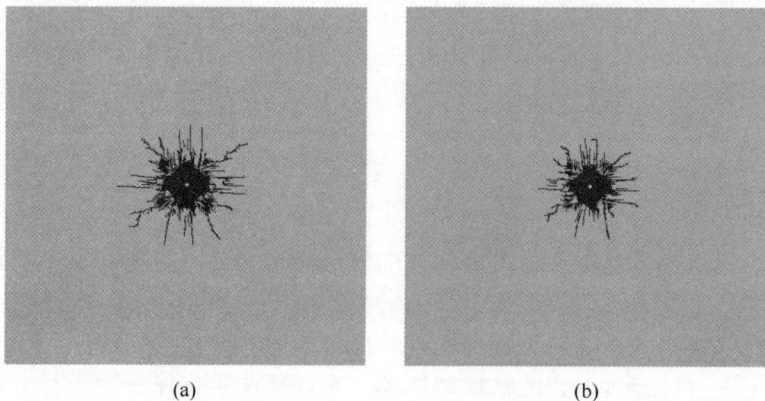

（a）　　　　　　　　　　　　（b）

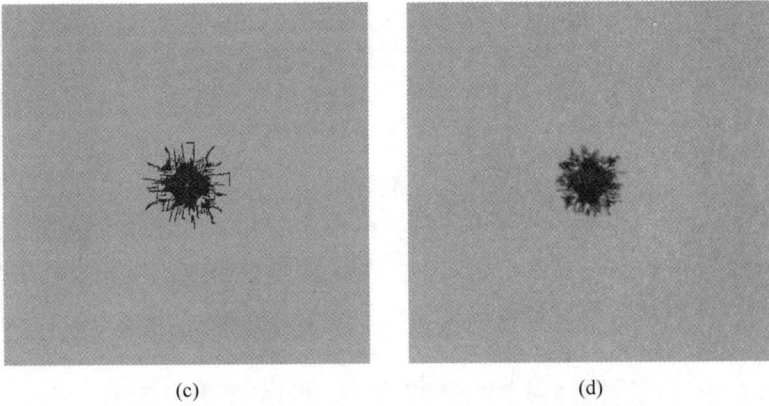

图 6-9 双向等压地应力情况下裂隙扩展分布

（a）$\sigma_h = \sigma_H = 1$ MPa；（b）$\sigma_h = \sigma_H = 5$ MPa；（c）$\sigma_h = \sigma_H = 10$ MPa；（d）$\sigma_h = \sigma_H = 20$ MPa

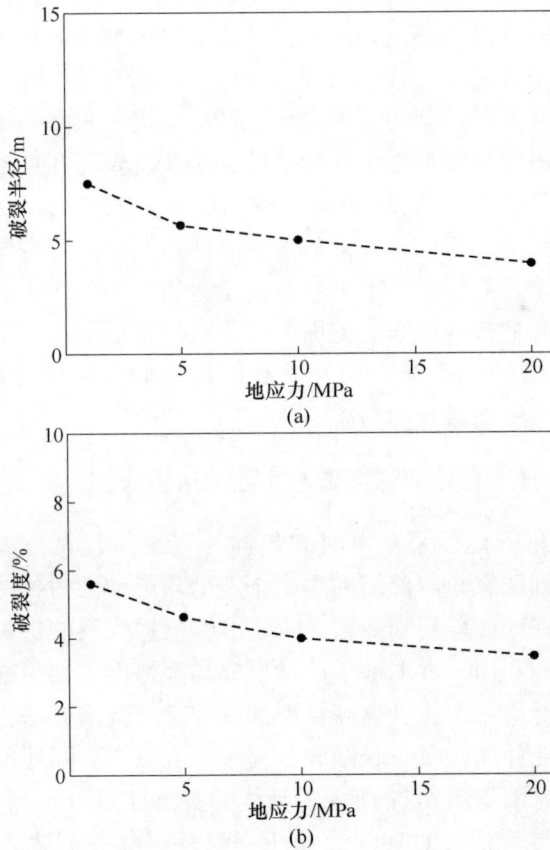

图 6-10 双向等压地应力情况下煤体破裂程度变化

（a）破裂半径；（b）破裂度

根据上述对两种不同地应力情况的模拟结果及分析可知，在现场实施高强电脉冲致裂增透作业时，需要根据作业煤层的具体地质情况调节高强电脉冲放电电极的位置。当水平主应力差值比较大时，电极上所开窗口（即冲击波释放的窗口）的位置应尽可能与最大水平主应力的方向是一致的，这样在作业时煤层容易沿最大水平主应力方向产生大裂隙，且裂隙的扩展半径也较大；而在水平主应力双向等压且地应力比较大的情况下，选择的煤层气井筒位置应尽量避开这种位置点，寻找地应力较小或合适的位置进行钻井实施增渗作业，作业过程中也应不断调整电极的方向以最大限度地提高煤层的渗透率。

6.4　高强电脉冲致裂煤体增透工程应用探讨

由前述研究结果可知，高强电脉冲致裂技术不仅对煤体产生了宏观破坏效应，也对煤体内部孔隙-裂隙结构的改善产生了影响，采用该技术可对煤层进行有效增透作业以提高其渗透率，有助于低透煤层的瓦斯高效抽采和利用。

我国煤层赋存条件复杂，普遍表现出高应力、高瓦斯、强吸附和低渗透性的特点，瓦斯问题一直是严重制约煤矿安全生产的关键因素之一。瓦斯抽采作为治理煤矿瓦斯灾害最高效也是最根本性的措施，是实现煤与瓦斯共采的主要技术手段。煤储层是一种具有双重孔隙-裂隙型的储层，孔隙是瓦斯在煤层中储存的主要空间，裂隙是煤层中瓦斯流动和运移的主要通道。考虑到我国煤层透气性普遍偏低、瓦斯抽采效果差的情况，本书结合理论分析、实验研究和数值模拟研究结果，提出了高强电脉冲技术在煤矿地面和井下煤层增透的工程应用技术方法和流程，以期为我国煤层气（瓦斯）的开发和利用提供一种作业范围大、耗能小、高效环保及操作简单的增透技术措施。

6.4.1　高强电脉冲技术在地面煤层增透方面的应用

地面煤层气（瓦斯）抽采具有时间超前、资源回收大、施工安全方便等优点，近年来逐渐得到国家政府部门和煤矿企业的认可和大力扶持，明确要求在有条件的地区优先选择地面煤层气抽采。为了改善低透煤层的透气性，进而实现煤层气井的高效抽采和利用，本书基于前述研究结果提出了利用高强电脉冲在地面煤层气井对煤层进行增透作业以提高瓦斯抽采效率的技术方法，同时可将高强电脉冲设备相关核心部件集成在一起做成工程车，方便在不同地形条件下进行增透作业，技术原理示意图如图 6-11 所示，具体的实施过程如下：

（1）在地面选取合适位置向煤层施工一口煤层气井，然后采用高强度金属套管进行固井，同时对煤层段的套管利用射孔弹进行射孔；

（2）将固定支架吊装在井口正上方按相应组装要求组装并固定牢固，然后将天轮吊装在支架上方指定位置，并用固定组件固定牢固；

（3）把绞车（或卷扬机）固定在井口附近一侧水平地面上，安装牢固后把卷有高强电缆的卷筒安放在绞车上，引出的高强电缆前端穿过天轮上方轮槽后与高强电极相连接，引出的尾端与高强电脉冲系统连接，高强电缆与系统的连接方式均采用压接式连接；

（4）将连接好的高强电极吊放在井口正上方，启动绞车电机按钮，控制电机正反转按钮将高强电缆垂直缓慢下放，直至下放至井底煤层预定位置；

（5）启动注水泵向煤层气井中注水，利用水位监测仪对注水水位进行监测，当水位位于煤层上方一定高度以上且稳定时停止注水，然后利用封孔器对井口上部段进行封孔作业；

（6）采用工业电或柴油发电机（30 kW）提供 380 V 稳定电压，对储能电容器组进行恒流充电，充电至设定电压值，使系统存储的能量达到增透作业所需能量值（本套设备最大放电能量可达 600 kJ）；

（7）打开放电控制开关，将储能电容器组存储的高密度电能传输到高强电极

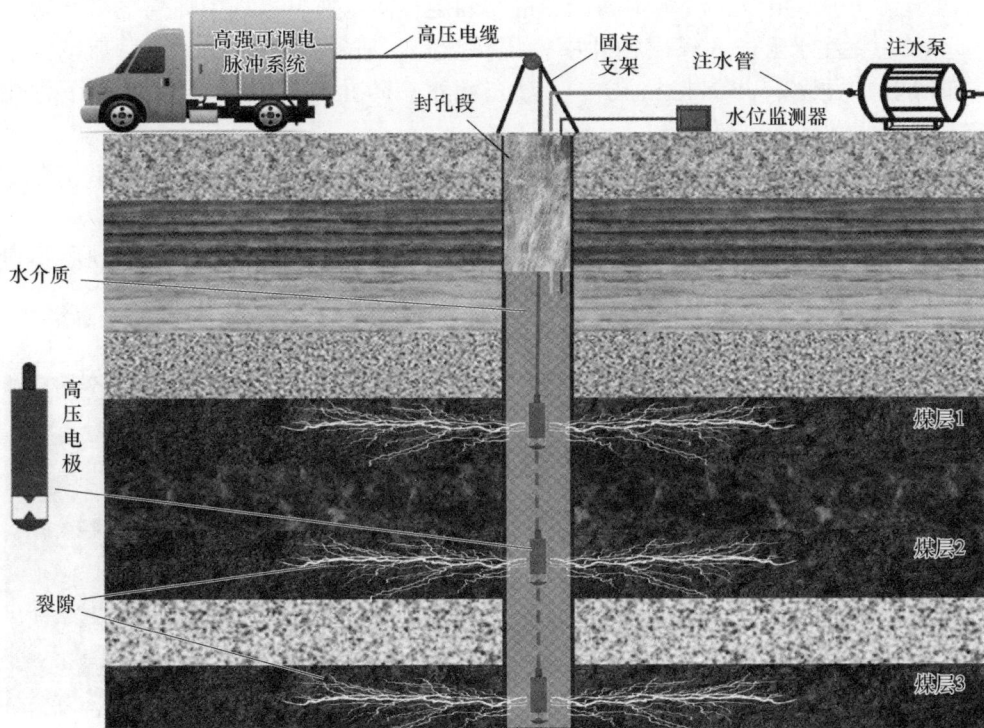

图 6-11 高强电脉冲地面煤层增透技术示意图

图 6-11 彩图

两端，击穿水间隙形成冲击波对周围煤层进行致裂增透（厚煤层可考虑进行分层增透），放电过程中利用水位监测仪对水位进行实时监测，当水位下降严重时需及时进行补水，防止高强电极空放影响煤层致裂增透的效果；

（8）重复进行多次放电作业结束后，将煤层气井中的水排采干净，然后连通抽放管路进行瓦斯排采，并对瓦斯流量等指标进行监测，考察煤层致裂增透的效果。

6.4.2　高强电脉冲技术在井下煤层增透方面的应用

在国家大力推进煤矿安全生产、加大煤层气抽采和治理力度的背景下，我国煤层气抽采规模呈逐年扩大态势。井下瓦斯抽采作为煤层气开发的重要组成部分，其抽采量约占总抽采量的60%。但井下瓦斯抽采产出甲烷浓度普遍较低，亟须通过采用人工技术改造煤层以增加煤层渗透率。因此，本书提出了利用高强电脉冲技术对井下煤层进行增透，使煤层中产生大量裂隙网络，改善煤层的透气性。该方法的技术原理示意图如图6-12所示，具体的实施过程如下：

（1）从岩石巷道或煤巷向煤层施工一个钻孔，将连接有高强电缆的电极送入煤层钻孔中指定位置后利用固定器进行固定，防止放电过程中高强电极移动；

（2）将注水管送入煤层钻孔中一定位置后，进行封孔作业，然后启动注水泵向钻孔中注水，并保持钻孔中一直充满水，防止高强电极无水状态下发生空放；

（3）开启充电电源向储能电容器组充电，充电至设定电压值，使系统存储的能量达到增透作业所需能量值；

（4）打开放电控制开关，将储能电容器组存储的高密度电能传输到高强电极两端，击穿水间隙形成冲击波对周围煤层进行致裂增透；

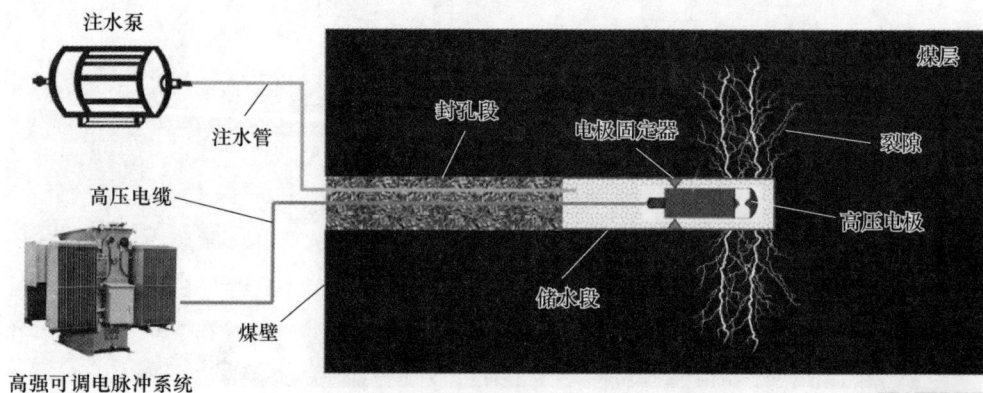

图6-12　高强电脉冲井下煤层增透技术示意图

图6-12彩图

（5）重复进行多次放电作业结束后，将钻孔中的水排采干净，然后连接抽放管路进行瓦斯排采，并对瓦斯流量等指标进行监测，考察煤层致裂增透的效果。

参 考 文 献

[1] 闫志琴，刘燕萍．基于ANSYS的放顶煤液压支架有限元仿真分析 [J]．煤炭技术，2016，35（8）：265-266.

[2] 谢景娜，罗新荣，周昀涵，等．保护层开采过程中上覆煤岩体的变形卸压效果数值模拟 [J]．煤矿安全，2012，43（5）：163-165，169.

[3] 刘明举，崔凯，刘彦伟，等．深部低透气性煤层水力冲孔措施防突机理分析 [J]．煤炭科学技术，2012，40（2）：45-48.

[4] 张其智，林柏泉，孟凡伟，等．高强水射流割缝对煤体扰动影响规律研究及应用 [J]．煤炭科学技术，2011，39（10）：49-52，57.

[5] 高帆，余磊，谭力海．低硬度煤体预裂爆破参数优化数值模拟分析 [J]．工矿自动化，2017，43（12）：32-36.

[6] 张树川．爆破作用下煤体损伤和裂隙演化多因素影响机制研究 [D]．淮南：安徽理工大学，2017.

[7] 赵旭．高强氮气冲击致裂煤岩体裂隙发育规律研究 [D]．徐州：中国矿业大学，2017.

[8] 张群磊．特厚煤层综放开采顶煤放出规律的数值模拟研究 [D]．焦作：河南理工大学，2017.

[9] 吕鹏飞．聚能爆破煤体增透及裂隙生成机理研究 [D]．北京：中国矿业大学（北京），2014.

[10] 袁志刚，王宏图，胡国忠，等．穿层钻孔水力压裂数值模拟及工程应用 [J]．煤炭学报，2012，37（S1）：109-114.

[11] 余庆，张辉，杨睿智．基于LS-DYNA的液电效应冲击波数值模拟 [J]．爆炸与冲击，2022，42（2）：128-139.

[12] 尚晓江，苏建宇，王化锋，等．ANSYSLS-DYNA动力分析方法与工程实例 [M]．北京：中国水利水电出版社，2008.

[13] Cole R H. Underwater Explosions [M]. New Jersey: Princeton University Press, 1948.

[14] 李世海，周东，刘天苹．基于破裂度的堆积层滑坡危险性分析方法 [J]．岩石力学与工程学报，2013，32（S2）：3909-3917.

[15] 黄炳香．煤岩体水力致裂弱化的理论与应用研究 [J]．煤炭学报，2010，35（10）：1765-1766.

[16] 张金才，亓原昌．地应力对页岩储层开发的影响与对策 [J]．石油与天然气地质，2020，41（4）：776-783.

[17] 唐书恒，朱宝存，颜志丰．地应力对煤层气井水力压裂裂缝发育的影响 [J]．煤炭学报，2011，36（1）：65-69.

[18] 高建理，丁健民，梁国平．华北地区盆地内地壳应力随深度的变化 [J]．中国地震，1987，3（4）：82-89.